U0255352

我的朋友叫微生来

虞方伯 著

作家出版社

献给我所爱的

目录

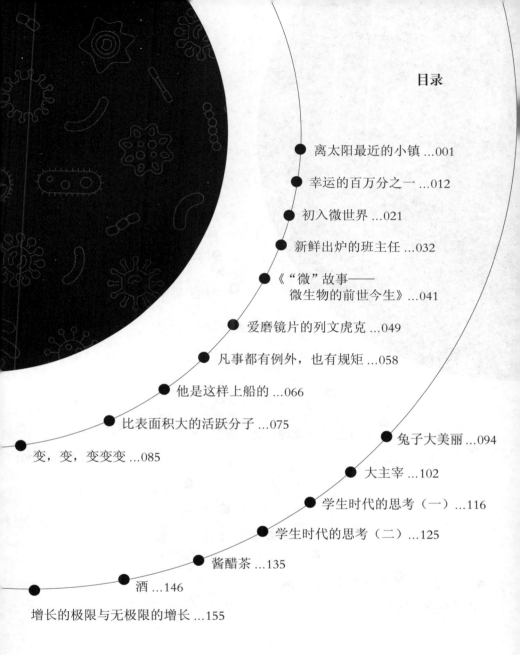

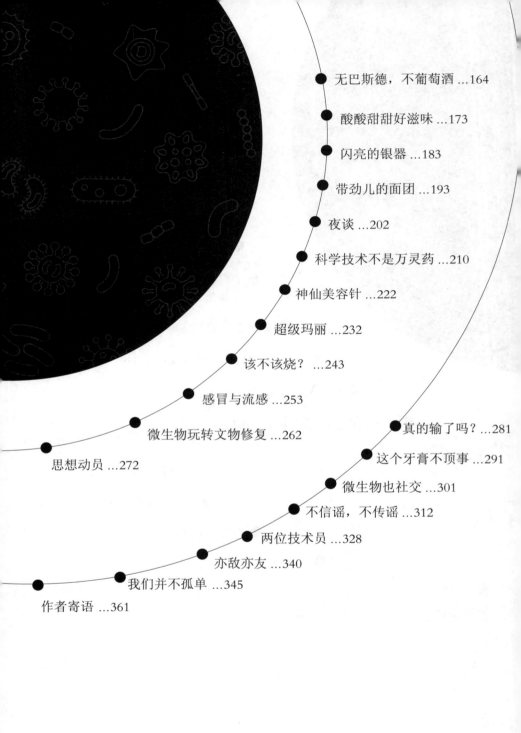

离太阳最近的小镇

一

咚咚咚，咚咚咚……

急促的敲门声夹带着诸葛三元颇显兴奋的叫嚷声。

"老爸，你们起床了没有啊？今天不是要去清凉镇嘛，早点起床，早点收拾，早点出发呗。"

"哎哟，哪来这么多'早点'，你饿了吗？门没锁，进来吧。就知道你个丫头片子今天会起大早，昨晚很晚才睡吧？"卧室里传出嗔怪声。

门开了个缝，三元嬉皮笑脸地挤了进来，一屁股坐到床上，还用力颠了两颠，绝对是故意的。

"你个小屁蛋，难得周末睡个懒觉，真是的。"嘴上埋怨着，诸葛林的胖手却轻轻地捏着女儿的小手。"来，看看闺女今天什么扮相。"

三元梳着乖巧的丸子头，脸也是洗净、擦过香香的，头上戴着上周去宝鸳广场买的粉带绿国风发卡，身穿鸿星尔克休闲服，斜挎着心爱的小熊布艺腰包。

姓名：诸葛三元

身份：小学生

性别：女

民族：汉族

身高：1.58 米

属相：大猫

星座：摩羯座

爱好：美食、游玩、动漫（特别是侦探类）

特长：记忆、古筝

忽然，旁边的被子掀开一角，里面伸出一只修长白皙的手臂，翻看了下床头的陶瓷闹钟。

"诸葛三元！你就是头猪，还是最坏的那头。"柳青青明显带着火气。

三元下意识地握紧了诸葛林的胖手。

"才几点，就咚咚把门敲，叫魂吗？我和你爸不睡了吗？平时上学怎么没见你早起过，哪次不是三催四请的……（此处省略一百个字）"

"青青，一大早的别这么大火气。今天出游，别破坏气氛。难得三元早起一次，还自己梳妆打扮好了，省了你不少工夫哩。你倒是看看这小猪的样子啊。"

"你们两个姓诸葛的，一个鼻孔出气！"柳青青侧过身，眼睛半睁半闭地看向三元。"噗，我天！今天怎么这么利索，包包都挎上了，还是那头三叫不醒，四请不动的小懒猪吗？"

"哼，对的时间做对的事。你们快起吧，八点出头了，我都饿了，早饭我要两个煎蛋，溏心的哦。"

"你再去看看要带什么东西，然后下楼背背单词、看看书。一日之计在于晨，大好时光不要浪费了，午饭后才出发。"

三元离开卧室后，诸葛林半坐了起来，拍拍一旁的柳青青："老婆，起了吧，收拾、整理、弄两顿饭，一个上午很快就过去了。"

"大周末的，八点起床……"

"小猪有意思吧，自己收拾好了，包都背上了。"

"今天怎么穿？参谋参谋。"

"自己拿主意吧，穿什么都漂亮。"诸葛林不假思索地答道。

柳青青心里美滋滋的，嘴上却说："哼，每次都这么说。"

起身，打开衣橱，挑了一套鹅黄色的连衣裙。

姓名：柳青青

身份：金融高管

性别：女

民族：蒙古族

身高：1.66 米

属相：马

星座：金牛座

爱好：购物、音乐、烹饪

特长：赚钱、持家

二

母女俩吃完早饭，不时看向楼梯口。

"三元，上去看看你爸干什么呢？这么久了还不下来，真够磨叽的。"

"哎哟，谁在念叨我哪。下来了，下来了。"

"你说你，起床到现在都半个多小时了，掉进去了？"某人一脸嫌弃地说。

"拾掇拾掇，剃剃胡子，刮刮脑袋。怎么样，亮不亮？"诸葛林一边摸着锃亮的光头。

姓名：诸葛林

身份：微生物学专家（非"砖"家）

性别：男

民族：汉族

身高：1.75 米

属相：羊

星座：摩羯座

爱好：吃、慢跑、读书

特长：按部就班

"倒也简单，但凡出席重要场合啥的，修修脑袋就好了。"

"还省洗发水呢！"三元趁机补刀。

"男人嘛，简洁、干练，时间要花在重要的事情上。还有，谁说没头发就不用洗发水的。"顺带着扫了一眼三元。

"行了，快吃吧。稀饭、咸菜、油饼都在厨房，自己去拿。"柳青青再次催促。

"得令！你们牛奶鸡蛋的，我还是小菜配稀饭。"很是享受的表情。

"老爸，乳糖不耐受体质和你'淳朴'的气质很搭呀。"三元挑着眉毛说。

"没啥，适合自己的就好。牛奶也不是绝对不能喝，只要喝完两三个小时不喝水就没事儿。"

乳糖不耐受症，又称乳糖酶缺乏症，一种因人体小肠黏膜分泌的乳糖酶缺乏而引起的疾病。乳糖酶可将乳制品中的乳糖分解为葡萄糖和半乳糖，一旦缺乏将导致大量水分和气体在肠腔内充胀，进而出现恶心、腹痛、腹泻等症状。

"老公，我们下午要去的清凉镇是怎样的地方，介绍下呗。"柳青青很是好奇地问。

"清凉镇是我们吴越省西北部的一个小镇。全国'森林城市'之一，被誉为'天然氧吧'。清凉镇的清凉是森林赋予的，全镇森林覆盖率高达82%。别看白天我们这里三十八九度，清凉镇再热也不会超过三十度的，真当爽快！"

"瞧你爸，又卖弄上了。"柳青青给三元使了个眼色。

"你当初不就是看上了我的才华嘛。"诸葛林傲娇地说。

"森林覆盖率高和凉不凉快有什么关系？"三元不解地问。

"森林能降温，主要基于两个原因。首先，树叶遮阳、反光，避免阳光直射。其次，植物具有蒸腾作用，是阻隔热浪的绿色天然屏障。这就好比刚洗完澡，身上还有水，风一吹特别凉快一样。水分在蒸腾、蒸发过程中会吸收热量，森林也是。

"除了以上两个原因，植物还会释放挥发性有机物质。试想一下，夏季漫步于密林之中，一路'森'呼吸着充盈的负氧离子，观瞧着绿植，倾听着淙淙溪流和虫鸣鸟叫，是不是愈发'心静自然凉'，心情舒畅哪？"

母女俩异口同声地说："还真是，好期待！"

"你要控制你自己 ♪♪ ……别急，收拾停当，吃过午饭，睡过午觉再出发。"

"哟，还唱上了。好的，听你的。三元，走，咱们收拾去。"

三

下午两点，一辆墨绿色的车子缓缓驶出车库，在钢筋水泥的都市中穿街过巷。半个多钟头后，开上了G96高速公路，一路向西疾驰。

"你们两个磨蹭精，一大早起床，现在才上路，有些人还要睡个午觉。"三元一副被泼了凉水的样子。

"别赖我，你爸执意要睡的。"

"午睡是有道理的。吃完中饭，血液多集中在肠胃，脑袋会出现暂时性的缺血缺氧，容易困顿。去清凉镇有两个小时的车程，安全第一哦。"诸葛林解释道。

"听你爸的没错，好饭不怕晚，好事不怕慢，开心出行，安全第一。"

忽然，天空下起了雨，雨滴噼里啪啦地散落在车窗上。

"老公，开慢点，咱不赶时间。"

"好！闲着也是闲着，出个题考考你俩。知道世界上距离太阳最近的城镇是哪里不？"

母女俩对望一眼，极力思考着。

"你问的是正经问题，不是脑筋急转弯吧？"想破脑袋者问。

"行了，行了，不难为你们了，答案就是'清凉镇'。"

诸葛林嘴角噙笑，一副吃定二人的样子。

"吴越省有十一个行政区，除了武林，还有嘉南、河州、银华、船山、秀水、曲州、绍通、凉州、平州和宁都。武林下辖十区三县，我们所在的临水就是其中一区。本次行程的目的地清凉镇是临水区下面的一个乡镇。"

"说了这么多，和太阳有啥关系？"三元不解地问。

"就你心急，女孩子毛毛躁躁的可不好。前边不远我们会经过一个镇，它的名字就叫太阳。太阳镇再往前一点就是清凉镇了，明白了吧？"诸葛林得意地通过后视镜看了眼三元。

四

高速公路犹如绵长的纽带，既看不到头，也望不见尾，连接着一个个城镇，方便着人们的出行。

下午三点三十五分，雨依然稀稀拉拉地下着。车内非常安静，除了汽车飞驰的声音，就是零星传来的喇叭声。三元在后排睡着了，偶有轻微的鼾声发出。

"这点真像你，什么地方都能睡。不躺着，我就睡不着。"柳青青小声地说。

诸葛林笑着说："那还是不困，真要困了，站着都能睡。"

"你也眯一会，养养神。看导航，还要半个多小时才能到呢。"

"别以为我不知道你怎么想的，我安静了你好听雨是吧。"柳青青挑着眉毛看着诸葛林。

"哟，还记着哪。"被道破心思的诸葛林急转话题，"也不全是，真的想你多休息会儿。之前在网上我订的是合院，驴友评价很高。不过，到了地方，还是要打扫下的。"

"哼，算你有良心，一家子齐上阵，弄弄也快的。"柳青青幸福地回应。

"你和张飞挺像的，外表像个杀猪的，却也还有些内秀。不睡了，再给我讲讲'十雅'呗。"

"天啊，人家张飞真的干过屠夫，我可是研究微生物的大学老师。"诸葛林忙不迭叫屈。

"古人有'十雅'，分别是：焚香，一炷烟中得意，九衢尘里偷闲；抚琴，若心自适，无弦亦可；对弈，弈棋不如观棋，因观者无得失心；品茗，淡中有味，点茶三昧；酌酒，醉里乾坤大，壶中日月长；听雨，卧眠听雨，一梦浮生；莳花，侍花如侣，读花如人；读书，有书真富贵，无事小神仙；候月，今人不见古时月，今月曾经照古人；寻幽，山光悦鸟性，潭影空人心。"

"瞧你摇头晃脑的样子，小样!"柳青青的眼中却满是爱意。

"青青，你想，外边下着雨，惬意地躺在床上，雨中入眠，梦里满是涟漪的湖水和摇曳的荷花，多美呀。"

停顿了一下，诸葛林接着说："不管日子过得怎样，生活中总要有些小美好、小嗜好。"

"听你哒。"柳青青赞同道。

"平时节奏太快，总是紧绷着。这个假期，咱们好好放松，好好享受，会赚会花才算会生活。"

"嗯! 老公，听你刚才那么一说，发现自己也是个雅人，莳花弄草和读书我都喜欢的。"

"读书我也喜欢，得空时翻瞧翻瞧，挺好的。不是一家人，不进一家门。没些个共同点，走不到一起的。"

"快四点了，我把小猪弄醒，不然晚上不用睡了。"

五

"衣服穿好，马上下高速了，正好雨也停了，一会儿要开下窗户，透透气。"

"就是，快把衣服穿好，高高兴兴出来度假，可别第一天就着凉了。"柳青青也叮嘱着。

"好了，好了，知道啦。"拽好衣服，又把睡枕收了起来，"老爸，有点闷，开窗吧。"

车窗降下四分之一，雨后清新的空气随即灌入，一家子贪婪地呼吸着。

"真新鲜啊，感觉身体都轻快了不少呢。"柳青青快意地赞叹。

"可不，刚才还迷迷糊糊的，这下子完全清醒了。"三元附和着，继而又感慨道，"这边的空气真好闻，那么地清新，还带着泥土的芬芳哩。"

"泥土的芬芳？"诸葛林思索起来。

"来，考考你们，知道泥土的芬芳是怎么回事不？"

柳青青笑了，说："土味儿就是土味儿呗，怎么还考起我们了？"

"老爸，泥土的味道是来自蚯蚓的吗？"三元眨着眼睛问。

"比你妈强，至少动了脑筋。雨后人们特别容易嗅到泥土的味道，这种土腥味和一类微生物相关。这类微生物被称作放线菌，属于细菌范畴。它们能够合成土臭素，而土臭素就是土腥味的源头了。"

柳青青回怼："这是你的专业，术业有专攻，我让你看股票的 K 线图，能看懂不？"

"哈哈，那不跟看天书一样。我们家青青可是金融大咖，又会挣钱，还会持家。"诸葛林奉承道。

"受不了，后排还坐着一个呢。"

三元紧接着问："土壤中也有微生物啊，它们多吗？"

"何止是有，土壤堪称是微生物的大本营。土壤微生物数量巨大，种类繁多。一般说来，每克土壤中微生物的数量都是上亿的。而且，微生物数量越多，种类越杂，土壤的质量就越上乘。"

"哇，真没想到，不起眼儿的泥土中竟然别有洞天，也就你们这些没头发的科研人员会观瞧、研究这不为人知的微小世界。"柳青青感慨道。

"不带这样人身攻击的。微生物虽小，可蕴藏着大学问。光是从类别上来说，就有土壤微生物、食品微生物、医学微生物，以及工业微生物等之分。像我研究的领域属于环境微生物，回头有时间好好给你们科普科普，也好知道我具体是干啥的。"

柳青青调皮地点点头，带着笑腔对三元说："你爸从外形到气

质，再到工作，都是那样地'接地气'，和他的网名'农场主'真
是搭哪。"

"说我土可以直接些，欣然接受，多踏实啊。"

话锋一转，诸葛林又说："以前我也洋气的，最早我的网名不
就叫'Farmer'嘛。法默，这个名字不错吧。"

"还法默呢，Farmer 意思是农民！"三元道。

柳青青笑了起来，花枝乱颤。

"哈哈哈，三元，给你说个好玩儿的事。一开始你爸网名是叫
'Farmer'，后来觉得还是有个中文名比较好，就改成了'农民'。
自己觉得掉渣，又改成了'农夫'。最后，思来想去改成了现在的
'农场主'。"

扑哧，三元没忍住。

"笑，笑，你们就可劲儿地乐吧。"诸葛林涨红着脸嘟囔。

柳青青给了三元一个适可而止的眼神。

六

车牌 6AA88 的小车停在了一处风光秀雅、景色别致的中式合院
外，两大一小走出车来。

"可算到了，这里是有些凉快的。"三元略带兴奋地说。

"可不，昨天临水也是午后下了场雨，但气温还是三十来度，
跟蒸桑拿一样，T 恤都是贴在身上的。"柳青青赞同道。

"清凉镇名字不是白叫的，晚上睡觉还要盖被子呢。"诸葛林接
着说，"春有百花秋有月，夏有凉风冬有雪。若无闲事挂心头，便
是人间好时节。"

"老爸，你这顺口溜还挺押韵的，不过说得对。"

"什么顺口溜，这首诗由南宋慧开禅师所作，名家名句啊！"诸

葛林没好气地说。

"确实，这炎炎夏日的，能到这么一处清凉静谧之地，是挺美的。老公，这次功课做得不错，表扬！"

之后，一家子忙碌了起来。

幸运的百万分之一

一

夜幕降临，华灯初上。诸葛林一家有说有笑地漫步在清凉镇街头，不远处是刚刚吃过饭的"农家大院"。街道两旁一盏盏灯笼随着盛夏的晚风摇曳着，与百家灯火交相呼应，不仅为街道增添了风情，也让小镇充满了味道，四处洋溢着浓浓的生活气息。

诸葛林问母女二人："刚才的饭菜还合口吧，花式虽然少了些，但是功夫是下足了的，食材也都是实打实的土货。"

"嗯，是不错，别看里面装潢一般，吃吃还真是可以。"柳青青拉着三元的手，边摇边说。

诸葛林说："来下面的小镇吃饭，不讲装修。地方干净，条件卫生就好。"

三元插话："我是觉得别有风味儿。菜呀，鸡呀，焖肉啊，都很香！没看见我吃了两碗饭嘛。"

"别说，这边的菜饭还真就是咱们小时候的味道。"

"那是，在城里很难吃到了。我们在家吃的东西基本都是靠化肥和饲料长起来的，光长个了，品质没跟上，味道肯定不如农家的。就拿刚才那盘炒青菜来说，清清爽爽，看上去绿油油的，吃起来还有一点点甜。"诸葛林回味道。

"那为什么不能少用或干脆不用化肥和饲料呢？"三元不解

地问。

柳青青接过话："化肥还有饲料是现代农业的标配，确保产量至关重要。我们国家十四亿人，吃饭可是个大问题。"

"是的，饭碗要牢牢端在自己的手里，这样才踏实。老话说得好：'手里有粮，心中不慌；脚踏实地，喜气洋洋。'"诸葛林补充道。

"我觉得老板背地里一定在笑我们，这也香、那也好，一副没见过世面的样子。"

柳青青把心一横，说："我打定主意了，难得出来一次，哪怕这个假期长上十斤肉，也要好好祭祭五脏庙。刚才那条肉，咬上去那叫一个滋味儿足……（此处省略一百个字）"

"还有，在临水我就没见过那么黄的炒鸡蛋，就是名字有点搞笑，也不知道母鸡听了'笨鸡蛋'会不会不高兴。"三元一脸坏笑地说。

"你可真能想，想必土鸡'大人有大量'，不会在意吧。"

诸葛林扶了下眼镜，佯装严谨地说："是大'鸡'有大量。"

哈哈哈，一家三口乐开了花。

二

回到"锦园"，一家子又忙活了一个多钟头。

"她爸，我俩洗好了，你先带三元上去睡觉。出来一天了，乏累的，早点儿休息。"柳青青边说边朝一堆衣物走去。

"好的，我先哄小猪睡觉，你弄一会儿也上来吧。今天收拾不完的，明天再说。"诸葛林体贴地回应着。

父女二人上了楼，来到三元的房间。房间是粉色调的，粉色的窗帘，粉色的壁纸，粉色的灯罩，中间略靠近阳台的位置摆放着一张单人床，印满了卡通动物的浅绿色床单，天蓝色的盖被，上面稳稳当当地卧着熊猫一家，萌萌地张望着。靠近卫生间的一侧有衣橱，里面没有装满，除了两只旅行箱，其余都是三元的穿着用品。两扇移门上满是米奇和果菲的形象，滑稽着哩。床的另一边有个书桌，书桌上方两层木板平行着，镶嵌在墙里，将墙面分作三层。最上面一层随机摆放着松塔和其他一些装饰物，看着都挺有山里特色的。往下一层整整齐齐地码放着十来本书，想必是柳青青下午劳动的成果，孩子的教育她最为上心。书桌的布置很简单，左上角是一盏粉色、蘑菇造型的护眼台灯，旁边放着一盘水果，另一头摆着不大的一盆碗莲。往下看，三元平日里背着的云朵书包斜靠在书桌的一旁。

诸葛林开口道："房子的主人还是蛮用心的，设施、装潢和布局都是设计过的，今晚你就美美地睡上一觉吧。"

三元顽皮地往床上一扑，软软的，仿佛嵌进了云朵之中。

"和我之前想象的大不一样，这里挺像童话世界的。外边是郁郁葱葱的森林，森林守护着一个个院子，其中有一个是我们的。此时此刻，我们又在这个院子里的一间可爱小粉屋中。"

诸葛林笑着说："明早再带你四处看看，现在好好睡觉了。"

"不行，不行，还没讲睡前故事呢。"

"都这么大了，讲什么睡前故事，你以为还小啊？"诸葛林佯装嗔怪地说。

"那是，我可是家里最小的。平时要么忙着写作业，要么你说忙……（此处省略一百个字）"三元接着嘟囔，"好不容易出来玩，就讲一个呗，我都好久没听故事了。"

"下午开了两个多小时车，一会儿还要帮你妈收拾衣物，改天再讲吧。"诸葛林挠着头说。

"改天？！遥遥无期的买卖我可不做，你就讲一个吧。"说着又摇起手来。

"好吧，好吧，真拿你没辙。"某人宠溺地说。

紧接着就响起了三元的欢呼声。

三

三元躺在被窝里，头偏向坐在一旁的老爸。

"中美洲巴拿马热带雨林中，有一种叫作龙凤檀的树。龙凤檀材质坚硬，纹理独特，色泽典雅，树形高大，不乏几十米高的。"

诸葛林清了清嗓子，接着说："不过，即便个子再高，它们也是从一颗颗种子成长起来的。"

"它们的种子有多大？"

"龙凤檀的种子和牛角包差不多大，略小。"

"那也挺大的。"

"知道吗？每一棵高大的龙凤檀都是从上百万颗种子中脱颖而出的。"诸葛林显然是个讲故事高手，语气拿捏得恰到好处。

三元睁大了眼睛，好奇地问："上百万颗！怎么说？"

"怎么说？明天再说喽。"

"那可不行！不带这样的。"三元一下子坐了起来。

"躺好，躺好。"眼见得逞，某人又继续道，"热带雨林是地球上最为复杂的生态系统，物种丰富，处处充满着竞争。一开始，研究龙凤檀生活史①的植物学家想着这也就是个水到渠成的事，可随着研究的深入，渐渐发现哪里是一条线，分明是一张网，巨大的网！"

"别看龙凤檀结的果实多，其中一部分可是游走于树冠层的僧帽猴和吼猴的盘中餐。它们吃剩的，还有吃的时候不小心掉落的，才有可能进入下一个阶段。"

"下一个阶段？听上去这个故事不会短。"三元有点兴奋。

---

① 生活史：动植物等一生所经历的发育、繁殖全过程。

"掉落下来的果实，先是进了野猪和长鼻浣熊这样稍大一些动物的肚中，然后是蹄鼠和松鼠这样的小型动物，最后才是蝴蝶和蚂蚁。"

"呵呵，蝴蝶和蚂蚁吃的可真是凉透了的残羹剩饭。"三元接着问，"剩下的果实总好发芽了吧？"

"难啊，剩余的果实也可能会被蹄鼠和松鼠收藏起来，作为过冬的食物储备。就算有遗漏的，也会因为缺少阳光照射和养分供给，在同周围树木的竞争中败下阵来。稚嫩的幼苗不仅是植食性和杂食性动物的美味，甚至连飘落的叶片也可能遮蔽它的生机。"

"意思是碰巧有落叶罩落在了幼苗上。"诸葛林解释道。

"太难了，可怎么办啊？"

"如果碰巧母树寿终正寝，或是遇到雷击这样的情况，茂密的雨林就会打开一个'窗口'，原先被遮蔽的植物们的机会就来了。"

"但是，这样的概率太小了，真替种子们捏把汗。"

诸葛林看着女儿，心想："还挺替别人操心的。"接着继续道："雨林中的竞争就是这样残酷。不过，龙凤檀能活到今天就表明不乏成功者。"

起身走到书桌旁，诸葛林拿起个桃子，咬了两口，不紧不慢地说："一个偶然的机会，科学家发现，龙凤檀繁衍的关键竟在果蝠身上。"

"果蝠？！"

"是的，蝙蝠的一种。果蝠夜间出来觅食，先将龙凤檀的果实摘下，然后飞到安全的地方享用。"

"是倒着吃吗？"三元俏皮地问。

"呃——还真是。"诸葛林笑着抖了一下，接着说，"果蝠把外边的果肉啃掉，核就丢了。之后就是相似的剧情，野猪、长鼻浣熊、蹄鼠、松鼠等一个个角色相继出现。最后，被埋藏起来而又没被挖出、吃掉的果核才有机会成长为参天大树。"

"那么，怎样才不会再次取出呢，是蹄鼠和松鼠它们忘记了吗?"三元紧盯着问。

"不排除忘记的可能性，但是不大。更可能的是，它们不在了。比如，被雨林中别的动物吃掉了。"诸葛林双手摊开，翻了个白眼。

"老爸，你吓到我了，小动物们真艰辛啊。"三元略带伤感地说。

"没法子，丛林法则就是如此。"紧接着又坐回床边，"出土的幼苗，再次经历阳光、养分等的竞争，足够幸运者便会成长壮大。"

"都几点了，还不睡，不睡下来干活!"楼下传来柳青青没好气的声音。

父女俩先是缩着脖子相互对视了一眼，然后纷纷用手指朝着对方点了两下。

互道晚安后，诸葛林下了楼。三元侧卧在床上，回想着刚才的故事，奇妙的热带雨林，丰富的物种，以及围绕龙凤檀果实铺张开的，包括吼猴、果蝠、野猪和蹄鼠等在内的无形的网，还有那幸运的百万分之一……

片刻，熟睡的鼻息声响起。

四

"青青还没好呀，明天再收拾吧。"

柳青青抬头看了一眼，关切地问:"累了吧? 下午开了两个钟头的车，晚上又被三元缠着讲故事。"

诸葛林隔着衣服揉着肚皮，悠悠地说:"还好，你也知道讲故事是个苦差事啊。"

柳青青嘴一抿，笑着说:"又不是没讲过，一边讲、一边编的滋味儿可是不太妙。还好平时学校的事就够这小猪忙的了，不然咱俩都吃不消。"

"还好，还好，讲故事不费劲儿，张嘴就来。"诸葛林傲娇地"谦虚"着。

"哼，早知道刚才不喊那一嗓子了。"说罢，柳青青接着叠起了衣服。

诸葛林往跟前凑了凑，胖手摩挲着柳青青的肩头，柔声道："青青就是好，好了，不弄了，我们也该休息了。"

柳青青心里甜滋滋的，开口道："快了，还剩一点。今日事，今日毕。"

"对了，趁这当儿问你个事。刚才回来的路上不是聊到粮食了嘛，你说咱们国家的粮食够不够吃啊？网上各种说法都有，看了后我心里还真没个底。"

诸葛林坐直了腰板，端起派头，中气十足地说："这个问我，还真问对人了。我大学就是在国内外享有盛誉的金陵农业大学读的，研究生五年也在那里。博士毕业后来到吴越农林大学工作，算起来今年已是第十六个年头了。虽然我研究的是微生物，但是在农林高校这二十多年可不是白待的，对农业的基本情况还是了解的。"

"那是，我老公多棒呀。"

"粮食问题，说白了就是吃饭问题，要从吃饱和吃好两个方面来说。"

柳青青接着奉承："理工男就是这点儿好，分析个啥头头是道的。"

"别打岔！你也不要谦虚，要是聊股票，你可以滔滔不绝地说上个半天。"

"讨厌！"柳青青忙完手中的活，盘起腿，完全进入"听讲状态"。

"吃饱关系着粮食能否自给自足，这个大可放心！不要轻信一些谣言，说什么粮食危机，纯属扯淡！"诸葛林略显激动。

柳青青轻声问道："网上经常有人说，哪里受灾了，哪里绝收了，还说'光盘行动'是被逼无奈之举。"

诸葛林打断了妻子，没好气地说："无知者，无畏；无耻者，大无畏！说出这种话的人，要么是无知，要么就是别有用心。勤俭节约是咱们中华民族的传统美德，'光盘行动'只是具体的一种表现。一个倡议，怎么就和粮食危机牵扯上了，想象力真够丰富的。'锄禾日当午，汗滴禾下土。谁知盘中餐，粒粒皆辛苦。'就连小孩子都会背诵……（此处省略一百个字）"

柳青青打了个哈欠，略带困意地说："好了，好了，该说吃好了。"

"哦。"诸葛林意犹未尽地回应。

"吃好指的是科学饮食，一日三餐做到肉、蛋、奶、蔬菜、坚果，以及水果等的合理搭配。这方面实事求是地讲，现阶段还无法做到，不过随着我国农业的快速发展，在不久的将来有望实现。"

柳青青发问："为什么做不到？"

"这个问题比较复杂，同科学技术，以及我们人口众多的国情等因素有关。就拿粮食来说吧，别看我们粮食年年丰收，但要是折算起来还真就不那么富裕。"

"为什么要折算？"

"下蛋的吃什么？产奶的吃什么？你老爸、我岳父老泰山喝的酒从哪里来？"诸葛林反问。

"粮食和肉蛋奶的转换比率大概是七比一，也就是说消耗七斤的粮食能够得到一斤的肉。而除了口粮和饲料用粮，工业用粮也是大户。像酿酒，每年就要消耗掉大量的粮食。"

"哎哟，这么一算，还真的有点吃紧呢。"柳青青皱了皱眉头。

"哈哈，仍需努力哪。"

诸葛林站起身来，伸了个懒腰，一手拉起妻子，上楼去了。

清凉镇的夜晚，既静，又祥和。月亮像一颗大大的夜明珠，镶嵌在漆黑的幕布之上，洒落层层轻柔的白纱，将小镇包裹起来。整个世界凝固着，那样地美好。

初入微世界

一

星光璀璨，夜深人静，偶有虫鸣一二。

熟睡着的三元蒙蒙眬眬听到有人呼唤她的名字，忽远忽近。

"三元，醒醒。三元，醒醒……"

"谁呀，睡得正香，才睡一会儿怎么天就亮了。"三元嘟囔着。

"快醒醒，你走大运了！"细声细气的声音继续说道。

"走大运？这个梦可真有意思。"

"机不可失，时不再来，再不醒就天亮了。"

"哦，还知道天没亮哪。"三元下意识地回复，翻了个身说，"别催了，我要睡觉，天亮了自然会起。"

三元突然回过味儿来，"我在和谁说话？谁在和我说话？"一下子清醒了不少。

"你倒是睁开眼睛四处看看呀。"

这下子三元确定是有人在同她讲话，不是做梦！于是，睁开了眼睛。一看不要紧，眼直了，嘴巴张得老大。此刻周围的环境与听故事那会儿截然不同，似梦似幻，七彩流光四溢。

三元东张张，西望望。片刻后，自言自语道："天啊，这是哪里？"

"可算是醒了，你先看看我。"上方再次传来那个声音。

三元扬起下巴，向上看去。只见一个头戴铃铛帽，身着星星图案蓬松礼服，半米来高的小孩子飘浮在半空，手里还拿着一端有颗巨大红宝石的手杖，宝石散发着七彩光芒。

"你是哪个，怎么跑到我的梦里了？"

"在回答问题之前，你先拍拍手，看看究竟是醒着，还是在做梦。"飘浮着的小孩玩转着手杖道。

啪啪，三元拍了两下。

"不是在做梦，我醒着的。"紧接着抬起头，看着玩手杖的小孩，心想："但是怎么会有人悬浮在半空呢？这不科学。"

于是，三元运足目力，仿佛要看穿这似真似幻的空间。

"嗯，还算淡定，比想象的要好。"小孩轻声道，紧接着提高嗓门，"我叫'知识'，守护精灵一族的天才，即将引导你进入微世界。"

三元好奇地打量着知识，心想："应该是个小姑娘，长得好可爱，粉扑扑的，还有点婴儿肥。"

"我叫诸葛三元，为什么会在这里？这里是哪里？守护精灵守护的是什么？微世界又是什么东东？危险吗？……（此处省略一百问）"

"停！"知识连忙打断，皱着好看的小眉头说，"又一个十万个为什么。"

"又一个？还有谁？"

"又来了——"知识下降到三元面前，伸手示意安静。

"需要你知道的，慢慢都会知晓。时间有限，我拣重要的说。"一副小老师的派头。

"你的信息我全部掌握，不要问我是怎么知道的，反正就是知道。"接着便如数家珍一般地开始往外倒，"诸葛三元，暑假后上小学六年级，身高一米五八，爱吃美食，执拗的摩羯女，右手手心有颗朱砂痣……（此处省略两百个字）怎么样，还要继续吗？"

"我天！知道这么多，我现在真想知道有什么是你不知道的。"三元惊讶道。

知识颇为得意地说："哈哈，这下知道厉害了吧。"

"你叫什么名字？刚才有点蒙，没听清。"

"知识，知——识——"粉娃娃摇头摆脑地拖着长音。

"芝士？奶油芝士？"摇摇头，接着想："不，她这么粉嫩可爱，一定是草莓芝士。"

"果真是个吃货，不是'芝士'，是'知识'，Acknowledge！"知识跺着小脚，大声反驳。

"哦，不好意思哈，我想岔了。"三元不好意思地挠挠头。

突然回过味来，"天啊，你连我在想什么都知道！"

知识很是得意，转了个圈，悠悠地说："服了吧。"

"你行！"三元竖起大拇哥。

"言归正传，下面开始讲重点。仔细听哦，只说一遍，中间不许提问。"知识不知道从哪里弄来了一个蘑菇造型的小凳子，一屁股坐了上去。

"现在你我所处的这个空间，准确地说是个通道，连接着你之前所在的世界和我守护着的微世界。你之前所在的世界可以称之为'现世'，两个世界既有相同点，也有不少差别。相同的方面，比如说时间的流速，存在的生物，以及你的关系网等。"

知识看了一眼三元，发现某人正聚精会神地聆听，颇为满意，虚荣心得到了极大的满足。

"那个——你如果站着不舒服，可以坐下，甚至是躺着，这个空间的妙处就是舒服。"

"既然舒服，你为什么还要坐在凳子上，那个凳子坐起来更舒服吗？"三元脱口而出。

"好你个十万个为什么。"

三元连忙捂住了嘴。

"有相同就有不同，两个世界的差别有：日期并非严格对应，比如现世今天是星期三，微世界中可能是周五，也可能是一周中的任何一天，但是同一个世界的时光不会倒流；场所和人物等会有些许变化，但是像性格和喜好之类的属性不会发生变化；一些事件的发生顺序也会改变，比如现世中你是十岁那年学会骑自行车的，微世界中这项技能可能是八九岁习得的，也可能还没有掌握，不过或早或迟总会骑的。"

知识清了清嗓子，接着说："很多东西现在跟你说了也不明白，以后自己慢慢体会吧。现在可以提问了，但是要挑重要的说，时间非常宝贵！"

"你多大了，我该怎样称呼你呢？"三元轻声地问。

"女孩子哪有一见面就问年龄的，礼貌吗？以后就叫我知识。"

"但是，我很容易联想到吃的那个芝士呀，我还是叫你小 A 吧，知识的英文首字母，如何？"

"听上去还行，就这样吧。像我才华横溢，名字这东西就是个代号，不打紧，不打紧。"知识一副高人扮相，风轻云淡道。

"小 A，为什么我会进入这个七彩空间，还有其他人吗？"三元抛出第一个关心的问题。

"你以为这是逛商场，谁都能来啊？"

接着又说："要想进入这个空间，需要满足四个条件。第一，年龄不能超过十五岁。第二，现世的环境质量要十分优异，森林覆盖率至少要达到 80%。"

"哇哦——这可是个硬杠杠，地球上能满足这一点的地方的确不多。"三元如是说。

"第三，入选者必须心地善良，而且能够保守两个世界的秘密。"

"嘴巴可严实了呢。"说完做了一个给嘴巴拉拉链的动作。

“第四，也是最关键的一点，就是要本姑娘看着顺眼！”

“嘁，这算什么条件呀？”

感觉被冒犯了，知识撇着嘴说：“没有我的引导，是绝无进入微世界的可能的，而且我也不是随随便便想见就能见的。”说罢，两手交叉抱于胸前，脸颊一鼓一鼓的。

“无心之过，无心之过。第一眼就看出您不是一般人，智慧与美貌并存，颜值与正义的担当。”三元送上一记响亮的马屁。

“看在事实的分上，就不同你计较了。不过，我刚才说的也是真的。虽然第一次进入微世界后，你有无须引导便可再次穿梭两个世界的可能，但是肯定会有需要我点拨的时候。这时只有通过召唤，才能见到本尊。”

“果然是个小孩子，哄哄就好，还本尊呢。”三元心想，接着问：“那怎样召唤呢？”

知识的小脸一下子红了起来，略显为难地小声说：“知识就是力量，不是热量。”

“这个我知道，热量高的是芝士。”突然想到了什么，补充道，“Cheese 的那个芝士。”

“口诀是‘知识就是力量，不是热量’。”知识越发脸红了。

“噗——这是谁想出来的，太有才了，哈哈哈。”三元没忍住，笑出声来。

“还不是族长那个老顽固。”知识心中暗恨，粉色的小拳拳攥了攥紧。

“微世界名字的由来能介绍一下吗？和现世一样吗？我是说大小。”三元又抛出两个急切想要得到答案的问题。

知识调整好情绪，回答：“这两个问题还有那么一点点水平。微世界的‘微’体现在两个方面：第一，微世界在空间尺度上要比现世小七个数量级；第二，微世界中，各个国家的民众对微生物学知识都非常看重，研究和利用水平都十分地高超。"

"微世界也是一颗行星吗？同样是在银河系吗？"

"顶级秘密，不能回答。"

"还有别的问题吗？"知识催促道。

"除了我，还有多少人进入过微世界？"

"多少人？看来你还是不明白这个机会有多难得。这么说吧，比龙凤檀种子再次成长为参天大树的概率还要小许多。"

三元一下子愣住了。

"我这是幸运的千万分之一，还是亿万分之一啊？"

"在你之前，进入过微世界的一共有三个人，后来无不成为了你们那个世界的知名大家。"

"说说他们的名字吧。"三元满是期待地道。

"他们的名字，这个——"知识张张了嘴，有点儿心虚。

"一个嘛，头发乱蓬蓬的，给人感觉有点邋遢，性格孤僻，还经常不穿衣服，披着条床单四处跑。"紧接着话锋一转，"不过这小子很聪明，对物理特别着迷。"

三元心想："该不会是爱因斯坦吧？那小 A 得多少岁了？！"

"另一个戴副眼镜，近视度数很高的样子。整天拿着个本子，算过来，算过去的。"

"数学家，会是谁呢？"三元费劲思量。

"他很是奇怪，人们都知道一加一等于二，他却要弄清楚为什么等于二。"知识回忆着，一边不住地摇头，"你说，这个重要吗？哦，对了，他和你来自同一个国家。"

陈景润的名字出现在了三元的脑海之中。

"最后一个，来自你们的邻国，也是个男孩子。沉静内敛，爱跑步，立志要成为文豪。特别喜欢写文章，比蓬蓬头招人喜欢。"知识似乎想到了什么开心的事情，面露微笑。

"他写东西一定要用木头铅笔，说是喜欢听笔头划纸的沙沙声，还说白纸黑字才有感觉。"

"我想我知道他们是谁了，小A真想不到你都一把年纪了。"

知识立刻反驳："那要看怎么比，在精灵族，我就是个小小孩。不对，是个可爱的小小孩，哼！"

三元见状不对，岔开话题："你是不是叫他们小爱、小陈和村上啊？"

"嗯，看样你已经知道了。怎么样，没有骗你吧，后来都成为了大人物。"

"有没有骗我不知道，不过我算是发现了，你记性不好。总共就三个名字，都没记住。"

知识一脸黑线，心虚地嘟囔着："太久了嘛。"

"最后一个问题，赶紧的。"知识催促着。

"你为什么这么着急？"

"初次进入微世界需要动用星光的能量，天马上就亮了，所以要抓紧。"

"现在出发！"

知识收回蘑菇小凳，用手杖画出一个六芒星图案，嘴里念念有词。六芒星不停地闪烁着，亮度逐渐增强，直到某一刻，放出耀眼的光芒，二人不见了。

二

三元揉了揉眼睛，朝窗子方向看去。阳光透过窗帘的缝隙挤入粉色的房间，天亮了。

三元坐起身来，环视了一圈。

"还是在老地方。"三元自言自语道，接着不是很有底气地呼唤，"小 A——小 A——"

屋子里静悄悄的。

"昨天的梦好真啊，都信以为真了。"三元自嘲着，一边换起了衣服。

门外传来脚步声，紧接着有人轻轻地敲门。

"三元，醒了没？闹铃响了半天，别睡了，吃好早饭，好去上学了。"

"闹铃？上学？"三元糊涂了。

"上的哪门子学。"一脸不悦的样子，"还闹铃呢，房间里连个闹钟都没有……"

三元看到书桌上摆放着一个粉色小象造型的闹钟，语塞了。

"老爸进来吧，我穿好衣服了。"

穿着汗衫的诸葛林进入房间，来到阳台前，拉起窗帘，半开了一扇窗户，转过身对女儿说："今天又是个艳阳天，收拾停当你就下楼抓紧吃早饭，被子什么的交给我。"

三元直愣愣地看着。

"发什么呆呀，利索点儿，坚持一天，明天周六，你想睡到几点都成。"

"板寸头的老爸，明天星期六？我们不是星期天出发来清凉镇的吗？"三元越发糊涂了。

"这里是清凉镇？我是三元，你是诸葛林吗？"

诸葛林有些发蒙，伸手摸向女儿的额头。

"没发烧呀，一定是学习太辛苦了，现在的孩子可真不容易。"嘴上却笑着说："如假包换，先去吃早饭，回头我开车送你。"

三元梳好头下了楼，看见餐桌上有碗馄饨，便吃了起来。一边吃，一边打量着四周。物件多出许多，满是居家生活的气息。

"好好吃饭，别东张西望了。"柳青青一边擦拭着厨房的台面，一边对三元说。

"早饭不都是老爸做嘛，今天太阳怎么打西边出来了？"

柳青青用围裙擦了擦手，端着碗馄饨，边吃边往外走。

"你俩一个鼻孔出气儿！还太阳打西边出来了呢。"某人的火气肉眼可见地四散开来。

"今天早饭做的什么，真香！"诸葛林快步走下楼梯，一个劲儿地朝妻子使眼色。

"怎么了，还不让人说话了，不带这样的。"

"别看热闹，吃你的。"诸葛林对三元说，然后示意柳青青去厨房。

"今早这小猪有点儿奇怪，刚才还问我是不是诸葛林，这里是不是清凉镇呢。"

"啥？！"柳青青一下子急了，放下碗筷，关切地问道，"怎么会这样，要不要看医生？"

"先别急，估摸着是课业压力大的缘故。"诸葛林分析着，又叮嘱道，"先观察观察，后勤保障交给你了。这几天都做她爱吃的，水果也要搭配好。"

柳青青连忙点头，"嗯嗯，听你的，我刚才没搂住火，想想真是不应该。"

三

"你俩嘀咕什么呢，我吃好了，先去上个厕所。"

三元快步走向卫生间，进去后轻轻地合上了门。

"知识就是力量，不是热量。"念完口诀，四处找寻。

"别找了，我在这儿呢。"

三元朝洗手台望去，只见知识老神在在地坐在水龙头上，摆弄着手杖，跷着个二郎腿。

"耳听为虚，眼见为实，这下信了吧。"知识调侃道。

三元不好意思地解释："你要理解，碰到这样的事情，作为一名柔弱的小学生，表现够好的了。"

"召唤我出来，不会是为了聊家常吧，有什么快说。"

"呃——小A，我现在完全相信你说的话了。等有空了，请你吃好吃的，也算庆祝下这难得的缘分。"

一听到吃，某人眼中泛起了精光，热情地回应："咱俩什么关系，一切好说，不明白的尽管问。"

三元心中暗笑，"才认识多久，小吃货一枚。"

"召唤你就是想再确认一下，顺便看看那条口诀灵不灵。不过，现在真的有几个问题要向你请教。"紧接着，某人开始挤眉弄眼，"五年级的课程我都学过了，考起试来是不是如鱼得水呀？"

"差不多，但先别得意忘形，具体到了学校你就明白了。"

"哟，还卖起关子来了。我还记着一组彩票的中奖号码，这个……"

三元的心提到了嗓子眼儿，张着嘴，颇为期盼。

知识一下子站了起来，声色俱厉道："利用时间差获利是禁止的，这种念头趁早打消，不然会受到惩罚的！"

三元被突如其来的变化吓到了，怯生生地说："好的，好的，我知道了。"

知识再次强调："这可不是吓唬你，之前有过先例的。小爱多好的一个孩子，自从……"

似乎意识到了什么，知识连忙佯装咳嗽。

"自从什么？他怎么了？"

"不能说。"知识做了个噤声的手势，示意三元不要再问。

"总之，那件事之后他就变得不修边幅，时不时还披着个床单四处乱跑。"

　　"那是有些奇怪，也够吓人的，我可不要这样。"

　　三元还有几个问题要问，但外边传来了催促声。

　　"三元，动作要快哦，不然迟到了。"

　　就这样，三元和知识匆匆别过，快步向院外走去。

新鲜出炉的班主任

一

墨绿色的 6AA88 缓缓地行驶在小镇的马路上，前面的两扇车窗半开着，传入各种声响。

诸葛林往后视镜瞧了一眼，"怎么不说话，想什么呢？"

此刻三元的脑子里充满各种各样的问题，比如，为什么会在清凉镇上学？学校的名字叫什么？同学还是现世的那一帮子吗？……（此处省略一百问）但是她没法开口。

"没想啥，还有点儿迷糊，昨晚睡得不太好。"

"今晚早点睡，五年级作业是有些多的，适应了就好。"紧接着说，"书包忘了吧，你这丢三落四的毛病什么时候能改。一会儿下了车，精神着点，年轻人要有朝气，给老师和同学们留个好印象。"

三元嘿嘿一笑，"既然能这么问，说明你拿了呗。有老爸在，不用操心的。"

"你呀，就是嘴甜，继承了你娘的优秀基因。"

"哼，回去就把这话告诉妈妈，让她评一评谁的嘴甜。"

感觉女儿一切如常，诸葛林悬着的心放了下来。

又过了一个路口，车子停了下来。诸葛林递过书包，又叮嘱了两句，才放三元下车。

"一定是早上察觉到了异常，不然这点儿路走走也就十来分钟的工夫。"三元心想。

二

三元整理好书包带，缓步朝校园走去。此时的校门口颇为热闹，门的两侧，靠近马路是"八"字形的早餐摊。摊主们忙得不亦乐乎，除了收钱，基本连抬头的工夫都没有，现在可是一天中的黄金时段。

天津煎饼摊的章大爷问："煎饼里加什么？"

"鸡蛋、火腿肠，香菜不要放。"

"这是你的鸡蛋灌饼，拿好喽，小心烫。"穿着碎花衣服的王奶奶叮嘱着。

一个小个子女生，一手接过灌饼，一手从简易泡沫箱中拿出一袋豆奶，显然她是位"老顾客"。拧开上边的盖子，先是喝了两口，然后就吃起了灌饼，不时还张嘴哈气，许是有些烫吧。

在临水上学那会儿，平日里这些小摊子总能吸引三元的目光，有时候还会停下来看看。不过，她很少吃。早上是没肚子，中午和下午是没时间。偶尔早放学了，爸妈的碎碎念总是能够有效地遏制住肚子里的馋虫。每每听说哪位同学拉肚子了，不管真相如何，她就会自我安慰："卫生状况堪忧哪。"不过，有时候同学分享起来，她还是会十分乐意地"赏个脸"。

三元往后看，只见大门一侧传达室旁的围墙上书有"清凉小学"四个烫金大字，遒劲有力。大字下面有八个稍微显小的字——勤奋、团结、友爱、拼搏，是校训无疑了。

"校名和校训都没印象。"三元确认。

就在这时，一旁传来喊声。

"诸葛，诸葛，等等我。"一个身高和三元差不多、小鼻子小眼的男生朝她跑来，书包一颠一颠的，不时还弯起右臂、画个圆，防止肩带滑落。

"贾——明——"

"嘿嘿，诸葛早，我看见叔叔送你来的，刚炸好的油条要不要来一口？"说罢，油条往前一递。

"看样子，同学老师应该还是熟悉的那些人。"三元心里想，然后略显嫌弃地说："你咬过的谁要吃啊，没诚意。"

"这不还有一根没动过嘛。"贾明诚意十足地道。

"好了，好了，快点进去吧，早自习快要开始了。"

进入校门，一幢"山"字形的建筑物映入眼帘，中间四层，两翼各两层，楼顶一面五星红旗迎风飘扬，教学楼无疑。教学楼前，校园正中是标准的四百米田径场，塑胶跑道，中间铺着人工假草，在上边踢球想必十分带劲。操场的四周布置有攀爬架、单杠、双杠、乒乓球台、秋千以及篮球场等，是大课间同学们经常玩闹的地方。除了教学楼，校园里还有食堂、活动中心和医务室等。

三元始终落后贾明半个身位，没法子，教室在哪里她确实不知。上了三楼，进入五（2）班后，三元轻声地问："贾明，我坐哪里？"

贾明回过头，反问："咱俩是同桌，你说坐哪儿？"

贾明朝自己的座位走去，三元放慢脚步，快速地数起课桌来。

"三十二张，和临水小学时的一样。"

三元心里更有底了，朝中间一列的第二排走去。看到桌布上的长颈鹿，放下书包，坐进了位子。一边和一些同学打着招呼，一边拿出文具盒和课本，心里同时在想："另外两个家伙，也是老样子吗？"

碰了碰还在吃油条的胳膊，问道："那两个家伙咋还没来，都几点了。"

贾明侧过脸，含糊着说："又不是刚认识，他俩每次都是踩着铃声进教室的。别说，一次都没迟到过，真好本事。"

三元咯咯一笑，试探道："可不，我们'清凉四杰'哪里是一般小学生能比的啊。"说罢，观察起贾明的表情。

"那是。"贾明毫无异样地把最后一小截油条塞进了嘴巴。

"'临水四杰'变成了'清凉四杰'，我的想法没错。"

三元打开文具盒，看起贴在里面的课程表来，很快目光停留在了"微生物"上面。

"现世的五年级课表里没有这门课。"拿过两次校长奖学金的三元十分肯定，转念一想："看样子微世界对微生物还真的是十分看重哪。"

"贾明，这门课是怎么回事？"三元用手指点点。

"哪门？哦——微生物啊，九年制义务教育的重点特色课程，公立学校五年级都有开设的，你不知道？"

三元"夸赞"道："哪能跟你比，我们贾大明白除了考试答案，啥不知道？"

贾明嘿嘿一笑，假装悲痛地说："唉，你和士强就爱这么说，其中的辛酸只有我和成功能够体会啊。"

"对了，咱们要换班主任的事儿你知道不？"

"换班主任？没听说，换谁？"

贾明得意地笑，得意地笑。

"要说快说，别耽误我看书，瞧你嘚瑟的。"三元板起脸来。

"语文李老师刚生了孩子，一个胖小子，出生时足有八斤四两，那小胳膊小腿一节一节的……（此处省略五十个字）"

看见三元皱起了眉头，话锋一转："咳咳，生孩子多辛苦呀，生完了还要奶孩子、坐月子，年前李老师都不来了。"

三元揶揄道："瞧瞧，你这精力都花在什么地方了。"

"咱们班的班主任将由新来的老师担任，姓傅，暑假前刚研究生毕业，人长得可帅啦。"

"傅老师，由他接着教语文吗？"显然，同某人的关注点不同。

"语文由四班的曲老师代，傅老师教微生物。"

自习铃声响起，同学们开始早读。

三

半个钟头的早自习结束后，学生们有十分钟的休息时间。教室后排走过来两个男生，一胖一瘦。瘦高个一身的牌子，相比之下胖同学的穿着就要朴素些了。

瘦高个拍了拍贾明的肩膀，对二人说："大明白、诸葛，傍晚放学去玩飞盘吗？"

对于这项新近风靡起来的游戏，三元也十分喜爱，又见梅成功技痒难耐，早早过来约人，便欣然同意："明天周末，下午咱们好好松松快快。"

三元拍板后，四人又聊了些闲话。上课铃响过，一位戴眼镜的男老师快步走进教室，把教案往讲桌上一搁，向着大家，面带微笑地说："同学们好，我是傅雷。李老师刚刚升了级，这学期咱们二班的班主任由我担任，希望能够得到同学和家长们的支持。"

转身上了讲台，"今天是第一次微生物课，为什么要在小学阶段开设这样的一门课，有同学知道吗？"

贾明高高举起了手，还晃了晃。

傅老师一笑，"你叫贾明，起来说说看。"

"他知道我？"嘴上却麻溜地把刚才同三元说的话又复述了一遍。

"很好，知道得还真不少哩，不愧是大明白。"

教室里笑成一片，唯有刚刚发过言的同学面露窘色。

"微生物学作为国民教育的重要课程之一，贯穿整个教育体系，是你们知识架构中重要且基础的一环。微生物学是社会进步的基石，随着生物技术的广泛应用和人民群众科学意识的不断提高，微生物学对人类生产生活必将产生更为深远的影响。"

扶了下眼镜，傅雷语重心长地继续道："我知道在一些同学和家长们的心目中，语文、数学，还有英语是主课，其他都是副课，主课比副课重要。但是，今天我要明确地告诉你们，最新出台的小升初考试、中考和高考'红头文件'①中，已经将微生物列为了必考科目，其权重同语文和数学相当，比英语重要！希望回去之后，你们能够将这些信息传达给父母。"

教室里十分安静，同学们都听进去了。

"今天是第一次课，轻松点，有同学能说说生活中常见的微生物有哪些吗？"

"有像木耳、平菇和口蘑这样的食用菌。"学习委员李锦珏当仁不让。

坐在最后一排的赵凯诚站起身来，很有底气地回答："病毒。像非洲猪瘟、禽流感，还有疯牛病就是由病毒引起的。"

傅雷点点头："不错，两个人说的都对，还有吗？和微生物相关的也行。"

教室里静了下来，有两三个同学刚一抬起手，就又放了下去，不是很确定的样子。

贾明举手示意，起身回答："食品变质长的霉菌，不管是黄的、黑的、绿的、白的，都是微生物。"坐下后，还朝三元递了个"小菜一碟"的眼神。

三元打好了腹稿，征得老师同意后回答："刚才同学们说的大部分都是看得见的微生物，我来说说看不见，但是用鼻子能够感知

① "红头文件"：因往往套着象征权威的"红头"而得名，泛指政府机关发布的措施、指示、命令等非立法性文件，长期以来都是各级行政机关实施行政管理活动的重要抓手和依据。

的微生物吧。"

此话一出，立刻引发了众人的好奇心。

"大家还记得雨后的味道吗？"见同学们满是疑惑，解释道，"我是说雨后新鲜的泥土味，这种味道就同土壤中的放线菌有关。土壤中有许多的放线菌，数量超级多。"

停顿了一下，接着说："除了闻，微生物还同'吃'有关，比如说酒酿，以及酸奶中的益生菌。"

"哟，还知道放线菌呢，不错。"

接着说："诸葛三元同学的知识面蛮宽的，还有同学要回答吗？"

见再无人应答，傅雷开始总结："刚才几个同学讲得很好，不论好坏，微生物还是比较常见，也常为人们所议论的。从定义上讲，微生物是指肉眼看不见或看不清楚的微小生物，包括细菌、真菌、病毒等类别。"

似乎想到了什么，叮嘱道："看不见和看不清楚是指健康视力条件下，近视眼旁边过来个汽车都看不清，汽车可不是微生物哦。"

哈哈哈，教室里的气氛顿时活跃了起来。

"首次解密雨后泥土的'芬芳'时，气味物质被称为 Petrichor，意思是石头中溢出的气味。正如诸葛三元所说，这种物质其实是放线菌释放出的土臭素。干旱时，土臭素被包裹在疏松多孔的土壤之中，经雨水冲洗后，便会形成气溶胶①，进而弥散到空气之中。相较于滂沱大雨，小雨和中雨时，气溶胶数量更多，空气中泥土的'芬芳'也更为浓郁。"

"微生物不仅数量繁多，种类多样，还有许多的功用。"傅雷喝了口水润了润嗓子，"我们还是拿放线菌举例子，抗生素同学们都

―――――――――――

① 气溶胶：由固体或液体小质点（颗粒）分散并悬浮在气体介质中形成的胶体分散体系，又称气体分散体系。

听说过吧。放线菌作为已知产抗生素种类最多的一类微生物，备受科学家的关注。迄今为止，人们从陆地微生物中已经鉴别出了数万种具有活性的天然物质，其中约有 40% 来自放线菌。当前使用的抗生素中，更是有超过三分之二来自它们，利用放线菌筛选抗生素一直是科研人员的传统和偏好。"

……

下课铃声唤醒了听入迷的同学们，一个个意犹未尽。显然，傅雷的第一堂课是成功的。

傅雷一边收拾着教学材料，一边提醒："说两个事儿啊，第一，同学们酝酿一下，这门课需要一个课代表。再一个嘛，下个月底开运动会，体育委员摸摸底、做做动员，力争取得好成绩。"

傅雷走出教室后，体委柴长清从座位上站了起来，朗声道："运动会的事情大家上点心，积极些。去年拿过名次的同学，我这里有记录，直接报上了啊。"

同学们一边听着，一边就小声地议论了起来。

"去年咱们和五班就差两分，这次加把劲儿，把第一的奖杯夺过来。"

"瞧见没，话少，人硬，效果好！"贾明对三元说。

三元笑笑，"你这嘴呀，一套一套的，就是作文不见拿高分。"

"诸葛，这就没意思了，不带当面揭短的。"接着又说，"微生物课代表有兴趣没，我看你知道的不少哩。怎么样，要是有兴趣，哥几个推你。"

看着贾明信誓旦旦的样子，三元一时不知道怎么回话。其实，她对当这个课代表还真有想法。不过女孩子脸皮薄，不好意思开口。

"你们啊——爸妈都开我玩笑了，说我要好的朋友怎么都是男同学，没有女闺密的。"三元连忙岔开话头。

四

一晃到了下午放学时分，甄士强和梅成功斜挎着书包从教室后面蹦跶了过来。人还没到近前，就听见："你们两个快着点儿，时间就是money。"

"哟，还转起洋文了，英语课怎么见你蔫头耷脑的。"贾明挤对起了梅成功。

"啥时候轮到你教育我了，大明白也有糊涂的时候啊。"

甄士强手里把玩着飞盘，嘴上说："是要快点，不然没地方了，你俩抓紧过来，我和成功先去占场子。"

说完拉起梅成功就往外跑，出门时还蹭了下门框。

就在三元和贾明往外小跑时，柴长清叫住了三元："诸葛三元，运动会的事你好好考虑下。去年你是八百米和四乘一百米冠军，根据规则，这次你再多报个单项。拿下五班，就指望你们几个绩优股①了。"

"知道了，还绩优股呢，肯定是从阿姨那里听来的吧。"

"说到炒股，柳阿姨还是我妈的师傅呢。"柴长青憨笑道。

一边飞快地下着楼梯，贾明一边说："运动会你是该多报一项，不说为班级争光，冲着奖品也该上。我可听说了，这次奖品的采购预算比去年多一倍！"

三元咂了下嘴，白了贾明一眼，说道："就你话多，主意我有，动作快点。"

同甄、梅二人会合后，四人欢快地玩起了飞盘。用他们自己的话说，就是"排出汗水，留下热爱"。

---

① 绩优股：业绩优良且比较稳定的公司股票。

《"微"故事——微生物的前世今生》

一

快六点时，四人走出了校门，一个个疲惫但快乐的样子，头发都贴在了脸颊上。梅成功眼亮，看见了马路斜对过的 6AA88，朝还在同甄士强分析最后一局败北原因的三元说："诸葛，你爸来接了，真宝贝啊。"

三元抬头看了一眼，"担心交友不慎，不放心呗。"

"谁'不慎'，不放心的又是哪个？"贾明抢着说，也不顾挂在小臂上的运动服有一角拖在了地上。

狡黠地一笑，三元对三人说："你们在这站好喽，答案上车后公布。"

说完，一路小跑地上了车，降下车窗，朝三人喊道："不相上下，一丘之貉。"

汽车开动了，三"貉"在路的另一边"气恼"着、挥舞着、追赶着，而三元回应他们的则是吐着舌头的鬼脸。

"又玩飞盘了，瞧这小脸红扑扑的。"

三元还在兴头上，"嗯，好玩着呢。就是咱家人不够，不然也可以来几局。"

"想得美，你老娘更愿意'修长城'、研究 K 线图，运动和她是绝缘的。"

弯过一个路口，诸葛林问："今天学校里还好吧，有没有什么新鲜事儿？"

"李老师生完孩子休假去了，班主任换成了傅老师，男的，教微生物的。"

"哦，李老师升级了啊，抽空得去看望一下，她很关照你的。"接着又说："微生物是很重要的学问，你可要好好学。"

"知道啦，挺感兴趣的，傅老师讲得也好。"

"已经上过课了？那说说今天都讲了什么。"诸葛林颇有兴致。

三元这会儿没心思做学习汇报，转移了话题，"这门课现在还没有课代表，我想争取一下。"

"嘿，今天新闻真不少。当初是谁对竞选班长都不感兴趣，怎么这次心动了？"

三元理了理头发，开口道："之前怕影响学习，也担心和同学们闹不愉快。现在学习这块除了士强和锦珏，其他人对我构不成威胁，和同学们相处得也很融洽，想锻炼一下。"

心里为女儿的成熟感到欣喜，嘴上却说："骄兵必败哦。锻炼下也好，那就积极争取，不要犹犹豫豫的，遗憾比失败更可怕。"

"好嘞，战前动员找你就对了。"

二

父女二人还未进屋，就闻到了扑鼻而来的香气。

"你妈肯定做啤酒鸭了，今天要小酌两杯。"

听到老公的声音，"属羊的鼻子都快赶上属狗的了。我这还有两个菜，你俩先聊着，不许给她看电视。"

莫名中枪，三元回了句："谁要看，老妈你快着点儿，真饿了。"

诸葛林倒了杯水给女儿，"微生物课很重要，要认真听讲，课后多联系生活实际，想明白其中的道理，这样才能学活、学好。"

三元一边喝水，一边认真地点了点头，"傅老师说了，从现在开始一直到高考，这门课都会有，是主课！"

"学习是为了掌握知识和技能，主课和副课同样重要！一个人综合素质过硬，那才是真的优秀。"

"那个——要是有不懂的地方向你请教，可别嫌我笨哦。"说完，紧盯老爸。

某人搓了搓手，极力掩饰着心中的小虚荣和小兴奋回答道："欢迎，欢迎！"

这一幕正好被柳青青看在眼里，放下新上的红椒炒西蓝花，"一提到微生物就来劲儿，跟个小孩儿似的。"转脸对三元说："也就是说到他的老本行了，换了别的功课，能有这态度？"

三元嘴角上扬，笑而不语。

"做你的饭去，哪来的工夫聊天。"

柳青青开始不顾情面地揭短："当初是谁教个二年级数学都蹦起老高，还打碎了一个杯子？"

某人回忆起过往的不堪，嘴上却逞强道："先乘除后加减，谁想到这小猪乘一定要在除之前做，加一定要在减之前做。"

三元的脸一下子红了，难为情地嘀咕："陈芝麻烂谷子的，是你解释得不好。"

"三元，跟你说个好玩儿的，当时某人气得不行，默念了好几遍'亲生的'，才渐渐平息。"

娘俩笑成了一团，诸葛林尴尬透了，想钻地缝的感觉体会得真真切切。

诸葛林解嘲道："凡事要向前看，用发展的眼光，不要拘泥于过去，跟往事说再见。"又对妻子说："可以吃饭了吧？"

"急什么，笋干咸肉煲要多炖一会儿才有滋味，你俩再说说话。"转过身，打了胜仗似的朝厨房走去。

"我种下一颗种子，终于长出了果实，今天是个伟大日子♪……"某人为了避免尴尬，自顾自地唱起歌来。

三元挥了挥手，打断道："诸葛大爷准备跳广场舞了？我看你像个小苹果。还有正事要你拿主意呢。"

放好水杯，接着说："下个月要开运动会了，你说我要不要多报一项？"

"遗传了我的优良基因，项目当然要报满啦。"诸葛林骄傲地回复。

"又来了，就不能谦虚点儿。"

"体育委员我可是从初中干到大学，哪次运动会空手而归过，不信问你爷爷去。"

"听我说嘛，八百米不出意外这块金牌就是我的，接力赛我们'女子天团'卫冕也不在话下，就是再报一个单项的问题。"

意识到里面有隐情，诸葛林安静了下来。

"六十米和一百米，进前五可以，拿冠军没戏，三班的'猎豹小美眉'去年囊括了这两个项目的冠军。二百米嘛，大概能跑个第三名。"

诸葛林打气道："术业有专攻，重在参与，和高手过招也快意的，不要只盯着冠军。"

"哎呀，和你想的不一样。"三元撒起娇来，接着说，"我们班这次目标是总分第一，所以要尽可能地多拿分，扬长避短。"

"哦，有点意思了。"

"我有点想报四百米，但是不确定能跑过五班的万思思，去年她是这个项目的冠军。"

"明白了，你的强项是长距离，中短距离没有把握，四百米想赢怕输，对吧？"诸葛林理出了头绪。

三元点点头，等着老爸出主意。

"那就报上，要对自己有信心，狭路相逢勇者胜。"接着动员道，"我还是那句话，遗憾比失败更可怕。这次你要瞻前顾后地错过了四百米，可能以后每次运动会都会有阴影，我不想你这样。"

三元点点头，似乎坚定了一些。

"当然，空有决心不行，还要付出努力。这不还有时间嘛，好好练练。跑的时候，前期控制好节奏，不要冒进，留着体力最后五十米拼刺刀。万思思比你压力大，她肯定想着卫冕的。"

摆了几个碗碟，继续道："营养也要注意，回头我和你妈说一声，运动会前的这段时间，咱家少吃猪肉，鸡肉、牛肉多来点，蛋奶也不能断。"

诸葛林这么一说，三元彻底没了顾虑，下定决心搏一次。

竖起大拇指，三元赞道："老爸，你是个人才！"

某人心里很受用，嘴上却说："低调，低调，去架子上把剩下的那半瓶酒拿过来，今天的菜不错。"

柳青青把最后的一个煲端上后，一家人其乐融融地吃了起来。

三

九点半，外边已经很安静了，零星有邻居家的狗叫声传来。一弯月牙高挂天边，满天星斗闪烁着，没有云彩，预示着第二天的好天气。

三元洗漱完毕，坐在自己的小床上翻看着一本黑色封皮的书，一副乖乖女模样。

诸葛林走进屋来，刷过牙、洗过澡，酒气已经闻不到了。看了一眼三元手中的书，"《"微"故事——微生物的前世今生》，这书不错，微生物入门级科普书籍，很适合像你这样的小白。"

三元放下书，抬头问道："好在什么地方？"

"这本书是由'胖魔王'团队历时数年编写而成，我看过两遍的。"

"胖魔王，为啥叫这个名字呀？"

诸葛林会心一笑，回答："问得好！别说，当初我也纳闷。后来，看了些有关这个团队的介绍和访谈，才明白了其中的缘由。唱京剧的业内有这么一句话：'不疯魔，不成活。'实际上指的是一种精神，同国家大力倡导的'工匠精神'一个意思，包括敬业、精益、创新等方面。"

三元释然道："有点儿意思，这个团队自我要求还挺严的，是个'狠角儿'，还想着称王呢。"

诸葛林点点头，"是呀，像是要打持久战的架势，社会和国家也需要这样的团队。除了'胖魔王'，他们还有个'品牌'，叫'胖魔王的科普阵地'。"

"哈哈，一听就是同一帮子。还阵地哩，搞得跟打仗一样。"三元戏谑道。

诸葛林正色道："头发长，见识短了不是。我倒是觉得'阵地'二字用得恰如其分。"

"哦？说说看。"三元来了精神。

"国与国之间的较量以前比较野蛮、直接，就是干仗。你打我，我打你，打趴下一方算见分晓。现在随着科技和文明的进步，战争这种形式已不再是解决国与国矛盾的首选，你想想是不是？"

"嗯，特别是国力相差不大的国家，杀敌一千，自损八百，不划算啊。"

"小样，还出口成章呢。"接着又说，"于是经济战和技术战等的作用就越发地突出了，像经济制裁、贸易壁垒，以及各种'卡脖子'都是常见的'新式武器'，作用不比枪炮弱。"

三元消化着这些平日里课本中难得一见的信息，若有所思。

"但是无论枪炮战、经济战，还是技术战，都无法做到彻底征服一个国家或民族。这一点，人类社会几千年的历史已经不止一次地证明过了，毋庸置疑。"接着正色道，"真正能够征服一个国家和民族的是文化战！"

"文化阵线有许多的阵地，比如文学、音乐、歌舞、戏曲、杂技等，科普也在其中。自家的阵地不守好，行吗？"

"不行！这个团队真是挺有担当的，我要粉'胖魔王'。"

"还有问题没？"

"那你再说说为啥叫胖——魔王。"

诸葛林笑了，开口道："用团队主创的话来说，就是'胖'字显得可爱，可以中和'魔'的戾气。"

"哈哈，真有趣，有内秀。"

"现在来讲讲这本书的妙处，首先比较全面，包括微生物的特点、历史名家、前沿进展，以及微生物在农业和环境保护等领域应用的相关介绍。这一类的科普书籍我读过不少，但多是讲微生物与疾病的，比如艾滋病、禽流感和黑死病等。视野不够开阔，不利读者形成全面的印象，会觉得微生物大多和负面事件相关，微生物就是诡秘且不好的东西。"

习惯性地揉了揉肚子，接着说："其次，长短适中，图文并茂，在确保科学性的同时，很好地兼顾了可读性，并与日常生活联系紧密，易于理解。再有就是可以拓展，全书最后给出了公众号和有声专辑的链接，'胖魔王'团队会不定期地进行资源更新。"

"我也挺佩服这个团队的，在没有经费支持和现阶段科普无利可图的情况下，能够坚持这么多年，并做得有滋有味儿，不容易，有情怀啊。"诸葛林感慨道。

"刚说到'工匠精神'，你除了吃、玩、看漫画这些个爱好，有什么能拿得出手或是想要发展成为特长的东西吗？"

"怎么问起我来了，服了你，这思维跳跃的。"

三元身体前倾，俏皮地说："我算是发现了，妈妈说理工男讲起话来头头是道，是真的。还有，说你对微生物相关的事情特别有兴致，对对的。"

"知夫莫如妇嘛。嗯？转移话题挺溜的。也不早了，再看一会儿好睡觉了。"说完，朝屋外走去。

四

又看了两页，三元突然想到什么，口中念念有词："知识就是力量，不是热量。"

"嘭"的一声，知识凭空出现。与先前不同，今天一身橙色装扮。

"小 A，你是橙子变的吧，哈哈哈。"

"有话快说，这会儿超级忙的。"

"哦，如果我在两个世界都进行跑步训练，是否会取得双倍效果？"

"四百米是吧，训练是应该的，也预祝你取得好成绩。但是，你想得美，真美——"知识拖起长音来。

三元理直气壮道："付出努力，获得回报，有啥不对的？"

"关键是不同世界呀！照你的逻辑，两个世界吃饭，体重成倍增加，行不？"

"这……"三元无言以对。

"这不结了。先闪了，真有急事儿。"

又是"嘭"的一声，房间里剩下三元一人。

"好一个来也匆匆，去也匆匆。"

合上、放好书本，躺下后想着刚才老爸说的话，思考着自己的爱好和特长，不久便睡着了。

爱磨镜片的列文虎克

一

"唰"的一声，窗帘拉开了。早晨的阳光穿过窗户照了进来，直晒熊猫先生一家。做着美梦的三元，被突如其来的阳光唤醒。

"九点多了，起来吧。吃过早饭，院子内外走走。"妈妈甜美的声音响起。

某人从被窝中艰难地伸出一只手，竖起了两根指头。

"二十分钟？不行，最多再赖十分钟。"

"今天周六不上课，多睡一会儿。"某人有气无力地讨价还价。

"得，还迷糊着呢。昨天星期天，今天星期几？"

三元睡意去了一半，自言自语道："昨天星期天，我回来了？"

"你能去哪儿，真睡糊涂了。十分钟，就十分钟，不然让你老爹把你拖出来。"

听到妈妈的脚步声远了，三元抬头看了一眼，没见到闹钟。

"看样子是在现世，不管了，这暖洋洋的，睡觉正合适。"

二

被子被掀起了一角，三元连忙蜷缩起来。

"别躲了，起床。"

三元转过脸，瞧了一眼，果然是"光蛋"老爹。于是打着哈欠，慢悠悠地问："见过你留板寸的样子，现在为啥把头剃得锃亮，想要出家吗？"

"记性可真好，一点点小时的事情还记得。青青这么娇美，三元这么乖巧，我可舍不得当和尚。"

把被子盖好，接着说："理光头就是为了方便，自己用刮胡刀就能完成。"

"不见得吧，我见你隔三差五就要刮一刮，也不省事呀。"

某人叹了口气，无奈道："我们做科研的，属于重脑力劳动者。我的同事，像骆叔叔和徐伯伯，你也见到过。要么发际线严重后移，要么干脆是'地中海'。每逢出席正式场合，他们就要比画着，看看是把两边的头发向中间梳，还是把后面的头发向前梳。我可不愿意把精力浪费在这些事情上。"

"好了，这下子该起了。"

三元哼唧着，又问了一个问题。

"你对微生物怎么那么感兴趣？"

诸葛林接上了电源，把催促三元起床的事情完全丢在了一旁，"突然想到一个兴趣为师，爱好成就事业的故事，要不要听？"

"哇，大清早就有故事听，难得你主动一回，必须捧场！"

诸葛林挪好椅子，摆起龙门阵①来。

1723 年秋季的一天，英国伦敦皇家学会收到了一个大邮包和两封信。这是荷兰籍会员，91 岁高龄的列文虎克先生在去世前寄出的物品，想借此表达自己对学会的深情厚谊。邮包中有大小各异的 26 台显微镜，还有数百个放大

———————————

① 摆龙门阵：讲故事，聊天。

镜，而在两封信中，则是他制作显微镜的心得。

17 世纪后期，列文虎克的显微镜为世人彻底打开了微观世界的大门，而他也成为了第一个利用显微镜观察到细菌的科学家。他一生磨制了 500 多块镜片，制造了 400 多架各式显微镜，为人类更好地认知自然做出了划时代的贡献。

列文虎克全名安东尼·菲利普斯·范·列文虎克（Antonie Philips van Leeuwenhoek），1632 年 10 月 24 日出生在荷兰代尔夫特市的一户酿酒工人家中。他没有接受过正规的教育，16 岁时受生活所迫，远走他乡，只身来到阿姆斯特丹。不久，他在一家布店里当起了学徒。四年学成之后，他返回家乡开了间绸布店。为了能够看清布匹面料的经纬向①，列文虎克需要用到放大镜，而就是这种"神器"，令他爱不释手。

步入中年后，家境殷实，可支配的时间也多了起来。于是，他投入了更多的热情和精力捣鼓他的"宝贝儿们"。列文虎克虽然学识有限，也无法自如地查阅以拉丁文为主的研究资料，但凭借着勤奋和坚持，他磨制的透镜远超同时代他人的作品。在磨制了大量放大镜后，他突发奇想——制作了一个可以架设透镜的架子，并为它配上了反射光源。于是，他的第一台显微镜就这样问世了（观察效果优于当时的其他显微镜）。

几年以后，列文虎克的显微镜不仅数量越来越多，放大倍数越来越高（从起初的 50 倍提高到了 300—400 倍），而且成像效果愈发逼真，制作工艺也更为精良。他疯狂地

---

① 布料经纬向：与布边平行的是经向，垂直于布边的是纬向。

爱上了显微世界，不论什么物件都喜欢观瞧一番，像微生物、昆虫、晶体、污水、矿物、动物和植物等都是他的观察对象。除了观察，他还记录和发表。1674 年，他开始观察细菌和原生动物，后来还描述了一种存在于牙垢之中的细菌，并测算了它的大小。1683 年，英国《皇家学会哲学学报》上发表了第一幅细菌绘图，而作者便是这位荷兰商人。

长期以来，受限于观测手段，尽管微生物世界真实存在，却鲜为人知。列文虎克的显微镜堪比一座桥梁，为人们认知这一微妙世界牵线搭桥，越来越多的学者也借此涉足微观领域研究。当然，他的成功固然有个人努力的因素，但也得益于前人的积累。早在 16 世纪末，显微镜的雏形便由荷兰科学家和眼镜商制造了出来，意大利人伽利略甚至还用这种"显微镜"观察和描述了昆虫的复眼；学徒时代，列文虎克在阿姆斯特丹了解到放大镜能够组合成像；此外，也少不了英国皇家学会的大力支持，承诺列文虎克只需要不断地将观察结果寄送过来，译文和发表工作由学会代劳。

兴趣是最好的老师，正是对显微世界的浓厚兴趣，才令他数十年如一日，近乎顽固地坚持着放大镜和显微镜的制作。他坚守了自己的初心，成功地在微生物学史上留下了浓墨重彩的一笔。

"你俩在楼上磨叽什么呢？半天也不下来，早饭还吃不吃了？"柳青青的声音不再甜美。

诸葛林一拍大腿，赶忙站起身来，"瞧这事儿干的，都是你。我先下去，给你十分钟。不，三分钟！"

三元看着老爸匆忙离去的背影，笑了笑，随即利索地收拾起来。

三

吃过早饭，诸葛林上了楼，接着整理起东西来。用他自己的话来说："合院什么都好，就是拾掇起来费工夫。"

柳青青难得解放了，领着三元东逛逛，西看看，研究起锦园来。尽管三元在这里住的时间要比爸妈稍微长一些，但没有仔细观瞧过，同样很有兴致。半个钟头的工夫，母女二人前前后后、左左右右转了个遍，对合院有了整体印象。甭看锦园坐落在吴越省西北山区的小镇，却颇具大宅风范，既有中式传统的古雅、别致，又融入了现代宜居元素，可谓是集东方诗意与现代便捷于一体的佳作。

此刻母女二人的脑海中，共同呈现着这样的画面——粉墙黛瓦，竹篱苍翠。春天，花蕊悄放，满院生香。得闲时在园中沏一壶清茶，呼吸着青草和泥土的味道，看天上云卷云舒，真真惬意。盛夏，藤蔓下摆有各式瓜果，清香四溢，若是能够在午间小憩片刻，那是再舒坦不过了。晴日可观日影斑驳，雨天尽听珠落玉盘，暑天燥热能奈我何？金秋，来几场热闹的聚会吧，亲朋的笑容便是整个收获季最美好的馈赠。冬日，在漫天的飞雪中，看竹影摇摇，听寒鸦啼叫。在皎皎明月之下，品读别样的魂牵梦萦。一围合院，一方天地，望四季轮回，品人间百态。

"努力赚钱，争取上年纪时住进属于自己的合院。"柳青青立贴。

三元也跟着起劲儿，"用功读书，让爸妈早日住上合院。"

柳青青闻听十分动情，心里一个劲儿地说："没白养，女儿就是贴心。"

站在窗边休息的诸葛林听着母女的对话，决心为美好生活更加努力打拼的同时，也为三元的孝心所感动。

……

由于早饭吃得有些迟，中饭吃完已将近一点。虽然清凉镇相较临水市区是要凉快不少，但盛夏时节的正午二十八九度还是有的，再加上连日的劳顿，三人犯起困来，闲话了两句就各自回房午休了。

丁零零，丁零零……

三元被急促的闹铃声叫醒，一脸的不情愿，嘴上埋怨道："大中午的谁上的闹钟啊？想睡个午觉都不行，还有没有小孩权了？"

房间里柳青青快步地走着，手上不停地忙着。

"睡傻了，起来看看是早上还是中午？你们姓诸葛的我算是服了，一个个睡眠质量都那么好。就我是劳碌命，弄完早饭，还要惊扰别人的美梦，被人嫌弃。"

"闹钟？中午打个盹也能穿梭？"三元睁开眼，确认后开始换衣服。

"今天星期几？"

柳青青摇了摇头，一字一顿道："星——期——三，Wednesday。"

四

同往常一样，早餐丰富多样。牛奶、鸡蛋、煎火腿肠、蔬菜沙拉、油条、腌萝卜，以及一碗热气腾腾专供"特殊人士"享用的牛肉面，面上盖着的肉片真是不少。诸葛林一家的饮食习惯和阵仗颇受三元爷爷的影响，诸如"早上吃得好，中午吃得饱，晚上吃得少""一天一苹果，医生远离我"，以及"吃饭慢慢吞，赛过吃人参"之类的说道，老爷子多着呢。要是哪次碰巧让他撞见品种少了，或是谁吃饭快了，那个碎碎念哪，堪比唐长老。

吃好早饭，三元起身，背好书包就要往外走，柳青青指了下果篮。三元"嘿嘿"一笑，拿起个苹果放进了兜里。

今天没有特殊待遇，同平日里一样，自己走去上学。十来分钟的工夫便到了学校门口，正巧碰见梅成功。今天梅成功的鞋子足够吸睛，一双赤红色的全掌气垫篮球鞋，鞋子侧面显眼的位置上有个开口的红色三角标志，国际著名品牌！本就瘦高的少年，在气势不凡的"战靴"衬托下更显个高。

梅成功转过身来，身后的红旗 L5 缓缓驶离。先是看见了三元，接着又在煎饼摊前的一小堆学生中发现了贾明。朝着贾明比画了一个手势，意思是先进去。然后快走两步，赶上了三元。

"梅大公子又有新鞋子穿了，真艳啊。"

"哈哈，姑姑给买的，气质和我很搭。"

一只小胖手搭上了梅成功的肩头，插话道："刚才看见你爸开着那辆'五连发'送你上学，真拉风啊。"

"就是辆车，低调，低调。"

"这车可不一般，镇上怕没几个不知道是谁家的。问过我爸，说光是车牌号就不便宜。"贾明说完来了一大口煎饼。

"老弟，别逗了，吃都堵不上嘴，显摆你啥都知道是吧。"接着转向三元，"诸葛，我们几个给力吧。周一'公投'时，还顺带着拉了好几票呢。"

"就是，稳赢蔡婷婷。"贾明口齿不清地附和着。

"公投？蔡婷婷？什么跟什么呀，你俩说的哪门子天书？"三元完全蒙圈。

"咳咳，这就没意思了，又不让你请客。"

贾明继续附和："就是，虽然微生物课代表不如班长和学习委员官大，但好歹也是个一官半职的。咋地，要和我们平头百姓划清界限？"

三元佯装明白，"这个也能算公投？谢谢两位大哥，小女子这厢有礼了。"然后，冲二人抱了抱拳。

两人得意地摆了摆手，异口同声道："见外，见外。"

紧接着，三元开始旁敲侧击地了解情况。原来，微生物课一周要上三次，分别是在每周的一、三、五。本学期的第二次课，也就是前天周一的课上，经过毛遂自荐和班级票选，三元以七票的优势竞选成功，成为了傅老师的助手。

"这倒省了工夫。"三元心想，转而问道："课代表都要做些什么？"

贾明不顾嘴角挂着的葱花，开起三元的玩笑来，"大人问小民此等难题，小的不曾为官，如何知晓。"

"扑哧——"这一嗓子整得梅成功鼻子冒了泡，连忙掏出纸巾擦拭。

三元咂了下嘴，一脸嫌弃的同时，送上一个大大的白眼。

"要在古代，看我不打你四十大板的。"

贾明高呼饶命，假扮弱小状。

闹得差不多了，梅成功说："没吃过猪肉，还没见过猪跑？看看别的课代表怎么干的不就知道了。"

贾明接着说："就是，据我观察也没啥事儿，收交作业都由小组长先负责，你再把咱们班的作业抱来抱去就行了。真要是有什么其他事情，傅老师会同你讲的。"

三元点点头，其实她也是这么想的。难得找到个话把，三元调侃道："你等小民，平日里观察官人办差，所为何事？"

三人笑作一团，引得周围同学侧目。

突然，三元想到了什么，借口上厕所，离开了。进入卫生间的隔间后，锁好门，小声说："知识就是力量，不是热量。"

"嘭"的一声，穿着蔚蓝色蓬松礼服的知识凭空出现。没等看清楚环境，就一脸不悦地说："又怎么了，告诉过你，我很忙的，没……"

"噗，什么味道，难闻死了！"

三元两个食指相互触碰着，抱歉地说："那个——这里是厕所，不好意思哈，有急事问你。"

知识眉头紧锁，小手捏住鼻子，嫌弃地说："瞧你挑的地方，快问，快问。"

"小 A，同学们说周一的时候我选上了微生物课代表，那个时间点的'我'是谁？"

知识立马明白了问题所指，开口解释道："不得不说，这是相识以来，你提出过的最有水平的问题。那个时空点的诸葛三元是你，又不是你；现世中有个你，微世界中也有个'你'；两个'你'都是你，但不是同样的'你'。"

知识睁着闪亮的大眼睛看着完全被搞糊涂了的三元，笑着说："糊涂是对的，有时间你自己慢慢理吧。虽然复杂，但是记住一点就好——你到哪里，就是所在世界唯一的你。"

可能是忙的缘故，也可能真的是味儿太冲，知识连再见都没说，就不见了踪影。三元虽然还没理清绕口令般的解释，但知识离去前的一番话着实让她悬着的心放了下来。傻姑娘之前真的生怕某个世界少了她，还设想了一些慌乱的场景，如长时间缺课，错过运动会，以及爸妈张贴寻人启事等。

"我就是我，不一样的烟火。"三元拍着心口自我安慰，忽又想起今天是周三，上课前要去办公室把作业本抱回来。连忙将门打开，火急火燎地朝楼上跑去，那可真叫一个快。

凡事都有例外，也有规矩

一

微生物课上，傅老师给同学们讲解微生物的特点。别看刚参加工作不久，傅雷上起课来挺沉稳的，对课程内容十分地熟悉，显然没少在备课上面下功夫。

"前面的两次课，我们先后了解了常见微生物的种类，明确了微生物的概念和范畴，对于这门学问的重要性有了较为深入的了解。学好弄通微生物学知识，不光是为了在小升初考试和更为重要的中考、高考中取得好成绩，上个好学校，我更希望同学们能够学以致用，受益终身。这样，才算是真正学会了，学活了，学好了。"

同学们听得十分认真，不时点头。

转过身，傅老师在黑板上写下这节课的标题"微生物的六大特点（一）"。

"看到题目你们应该知道微生物的特点共有六个，今天这节课我们讲第一个，也是最为突出的特点——个体微小。微生物一般肉眼不可见，诸如病毒、真菌、细菌，以及小型原生生物等都囊括其中。有同学知道微生物大小的度量单位一般是什么吗？"

一些同学独自思考着，也有人开始了小声的议论。

见无人自告奋勇，傅雷点起名来："陈楚楚，你试着回答看看。"

陈楚楚有些紧张地站起身来，轻声说道："刚刚我看了下三角尺，发现上面最小的刻度单位是毫米。毫米我们都能够看清楚，所以度量微生物大小的单位应该比毫米小，我想是微米。"

傅老师示意陈楚楚坐下，接着点名："袁伟，说说你的答案。"

后排一个壮实的男生站起身来，瓮声瓮气地说："我同意陈楚楚同学的观点，不过度量单位可能不止一个，不同种类的微生物应该也有大小之分。"

傅雷点评道："两人说得都挺好，有自己的分析，有理有据。"说罢，在黑板上画起图来。

得到了老师的表扬，陈、袁二人脸上的紧张顿时消解，取而代之的是笑容。

片刻工夫，傅雷转过身来，指着黑板上的"面包片"说："这个近似长方形的图案好比动物的细胞，其中鸡蛋黄样子的圆就是细胞核，而长度和细胞核直径差不多的'小腊肠'就是杆菌。"

形象的比喻，直观的对比，让同学们一下子有了细菌大小的概念。

"有哪位同学能够猜出杆菌上方的这一点是什么吗？"

环视一周，傅雷开口道："梅成功前面的那位同学起来回答下。"

四周的目光立马汇聚到了一个用手拄着头的男同学身上，个别同学开始窃笑。熊一鹏慢腾腾地站起身来，双眼茫然地看着黑板，继而低下了头，沉默不语。

"身体不舒服吗？"傅雷关切地询问。

熊一鹏摇了摇头，接着看自己的鼻子。这时，贾明来了一句："他呀，上课就一直没舒服过。"

教室里一片哄笑，个别男同学夸张地左右摇晃着，熊一鹏头低得更低了。

"哗众取宠！"三元不悦地说，又白了贾明一眼。

傅雷皱了皱眉，先让熊一鹏坐下，接着点了贾明来回答。

此刻的贾明快乐又兴奋，站起来不顾脸面地回答："芝麻。"

这下子，教室里的笑声更大了，不乏拍案叫绝者。傅雷没有那么多的耐心和好脾气，厉声道："先是嘲笑同学，然后自作笑料，不去说相声白瞎了你的'天赋'。周五上课前把课本的这两页抄十遍，然后来办公室交给我。"

教室里一下子静了下来，同学们一个个坐好，大气都不敢出。

三元心想："傅老师生气了，课堂气氛不对，作为课代表应该有所行动。"于是，举起了手。

傅雷看见三元举手，缓和了一下，叫起答题。

"从比例上来看，这个点比细菌还要小许多，结合已有的知识，我猜是病毒。"

傅雷点了点头，"回答正确。一般说来，微生物的度量单位是微米或纳米，足见其个体之小。以细菌中的杆菌为例，告诉你们一组数据：一千五百个杆菌首尾相连，其长度同一粒芝麻相等；六十到八十个杆菌并'肩'排列，才有一根头发丝宽。"

"哦，对了，这里还要介绍下杆菌。杆菌属于细菌的一类，因形状而得名。像时有听闻的大肠杆菌就是这类细菌中的'明星'。同理，其他细菌类别还有球菌和螺旋菌等。"傅雷补充道。

　　大肠杆菌（学名：*Escherichia coli*）又名大肠埃希菌，由德国人特奥多尔·埃舍里希（Theodor Escherich）于 1885 年发现。它是动物肠道中的常客，很小一部分会在特定条件下引发疾病。大肠杆菌属异养型微生物[①]，生长快速，通过发酵可以获得大量的代谢产物，是应用最为广泛的微生

---

① 异养型微生物：必须以有机物作为碳源，无机或有机物作为氮源，更有甚者需要不同的生长因子才能够生长的微生物。

物之一，堪称微生物界的超级明星。下面通过它在胰岛素生产中的应用实例，作进一步了解。

糖尿病作为死亡率仅次于癌症和心脏病的疾病，仅在我国就有约 1.14 亿患者。注射胰岛素是治疗该病的优选方案，兼具安全和低副作用两大优点。以往，胰岛素主要从牛、猪等大型牲畜的胰腺中提取，一头牛或一头猪的胰脏仅能供给 300 个单位或 30 毫升的胰岛素，而一个病人的日用量就要 40 个单位或 4 毫升。基因工程技术和大肠杆菌为糖尿病患者带来了福音。早在 1981 年，胰岛素微生物工程产品便已投入市场。科研人员将胰岛素基因导入大肠杆菌，通过"大肠杆菌工厂"进行胰岛素生产（携带有胰岛素基因的大肠杆菌进入发酵罐之后便开始卖力工作，又快又好地生产胰岛素），逐渐解决了胰岛素供应不足的"老大难"问题。

"凡事都有例外，尽管绝大多数的微生物个体微小，但也有'大个儿'，甚至不乏可用肉眼观察者。"接着，傅雷在黑板上写下"华丽硫珠菌（*Thiomargarita magnifica*）"。

"华丽硫珠菌呢，就是一种巨型细菌。它无须借助显微镜就可以用肉眼观察到，是人类已知的最大细菌。它的长度可以达到两厘米，形似一根线条，比一般的细菌要大一万倍左右。如果在座的同学平均身高为一米六五，那么'华丽硫珠菌同学'的身高将是一万六千五百米，差一点儿就有两座珠穆朗玛峰高了。"

不少同学微张着嘴，显然是被这位"高个子"的"身高"震住了，还有几位发出了"哦——"的惊呼声。看着同学们的表情，傅雷预想的教学效果达到了，接着抛出了下一个问题："有同学能看出黑板上的这几个字有什么门道吗？"

沉静了片刻，下课铃响了，课间休息时间到了。

二

课间，傅雷和贾明都没闲着，一个说教，一个受教。三元受到连累，离开不是，坐在一旁听也别扭，这种情况她还是头一回遇到。所幸，小课间休息就五分钟，用老妈的话说就是"上个厕所的工夫"。

见傅雷转身向讲台走去，贾明立马朝三元讪讪一笑，歪着脑袋吐了下舌头。三元回之以调笑的眼神，大拇指还竖了两下，有点儿幸灾乐祸的味道。

"同学们安静，我们开始今天的第二节课。上节课末尾我提出的问题有同学考虑好了吗？"

靠窗第四排，夏雯雯举手示意后站了起来，答："门道应该出在华丽硫珠菌的英文名上面，它的字体是斜体，不是正体。"

傅雷看了下点名册，见夏雯雯名字后面备注着"英语课代表"五个字，抬头表扬道："不愧是咱们班的英语课代表，观察非常地细致，坐下。"

"其实夏雯雯同学的回答只对了一半，不过以你们现有的知识储备也只能回答一半。"

同学们一下子被这句话弄蒙了，纷纷露出不解的神情。

"门道确实在这里。"傅雷点了点黑板上的"*Thiomargarita magnifica*"，接着解释，"不过，这可不是华丽硫珠菌的英文名，而是拉丁文学名。同学们，与微生物学相关的规矩可不少哩。"

"生物的分类单位由大到小分别是界、门、纲、目、科、属、种。界是最大的分类单位，种是最基本的分类单位。分类单位越大，共同特征越少，包含的生物种类就越多。与之相对，分类单位越小，共同特征越多，包含的生物种类就越少。所有生物都有学名，就像'*Thiomargarita magnifica*'这样。"

讲解到这里，傅雷参照备课计划停顿了片刻。抽象的概念让同学们理一理、记一记，确实更有利于知识的消化吸收。

"拉丁名的书写方式有两种，一种是斜体，另一种是添加下划线。今后你们要是有机会阅读专业书籍或文献，相信会碰到不少这样的情况。"

"英语课本都跟天书一样，我可不要看什么专业书籍。"贾明悄声嘟囔了一句。

傅雷说的情况，三元其实早就遇到过了，诸葛林的案头不乏专业书籍和文献。之前，不论站直的，还是歪斜的，她都觉得是英文，今天算是长见识了。

甄士强此时举起了手，经傅雷同意后，问："老师，为什么学名要用拉丁文表示，而不是英文或中文？"

傅雷笑了，"这个问题提得好！"看神采就知道进入了享受教学的状态。

"之所以选用拉丁文，是因为相较英文和中文，拉丁文更加严谨。诚然，这三种语言的使用人数都很多。但是同学们回想一下以往学习语文时的情况，就不难理解'严谨性'的问题了。唐晓波你来说说。"

语文课代表唐晓波站起身来，"咱们汉语辞藻丰富、博大精深、源远流长，是最富文化、最有意境和最为优美的语言，没有之一！使用过程中，不仅不同的停顿会导致语意发生变化，不同的语调也会产生不同的效果。比如，'下雨天留客天留我不留'就有九种拆解方式。更有甚者，同样一句话，同样的腔调，不同的场合或是不同的人说出，感觉可能截然不同。'我会好好招待你的'就是一例，同样的语气说出，服务员给人以热情好客的感觉，而古代的狱卒则会令人不寒而栗。"

《标点符号用法》(刘玉琛)所列"下雨天留客天留我
不留"拆解方式：

1. 下雨天留客，天留我不留。

2. 下雨天留客，天留，我不留。

3. 下雨天留客，天留我？不留。

4. 下雨天留客，天留我不？留。

5. 下雨，天留客；天留我不留！

6. 下雨天，留客天，留我？不留。

7. 下雨天，留客天，留我不？留。

8. 下雨天，留客天，留，我不留？

9. 下雨，天留客，天留我不留。

"呵呵，出口成章啊，不错不错。"傅雷接着又说，"与汉语相
类似，英语虽然在严谨程度上要优于汉语，但也有限。经过综合考
量，最后人们选用了拉丁语，并沿用至今。"

看了看挂在教室墙上的时钟，傅雷在黑板上又写下了三个英文
单词，分别是"No"、"no"和"No."。

"来，同学们再看下这三个词，相互之间可以小声讨论，一会
儿告诉我各自的意思。"

两三分钟过去了，见没有同学举手，傅雷说："也难为你们了，
平日里学习英语更多地是关注语法，再么就是背单词和句子。此类
情况，少见。下面公布答案，前面两个都是'no'，是'不'的意
思；最后一个是'Number'的缩写，是'数目'的意思。"

有同学明悟道："哦——那个点是表示缩写啊。"

"通过以上的例子，相信同学们对'规矩'二字有了更为深入

的理解。类似的规矩还有很多，但大家不要畏难。饭是一口口吃的，知识的城墙也是一砖砖筑的。"

……

三

下午放学时分，梅成功又拖着甄士强来约三元和贾明去玩飞盘。

三元一边收拾课桌，一边回复："改天吧，今天我们组值日。卫生搞完后，还想着练会儿四百米呢。"

梅成功有点扫兴，看向贾明。

"大哥，别看我，我还有'十遍'要抄。唉，抄好还要去办公室找傅老师，估计又少不了一通爱的教育，想想就头疼。"

本就不怎么想玩的甄士强见机说："成功，要不改天吧？"

见梅成功直勾勾地看着自己，又改口道："行吧，两个人练练传接也好。"

丢下"没意思"三个字后，梅成功转身出了教室。其余三人你看看我，我看看你，气氛有些尴尬。

三元心有不忍，对贾明说："别愣着了，跟上去瞧瞧，安慰两句。等星期五放了学，咱们再好好来上几局。"

贾明这次没有啰唆，应了一声就颠儿着追了出去。

他是这样上船的

一

三元将近七点才到家，进了屋，把书包往沙发上一撂，拿起个桃子闻了起来。

"还吃什么桃子，马上吃饭了。也不知道跟谁学的，挑桃子用闻的。"柳青青上菜正好看到。

"甭说，老爸教的这个方法挺管用的，闻起来越香甜的桃子，吃着准没错。"

"那是，有科学依据的。成熟的桃子才会散发香气，是有物质基础的。"一旁的诸葛林放下报纸，接过话茬。

"唉，你俩就是一个战壕的。吃就吃嘛，还挑个大的，一会儿饭还吃得下？"

"放心，吃桃子也就是补补水，今天练了三组四百米，又累又渴又饿，一会儿瞧好吧您嘞。"

柳青青一边朝厨房走，一边关心地说："跑那么多呀，别累着。"

"这要听你妈的，训练要循序渐进，不要想着一步成功。以后每次跑两组，跑前要热身，跑后要拉伸，听到没有？"

"好的，晓得嘞——"随后三元将早上微生物课的内容复述了一遍，成功引得诸葛林评讲连连。

"开饭喽，老公挪下盘子，我把汤放中间。"

父女二人走到餐桌旁，动起手来。

"呦，瞧你妈这手艺，色香味儿俱全哪。"

柳青青脸上顿时有了颜色，嘴上却说："熟能生巧，都是些个家常菜，一般般。"

"蒜泥茄子，豆角炖肉，西蓝花炒肉片，再加上酒酿圆子羹，看着就有食欲。"三元一边搓手，一边报着菜名。

"大的吃糖，小的吃蜜，嘴可都够甜的。你们先吃，我把锅给洗了。"

"等你一块儿吃，我再和老爸聊会儿。"

"爸爸，你从大学开始学习微生物，到参加工作从事微生物相关科学研究，一共多少个年头了？好久了吧。"

"嗯，本科四年，研究生五年，工作到现在又是十六年，加起来二十五年了，是不短。"诸葛林盘算道。

"不短？很长，都四分之一个世纪了！"

"呃，按你这种说法，是显得长了，还'世纪'呢。"伸手刮了下三元的鼻梁。

"那你为什么对微生物这样'上头'呢？"

"小屁孩儿，词语不要乱用。提起这些个网络词汇，我就头疼。高兴说成'开森'，赞美用'yyds'，屎硬说成是'翔'……（此处省略一百个字）"随即叹了口气，担忧道，"长此以往，汉语言的精华所剩无几喽。"

"知道我们这代人同你们这些'新兴人类'在审美上有啥区别不？"

知道没好话，三元敷衍道："说吧，听着呢。"

"高级。"

"得得得，你和我妈都高级，就我低级，行了吧。"

其实，诸葛林的话三元是认同的，网络上内容的确是良莠不齐，真假难辨，但说教听起来就是别扭。

"不是我说你哪老公，说话也不知道拐个弯的，容易伤人。"

自知理亏，诸葛林不好意思地说："吃饭，吃饭。"

就这样，原本轻松的晚餐氛围变了味道。

二

吃过晚饭，三元上楼去写作业，诸葛林也准备继续看资料，却被柳青青叫住了。

"看看，这下有劲儿了吧，赶快上去哄一哄。"

见当家的无动于衷，柳青青抻着脖子，朝楼上喊："三元，你爸认错了，主动要求今晚讲睡前故事。"

诸葛林一边低声否认，一边竖起耳朵听楼上的响动，还点指了妻子两下。

晚上九点，三元下楼来，从果篮里拿了个桃子，故意在诸葛林的书案前晃悠，"谁说要讲故事来着？"

诸葛林满脸堆笑，"想听什么，随便点。"

"还是讲讲为什么你会和微生物结缘吧。"

"好吧，这个问题你问过两次了，先给我拿个苹果。"

接过苹果，诸葛林回忆了片刻，开口道："那要从初四说起。"

"等一下，初四？没搞错吧，你还留过级？"

诸葛林神秘地一笑，"没错，不过不是留级。老爸当年那批学生也是'小白鼠'，正好赶上'五四制'改革。咱们国家的义务教育一共是九年，小学六年，初中三年，也就是常说的'六三制'。'五四制'就是小学上五年，初中上四年。"

"这样挺好的，小学是没必要学那么久，时间匀出来给初中，还可以多学些知识。"

诸葛林点点头，"是这么说，不过事情都有两面性，有好的一面，也有不利的一面。你能想到有哪些不好的吗？"

三元想了想，摇了摇头，"没经历过，想不出啦。"

"最大的弊端就是白热化的竞争，特别是在两个年级都要升初中的时候。小学生的心理还不成熟啊。"

"对哦，那怎么办？"

"学校想了办法，六年制的升入初中后，叫初一甲X班，而我们五年制的则被称为初一乙X班。"

"听上去怪怪的。"

"是呀，而且两个年级的竞争不仅体现在学习上，运动会也要PK。"

三元开始为老爸打抱不平，"这不公平，他们大一岁的。"

"嗯，后来干脆整个初中组作为一个评比单元了。"

"天啊，那低年级的同学真是重在参与喽。"

"不过，许是第一届的缘故，我们铆着劲儿学，老师教得也格外认真。中考的成绩比起来，我们要强出一截子，并且后来在高考中的表现也更为优秀。"

"那为什么现在不执行'五四制'了？"三元不解地问。

"众说纷纭，没一个准信儿。"说罢摇了摇头。

吃了两口苹果，润了润喉，"刚被你这么一岔，跑远了，言归正传。"

"初四那会儿，同学们对主课和副课的态度比较分明。甩开膀子在主课上面下功夫。副课嘛，过得去就行了。不过你老爹我是个异类，几门功课都下功夫。别看主课的成绩我在年级只是中上水平，历史、生物和地理我有着全年级前五的实力。几个老师还让我高中分班时选文科，说这样有优势。不过，后来我还是选了理科。"

柳青青插进话来，"摩羯座就是专门出异类的，别卖关子了，接着讲。"

"那时候大家觉得理科念不下去的差生才会选文科，我也是这么认为的。不过，从后来高考的情况来看，确实应该选文科。"

"失之东隅，收之桑榆。"

柳青青凑了过来，"她爸，三元刚才说的什么意思？"

诸葛林"咯咯"一笑，"不告诉你，有时间自己去查，这样记得牢靠。"

"熊样，嘚瑟，卖弄。要是读了文科，那就没微生物什么事了，你也碰不到我了。"

三元一下子来了劲，"老爸，当初老妈好追吗？"

"不难，递了个纸条，就和我看电影了。"

"嗝，骗鬼呢。你们资环院的男生，一个个又土又闷，也就是看你实诚，不然我们经管院的帅哥一堆堆的。"

"长得帅能当饭吃不？"

见二人争了起来，三元连忙打圆场，"又跑题了，接着说副课。"

诸葛林回想了一下刚才被打断的地方，"生物老师姓宋，个子中等，女的。一次快下课时提了个问题：'藤蔓类植物种子萌发后，为何幼苗先是向上，然后又匍匐着长，最后遇到可以攀附的物体又向上了？'"

娘俩被难住了，三元思索着，柳青青直接说："太杀脑细胞了，弃权。"

诸葛林鼓励女儿："想一想，很好的思维锻炼机会。"

"萌发后，小苗向上，这个自然，不用多说。长到一定程度，幼苗也自然会耷拉下来。紧接着就是匍匐生长，至于后面遇到可以攀附的物体，为何会'随杆上'，这个还没想好。"

诸葛林点点头，"是的，当时我和你想的一样。课后，别的同学应该没有再花心思想宋老师的问题了，我倒是一有工夫就会思考。时间过得很快，两周后的一次课，当时的内容和植物激素①有关。快下课时，老师又将那个问题提了出来。还说：'再给你们一周时间，下周公布答案。'"

"植物激素？"

"这时就是考验逻辑思维、知识储备，以及触类旁通能力的时候了。"

柳青青看着沉浸在讲述之中的诸葛林，要说这个男人什么最吸引她，那才华必是其中之一。

"一周后，宋老师看着教室里的学生，不着痕迹地摇头，试探着问：'有同学想到答案了吗？'"

诸葛林的脸上浮现着笑容，这段回忆想必十分地美好。

"征得老师同意后，我站了起来，声音有些颤地回答：'这个问题的前半部分无须多说，关键就在后面。我能想到的是，植物的茎虽然细小，但也有贴地的一侧和离地的一侧。茎中的植物激素受重力影响，浓度在贴地的一侧会比较高。这样便会导致贴地的一侧长得比较快，遇到可以攀附的物体自然就弯了上去。'"

诸葛林停住了，此刻锦园中的虫鸣声清晰可闻。柳青青和三元就这样看着他，一个脑海中满是美好回忆的诸葛林。

"当时教室里也是这么地静，我不确定是否回答正确，就朝宋老师看去。当时她的表情欣慰中带着讶然，拍了拍手。教室中原本一些同学在做别的作业，此时停下了笔，一个个抬起头来。

"宋老师问：'都听清楚了吗？'

"看着同学们略显木然的表情，宋老师让我再说一遍。这一遍说完，同学们开始频频点头。

---

① 植物激素：又称植物天然激素或植物内源激素，是指植物体内产生的一些微量且能够调节（促进或抑制）自身生理过程的有机化合物。

"'让我们为诸葛林同学鼓掌。这个问题自提出以来，他没有放弃，从他每次上课的眼神就可以看出，你们……（此处省略五百个字）'

"老师的表扬，同学们的肯定，特别是复述的情景，以及之后的掌声……至今我仍然清晰地记得，一切好似刚刚发生，那样地美好。"

啪啪啪，娘俩不约而同地鼓起掌来。

"老公就是棒，估计宋老师也没有想到对你以后会有那么大的激励作用。"

"一般一般，世界第三。千里马常有，而伯乐不常有。"诸葛林谦虚着。

"顽固的臭摩羯，还千里马呢，我看你就是头驴，犟驴。"柳青青打趣道。

诸葛林看了看手表，"这次讲不完了，改日继续。"

"滴滴香浓，意犹未尽。"但三元想着作业还没写完，就上楼了。

三

刚过十点，诸葛林敲开了三元的房门，看见她正在收拾文具，"收拾好了，早点睡吧，晚安。"

"等一等，你是不是忘记了什么？"

某人有些丈二和尚摸不着头脑，"什么？"

"睡前故事还没有讲就想溜啊。"

"几点了，你看看外边，月亮都要睡觉了，明早还起不起？"

这时，柳青青走了进来，帮腔道："其实我也想听，讲了一半跟吃泡面嗦到一半时喊'停'一样，吊人胃口。"

"就是嘛，讲完，讲完。"母女正式达成同盟。

熬不过二人，诸葛林只好继续。

"再往后就到高考填志愿那会儿了。当时你爷爷一眼就相中了金陵农业大学，理由很简单，他认为学农业、干农业让人踏实，而且这所学校的口碑又好。"

"大学是爷爷帮你选的？"

"嗯，谁让他是我爹呢。不过，他还是给了我一些自主权，专业可以自己选。"

"先说好，以后填志愿你俩最多当当参谋，主意我自己拿。"

三元继而追问道："当时都有哪些专业呢？"

"就七个专业，选择余地不大。说实话，像蔬菜学和果树学这样的专业我是提不起兴趣的，很快就剩下兽医学和微生物学了。"

"兽医？"柳青青捂着小嘴笑了起来，"这个和诸葛屠夫的气质最搭，你怎么不选？"

"这两个专业我都挺感兴趣的，不过想想兽医可能会见血，还可能杀生，就打退堂鼓了。最后，以本省专业第一名的成绩，选择了微生物学。"

"哦——原来是这样上的'贼船'。"

"小屁蛋懂什么，这是康庄大道。"

"别插话，都十点半了。"

柳青青接着发问："据我所知，你们班后来读到博士的就四个人。博士毕业后，还在从事微生物相关研究的也就你、代小芳和潘小艺了。这么长情的秘诀是什么？"

"首先，同求学时遇到的几位良师有关。像教《普通生物学》的'徐奶奶'，引我走上科学研究道路的王教授，还有让我有机会接触基层、学以致用的李教授等。可以说，他们深深地影响了我。"

"老妈，爸爸的这些老师你都认识吗？"

"认识，但不全。王教授是你爸的硕导，李教授是博导，都是很好的老师。"

"能够碰到好的老师是非常幸运的，我能遇到这么多好老师足见金陵农业大学的底蕴深厚。"

"师傅领进门，修行在个人。好的老师很重要，但个人的努力同样重要。要想在一个专业或行业干下去并有所成就，兴趣和坚持不可少。也只有干出味道了，才能够持续，持续了才有可能成功。"

"哦，我明白了。难怪一些成功人士在获奖感言时会说：'这辈子就干了一件事。'"三元顿悟道。

"嗯，是这个意思。兴趣为师，努力为桨，梦想为帆。"

诸葛林站起身来，"再往后就是在吴越农林大学工作了。自己上大学时遇到了好老师，有责任继续传承下去。在做好本职工作的同时，和同学们打成一片。别说，他们的一些点子还真不错。多和学生接触，人也显得年轻，至少心态如此。另外，科普……"

这时，柳青青假装打了个哈欠，伸着懒腰，酸溜溜地说："是啊，有些人是年轻，年轻的屠夫。像我这半老徐娘还是敷面膜去吧。"

诸葛林示意三元赶紧睡觉，快步走出房间，哄娇妻去了。

三元躺在被窝里，想着今晚老爸讲过的话，不一会儿就睡着了。

比表面积大的活跃分子

一

周五微生物课上，傅雷在黑板上写下"比表面积"四个字后，转过身对学生们说："这节课我们要学习的内容是微生物的另一特点——比表面积大、代谢活跃。首先，来看'比表面积'的定义，表面积和体积的比值被称为比表面积。别看微生物个体微小，但是它们的比表面积可不小。"

傅雷转过身，开始在黑板上画图，这次画了个立方体。

"同学们可以把这个立方体想象成一个魔方，上面的每一小块就是魔方上正方体状的颗粒。问题来了，如果魔方边长为一米，那么它的表面积、体积，以及比表面积各是多少？单位不用管，说数值即可。"

贾明还在课桌上比画，就有同学开口了："表面积是 6，体积是 1，比表面积也是 6。"

"很好！第二个问题，如果每个魔方颗粒的边长为一分米，那么所有魔方颗粒的表面积和体积之和各是多少？"

"表面积之和是 6000，体积之和是 1000。"

"现在考虑上单位，你们再算算由颗粒组成的魔方比表面积是原魔方的多少倍？"

"十倍。"

"微生物的度量单位可是微米或纳米哦，再算算看。"

"一百万倍，十亿倍！"

"比表面积大意味着什么，有什么好处？给你们五分钟时间，前后桌的同学可以相互讨论一下。"

坐在第一排的林晨和张晓旭转过身来，同三元和贾明讨论起来。结束的时候，已经有了答案。

"时间到，哪组同学试着回答一下？"

见贾明举起了手，傅雷笑着应允了。

"比表面积大意味着单位体积对应的表面积大，意味着与外界接触的面积大，也意味着与外界进行物质交换的效率高，生存概率大。"

"呵呵，你的'意味着'还真不少哪，回答正确。"

贾明很是高兴，坐下前不忘补充："这个答案是我们四个人一同想出来的。"

傅雷满意地点点头，心想："这个贾明，要是能把精力全部放在学习上，不定进步有多快呢。"不过，嘴上却说："看样来我的办公室还是有效果的，欢迎常来。"

哈哈哈，教室里笑成一片。再看贾明，小脸红得跟个"红富士"似的。

"比表面积大的好处就是同外界进行物质交换可以更加地频繁、高效，导致微生物代谢异常活跃。自然界中有一种叫作闪绿蜂鸟的小动物，体重只有一克左右。它每天要消耗相当于自身体重两倍的食物。但是，要是让它和大肠杆菌进行 PK，那就不够看了。以糖为食物的话，大肠杆菌每小时就要消耗自身体重两千倍的糖。"

怕同学们误解，傅雷补充道："大肠杆菌吃的糖，和你们吃的糖不一样。大肠杆菌吃的是化学课上讲过的葡萄糖。"

为了加深印象，傅雷又拿人同大肠杆菌做起了比较，"按一天吃三斤饭的量，你们算一算吃自身体重两千倍的食物需要多久？"

……

"一百多年!"同学们再次被震惊了。

"微生物代谢活跃可不仅仅只是体现在'能吃'方面,这些小不点儿们的合成能力也十分强悍。一头半吨重的肉牛,精心饲喂下,一天大约可以长一斤肉。而同样重量的酵母菌,仅以糖液和氨水为原料,一天就能够生产多达五十吨的优质蛋白质,高下立见。"

三元喃喃道:"比表面积大的活跃分子。"

二

做完眼保健操,同学们迎来了大课间。

看着三元手中的饼夹肉,贾明问:"今天怎么来吃学校食堂了,检查饭菜质量吗?"

三元凭空点了贾明两下,"昨天睡得晚,今早来不及在家吃了。别说,偶尔吃吃学校食堂,还挺香。"

"对了,前天追成功,他怎么和你说的?"

"他呀,支支吾吾,一副欲言又止的样子。到了十字路口,我们就各回各家,各找各妈了。"贾明心不在焉地回复着,眼睛盯着篮球场。

"回头找个时间,一起聊聊。"

这时甄士强和梅成功一前一后地走了过来,"找了你俩半天,原来猫在这儿呢。"

甄士强问贾明:"'十遍'什么时候交的,傅老师都和你说了些什么?"

"昨天就交了,也没说啥,就是叫我上课认真点儿,不要神游四方,也不要想着制造笑料。"

"不可能吧,今天表现这么好,真是'士别三日,当刮目相待'呀。"

"那你就接着做眼保健操吧。"

"眼保健操？"

"轮——刮——眼——眶——"三元一字一顿道。

三个人都笑出了声，梅成功脸上也浮出了笑容。不过，与往日的不同还是被三元看在了眼里。

"士强你和大明白打篮球去吧，别一副魂儿被勾走了的样子，碍眼。"

"哪有？"士强还想辩解，却被贾明拉跑了。

打发走了二人，现场气氛略显尴尬。

"成功，最近怎么了，有什么心事？"三元先开了口。

梅成功低着头，脚在地上蹭着，嘟囔道："没啥。"

"认识这么久了，有啥没啥我还分不清呀。说吧，别闷在心里，朋友间可以分享的不光是开心事。"

又沉默了片刻，梅成功才别别扭扭地说："咳，那个——就是想得多了一点，也远了一点。然后，有些不是滋味。"

"都想了什么？就咱俩知道，放心。"

"好吧，那我就说了，可要保密啊。"

三元比画了一下，给嘴巴拉上拉链。

"今年咱们五年级，明年六年级，还可以再做两年的同学。"

三元静静地听着，没有插话。

"咱们四个关系没的说，但是一想到小升初之后就要分开了，心里挺难受的。"

"你都什么时候想的？"

"说不上，放学路上会想，上课走神时会想，躺在沙发上看电视时也会想。"

意识到了严重性，三元开解道："联想集团的吧？谁说小升初后就老死不相往来了，你要和我们划清界限？"

三言两语，梅成功渐渐地放开了："你和士强不用说，妥妥的重点中学的料，小升初对你们而言就是走个过场。但对我和贾明就不同了，到了那会儿，总不能背古文吧？"

"背古文？"

"苟富贵，勿相忘。"

哈哈，两人笑了起来。

三元看着梅成功，郑重地说："朋友是一辈子的事！"

梅成功心里有些感动，抬起了头，惆怅地说："义务教育可能就是我这辈子上学的尽头喽。十五岁开始在家里的公司上班，你说我算不算童工？"

"得得，越说越离谱了。你这人高马大坐倒数第一排没商量的人，还童工？一会儿我去告诉他俩，不笑，我请你们三个吃饭。"

梅成功连忙摆手，央求道："别呀，说好要保密的。"

"嗯。现在说正事，你可要听进去。"

二人在花圃旁边坐了下来，三元说："你能这么想，说明你还有上进心，也有危机意识。但是光想是没用的，要有行动。"

"行动？不会让我现在辍学吧。"

"去你的，什么脑子呀。"三元拍了下梅成功，"离小升初考试还有两年，总共也就那么几门课。我就不信，一个能把飞盘窍门总结得那么好的人读书会不行。"

"那不一样的，飞盘是游戏，琢磨起来有乐趣。"

"不一样的就是对待玩和学习的态度。想一想，玩飞盘时你有没有找过借口，放过我们鸽子？不知道是谁，前两天没人陪着玩就抑郁了。"

"别说，话糙理不糙。"

"你就是吐不出象牙，都是好话。"

"那你吐个象牙给我看看呗。"

见梅成功又恢复了往日的贫劲儿，三元趁热打铁，"两年，就是七百多天，长着哩。好好拼上一把，这买卖不亏哦。再说了，还有我们三个。以后玩飞盘的时间要压缩，放了学我和士强先给你俩答疑。"

梅成功张了张嘴，没有出声。

"怎么，感动到说不出话的地步了？"

"我在想，那要少玩多少时间啊……"

贾明对甄士强说："那俩人干啥呢，瞧，追上了。"

被三元扯到衣服，梅成功不跑了，笑着说："谢谢！我会努力的，以后起码要考上个普通高中。"

"我爷爷说过，当一个人下决心去做一件事情的时候，就已经克服了一半的困难。"

"嗯！"某人用力地点了点头。

贾明和甄士强跑了过来，开口问道："你俩干啥呢？"

"去，一边玩去，我和诸葛探讨问题呢。"

"啥问题呀，能不能让我们也参与参与？"

"放着篮球不打，和我们讨论问题？让我看看，今天太阳是从哪边出来的。"说罢，梅成功手搭凉棚佯装观望。

"那些小豆丁，和他们打球没劲儿。快说，你俩刚才都说了什么？"

瞧着贾明打破砂锅问到底的劲儿，三元说："成功刚说了，为了督促你俩学习，以后每次玩飞盘的时间要压缩，先学习，再玩乐。"

"噗——这主意他想的？！我也要看看太阳从哪边出来的。"

看着贾明东张西望的滑稽模样，三元补刀道："从今天开始。"

三

下午放学后，四个人真的没有立刻出去玩，而是两两结对子地学习了半个小时。别说，贾、梅二人的基础还真是有点差。

"每次就半小时吧，一口也吃不出个胖子。"贾明不堪重负，率先开口。

甄士强走了过来，"怎么样，你们效果如何？"

三元答道："还行，就是问题比较多，徐徐而图吧。"

贾明谄媚道："诸葛这功底，我真是望尘莫及哪。刚说的那个成语，我都没听过，啥意思？"

"就是慢慢来的意思。"三元转而问道："你俩咋样？"

"成功也蛮用心的。"

梅成功斜挎着书包走了过来，手里拿着飞盘，"Working hard and playing hard. Let's go."。

三个小伙伴很有默契地附和："Go，go，go——"。

……

玩了两局，四人开始休息。

"我家的'玉米'昨天下崽了，六只呢，去不去看看？"甄士强问。

飞盘魅力不如狗，结果就是三元三人也不回家了，跟着甄士强去看玉米和它的小崽了。不，准确地说应该是去看小狗崽，顺带瞧一眼玉米。

甄士强的家住在清凉镇的边上，传统村镇民居的样子，白墙黑瓦。

刚进门，就听见了玉米的叫声。

甄士强的妈妈走了过来，热情地欢迎着来访的小客人们。用甄士强的话来说就是"虽然妈妈文化水平不高，但善良、温柔和热心是天底下第一的"。或许，每个幸福家庭的孩子心目之中都有这样一位好妈妈吧。

李娟小声道："玉米正在喂小狗，对生人可能比较敏感，你们千万不要用手摸。"

四人点头如鸡叨碎米，然后在甄士强的带领下，朝狗窝走去。

由长短和粗细都不同的木棍构成的围栏将玉米和它的孩子们围在中间，身下是一块绒布，大概是派保温用场的。屋檐成了这个简易狗窝高高在上的顶，为狗子们遮蔽雨水。

三元四人的天性得以完全释放，好奇地大睁着眼睛，看着围栏中的狗子们。如同里面的狗崽一般，你挤挤我，我挤挤你，不时还发出小声的议论。

"士强，这六只狗的颜色怎么不一样，两个米黄，三个黑花，还有一只的左眼黑了一片，像个独眼海盗。"梅成功问。

"说明它们都是串串呗。"甄士强好似说了一件所有人都应该知道的事情。

看着三个"城里人"一副茫然的样子，甄士强接着说："看样子，你们不仅没养过狗，连观察的机会都不多。串串就是杂种的意思。"

"哦——原来如此。"三人齐声道。

贾明继续发问："那你家的狗是什么品种？我听说过边牧、金毛和恶霸。"

"我听说过柯基、哈士奇、萨摩耶和泰迪。"三元也报出了所知道的狗的品种。

梅成功开口道："你俩说的都是宠物犬，我爸说了男人养狗就要养藏獒、罗威纳和比特这样的，带出去够霸气。"

"你们三个说的基本都是国外的品种，我们家玉米可是纯正的中华田园犬。"

"中华田园犬？这个名字之前没听过，不过挺好听的。"三元回应道。

甄士强"嘿嘿"一笑，"中华田园犬没听过，土狗总该听过吧？"

"就是土狗呀，哈哈哈。"三人笑作一团。

"汪汪！"玉米突然叫了两声，可能是被三人的笑声惊扰到了。

甄士强朝三人比画了一个悄声的手势，小声说："母狗刚生完孩子的这段时间对外界特别敏感，脾气也难以捉摸，你们安静点。"接着又说："土狗别看名字中有个'土'字，其实是很不错的品种哩，有许多的优点。比如，剩菜剩饭就能打发，不怎么生病，还有就是对主人绝对地忠诚。"

三人点点头，继续仔细地观察起小狗来。这些个小家伙，眼睛都没睁开，凭着本能找到妈妈的奶头，贪婪地吮吸着。有两只特别好玩，嘴上吸着奶头，肚皮朝下，四肢前后伸得笔直，好像在飞行，不时还抖两抖，一副拼命的样子。

贾明悄声对一旁的三元说："今天才算是明白了咱们汉语的形象和博大精深。你说说，'吃奶的力气'是谁想出来的？绝对是个天才。"说罢，还摇了两下头，彻底服气了。

"你们瞧，眼睛都还没睁开，就知道争地盘、抢奶头，要是遇到碍事的还会蹬两脚、抓几下，真是从起跑线就开始了竞争。"梅成功观察得很仔细。

"以后它们六个地位的差距就是这样一点点被拉开的。我听爸爸说母狗的每只奶头中的奶水并不是一样多的，抢到奶水多的，吃得就多、长得就壮，慢慢就成了新生代中的狗王。"甄士强介绍着。

"适者生存，有点残酷呀。"三元感慨。

"那没法子，这是自然法则，亘古不变。其实，对于这六个小家伙来说，结局已经算好的了。要是在野地里生下的，不可能都活下来的，狗妈妈没有足够的营养奶所有的孩子。"

贾明和梅成功对视一眼，心虚道："还好我们是独生子女，要是兄弟姐妹多，家里可能就不想养我们了。"

　　"嗯，我爸经常会说：'怎么生出个你这样的？'看表情，那叫一个痛心疾首啊。"梅成功直冒冷汗。

　　就这样，伴随着狗崽吃奶的呜呜声，四个好奇宝宝看着、聊着、说笑着，忘记了时间，忘记了烦恼，孩子们的快乐就是这样简单。

变，变，变变变

一

不知不觉中，天已经黑了。李娟朝孩子们走了过来，边用围裙擦着手，边说："你们四个小神仙，也不知道饿的，看狗娃们吃奶能顶饱？"

孩子们听见了，但是眼睛里边依然满是狗狗。

"强子，带上同学去吃饭，狗又不跑，不差这点儿工夫。各家电话都打过了，说好留下来吃饭，难得来一回，可是要招待好。"

四个人有说有笑地朝正屋走去，刚一进屋就看见了甄士强的爸爸，甄志勇。常年风吹日晒地忙活农事，换得了黑红的脸庞、壮实的身材，眉毛又黑又粗，两眼炯炯有神。

"欢迎来家做客，强子，招待好啊。"热情洪亮的声音响起。

小主人开口道："对，不要见外，想吃什么夹什么，饭不够，我来盛。"

别说，甄士强家的碗筷虽然不够精致，食材种类也不是很多，但由于都是自家种养的，吃起来特别香。

三元扒了两口饭，说道："伯伯，这些菜都好好吃，米饭也喷喷香，两碗肯定打不住。"

"喜欢就好，多吃米饭，多吃米饭。"

李娟迈步走了进来，手里端着一小盆鸡汤，对孩子他爸说：

"瞧你，也不会说个话，哪有叫孩子光吃白饭的。"

摆好汤盆，对着三个小客人说："今天玉米沾你们的光了，这盆鸡汤你们喝着，厨房还有一些，放凉了再端过去。"

"我们和狗妈妈一个待遇呀。"贾明没心没肺地冒出一句。

梅成功偷偷踢了贾明一脚，"吃还堵不上你这张嘴。"

"士强，再来一碗。"

李娟伸手接了过来，笑着说："就是，想吃多少就吃多少，放开吃。"

这么好的机会贾明岂能错过，"哪有女孩子这么能吃的，不顾形象啦？"

三元脸一红，没好气地说："放着这么可口的饭菜不吃，装秀气？我可不傻。你吃好这碗，不要再吃了哦。"

甄志勇"咯咯"地笑，"喜欢吃就多吃，长身体的时候，营养最重要。像你们这么大那会儿，每顿我都要吃上个三四碗哩。"

"干吗跟孩子们说这个，那会儿和现在能比？小时候，能吃到酱油泡饭就很是不错了，要是再能捂上块肥肉，那就圆满了。"

……

晚饭后，众人开始聊天。男生放得开，贾、梅二人问："伯伯伯母，你们家的小狗能给我们养吗？"

"我也想要一只。"三元立马跟进。

李娟回答："这有什么呀，看中哪只就挑哪只呗。是吧，当家的？"

甄志勇依然笑眯眯的，点点头，"嗯，孩儿他娘说得是。"

甄士强突然站了起来，"先声明，有两只我早就看好了，不能拿。"说罢，头歪向一边。

甄志勇和李娟相视一笑，女主人开口道："你们的友谊是塑料做的吗？这帮熊孩子，每个都是开心果。"

二

九点多钟，甄志勇夫妇把孩子们送回各自的家。路程不长，但就这么点工夫，三元还是睡着了，直到听见老爸的声音。

"志勇，给你添麻烦了。这连吃带玩的，也不着家。"

"可别这么说，孩子们难得来一回，也没啥好招待的。"

两家的大人寒暄了一会儿就散了，睡醒后的三元来了精神。从狗崽多么可爱有趣，讲到甄家的饭菜多么可口，再到四人的学习互助小组，最后还把微生物课上的内容挑重要的讲了些。

"哪有女孩子大半夜还在外面疯玩的，没有下次哦。"柳青青板起了面孔。

诸葛林打起圆场来，"也是难得，再说志勇也不是外人，我俩撒尿和泥的交情。"

"诸葛林，我教育孩子的时候你就这么拆台的？"

见老爸不再言语，三元说："好的，知道了。有个事要向你们申请一下，我们三人准备每人养一只玉米的狗崽，我都看好了，要么选'小盗'，要么选'小玉米'……"

柳青青冷声打断："弄回来谁养？卫生你打扫不？养兔子的事情忘记了？！"

面对妈妈的连环三问，三元先是有点害怕，之后过往的一件伤心事浮上心头。

"青青，衣服应该洗好了吧，去看一下。"

"咋了，还不让人说话了，我就这个态度。要养你俩自己养，屋子要是弄乱了，有你们好瞧的。"看样子，柳青青的火气一时半会儿是消不了了。

看着某人果决离去的背影，诸葛林小声嘟囔着："蹬鼻子上脸，没完没了的。"

"养狗这个事儿，我不反对，但也不能惹你妈心烦。先自己考虑考虑，回头我们再拿主意。"

见女儿依旧耷拉着脑袋，诸葛林心里不是滋味起来，试着转移话题："微生物的几大特点之中，知道我对哪个最有兴趣吗？"

三元有气无力地摇摇头。

"易变异，这个特点你们应该还没讲到。怎么样，有兴趣现在了解一下吗？"

"那说说吧。"

"在介绍'易变异'之前，首先要知道微生物的另一特点，那就是繁殖快。"诸葛林自顾自地讲着，对于吸引三元的注意力他觉得就是时间早晚的问题。

"我们以大肠杆菌为例，在条件允许的情况下，大肠杆菌差不多每二十分钟繁殖一次。两天后，大肠杆菌的数量大概是 2.2×10^{43} 个。"

"多少？！"三元突然意识到老爸刚刚说出的是一个天文数字。

诸葛林眉飞色舞道："没错，就是那么多。如果一个大肠杆菌重一皮克，那么这些大肠杆菌的重量之和将有 2.2×10^{25} 吨。知道这是什么概念吗？"

三元眼中有了光彩，"每次都卖关子，但我也乐得上钩，说吧，快说。"

"差不多是四个微世界的重量！"

"哇，那微世界会不会沉下去呀？"三元担心起来。

"领着五毛钱的工资，操着总理的心。刚说的这些都是理论状态，现实中哪有那么多的营养和空间供它们肆意生长啊。就算人类同意，其他微生物也会反对的，不要杞人忧天。"

"微生物繁殖都这么快吗？"

诸葛林走进书房，翻找了片刻，拿着几页资料出来了。其中的一页上面写着：

乳酸菌	38 分钟
大肠杆菌	20 分钟
根瘤菌	110 分钟
枯草芽孢杆菌	31 分钟
光合细菌	144 分钟
酿酒酵母	120 分钟
小球藻	7 小时
念珠藻	23 小时
硅藻	17 小时
草履虫	10.4 小时

"看这个，这页资料上写的就是不同种类微生物的代时。"

"代时可以理解为微生物分裂一次，或是个体数量增加一倍所需要的平均时间。"

"都够快的啊！"

"知道这一特点后，现在来说'易变异'。生物在繁殖过程中会有一定的突变概率，人类也是如此。不过即便是在十万分之一到百亿分之一这样的小概率区间，微生物也能够在较短的时间内产生大量的变异个体。"

"是呀，谁让它们繁殖得那么快呢。"

"嗯，明白了道理，哪怕问题再抽象，一两句话也就解释清楚了。"诸葛林有些得意。

"那微生物的'易变异'对于我们人类而言是好是坏呢？"

"这个嘛，正反两方面都有。先说有利的一面，举个例子，青霉素知道吧，青霉素刚问世的时候，价格和黄金比只高不低。有了青霉素，患者说不定能够活命，而黄金就没有这样的功能了。之所以会如此昂贵，是因为当时青霉素的产量很低，一毫升的发酵液中只有二十个单位。而随着科学家们的定向筛选，高产青霉素的变异菌株①被不断分离出来。如今，每毫升发酵液中所含的青霉素单位已达到六位数水平，极大地满足了临床上的使用需求。"

"太棒了，更多人的性命得以挽救喽。"三元开心道。

"先别高兴得太早，问题来了。在人类进步的同时，微生物也没闲着。随着抗生素的大量使用，具备耐药性的细菌越来越多，耐受能力也越来越强，人类和微生物的军备竞赛就这样无声无息地上演着。"

"那谁会赢呢？"三元说出了关心的问题。

诸葛林耸了耸肩，"不好说。"

随后，又将手头剩余的几页纸递给了女儿。摸了摸三元的头，柔声道："先去洗漱吧，有时间再了解下超级细菌。"

三

超级细菌像兔子一样在三元的小脑袋瓜中不停地蹦跳着。匆忙刷完牙，洗好脸，三元就一路小跑地上了楼。

"还挺有招的，不过这么早给她看专业资料好吗？"柳青青质疑道。

"气儿消了？你呀，成年人还搂不住火。刚才瞧她那小模样，你就忍心？"

"咳，别和中年妇女一般见识。"

---

① 菌株：同种微生物不同来源的纯培养物，从自然界中分离得到的每一个微生物纯培养物都可以称作一个菌株。

"没事的，给她看的是我写的科普文，通俗易懂，老少皆宜。"

"德行，就吹吧。"

粉色的小屋里，三元背靠着床头，半盖着被子。

超级细菌，顾名思义就是特别厉害的细菌，细菌界的狠角色，世界上大多数的抗生素都拿它们没辙。如果非要赋予一个定义，那么超级细菌可以被视作一类具有多重耐药能力的细菌的统称。当前，人们已知的超级细菌主要属于"ESKAPE"范畴。"ESKAPE"实际是由六种超级细菌的拉丁学名首字母组合而来，其中字母 E 代表屎肠球菌（*Enterococcus faecium*），S 代表金黄色葡萄球菌（*Staphylococcus aureus*），K 代表肺炎克雷伯氏菌（*Klebsiella pneumoniae*），A 代表鲍氏不动杆菌（*Acinetobacter baumannii*），P 代表铜绿假单胞菌（*Pseudomonas aeruginosa*），最后的 E 代表肠杆菌（*Enterobacter* sp.）。以上每种细菌都曾给人类带来血淋淋的教训，下面以肺炎克雷伯氏菌为例进行说明。肺炎克雷伯氏菌能够利用体表的菌毛（菌体细胞表面存在的一些比鞭毛[①]细、短，并且直硬的丝状物）附着在病患的咽喉、气管和支气管上，并会深入肺部，破坏肺泡，造成病人肺泡出血和血痰。此外，肺炎克雷伯氏菌还会释放具有破坏血管和引发致命性休克的内毒素[②]。毫不夸张地讲，肺炎克雷伯氏菌就是人类的一大杀手。

那么，超级细菌来自哪里，是天然就存在的吗？其实，超级细菌是在人类大量使用抗生素后才逐渐被"培养"

---

① 鞭毛：长在某些细菌上细长而弯曲的具有运动功能的蛋白质附属丝状物。

② 内毒素：菌体中存在的毒性物质的总称。

出来的。起初，超级细菌也都是一个个的小角色，就是普通到不起眼的一般细菌。它们自由生活在环境或是生物的躯体之中，并同其他种类的细菌一起生活，但后来的"遭遇"改变了它们的命运。打个比方，当人类开始使用抗生素A之后，某一种类的细菌几乎覆灭。然而，它们之中会有极个别幸存者由于自身突变或获得了异种微生物携带的耐抗生素A的基因而幸存下来。度过此劫的细菌，便正式晋升为小超级细菌，再不忌惮抗生素A了。此后，在这一细菌族群繁衍的漫长过程中，类似的"遭遇"又数次发生，它们因此相继获得了耐抗生素B、C、D等的基因和能力。终于，在某一个时间点，该细菌族群的后世子孙们修成了正果，成为了不折不扣的超级细菌，在细菌界享有了超然的地位。此时，外界几乎所有的抗生素已对其束手无策。它们一旦进入人体便会引发疾病，成为致命杀手，无情地收割着一个又一个的生命。2005年，某国因耐甲氧西林金黄色葡萄球菌感染，18650人死亡，受感染者更是多达94360人！

　　超级细菌一旦发作，可怕至极。那么，有没有简便并且有效的应对措施呢？其实，最容易上手的便是大家注意个人卫生，餐前便后要洗手。从事医护卫生和相关科学研究的人们更应加以重视。为了减少或避免悲剧的再次发生，人们应当在反思中前行。超级细菌的出现不就是人类滥用抗生素所导致的吗？在抗生素的日常使用过程中至少有两点值得人们注意：其一，科学用药。所谓科学用药是指"针对病患，在正确的时间，通过正确的途径，给予正确剂量的正确药物"。其二，一旦使用，务必将病原微生物全部消灭。数据显示，我国已是世界上细菌耐药率增长最快的国家之一，年均增长率在20%以上。一方面，无良医生为利开药是其成因之一。但是，患者只认贵的、立竿见影的也是一大促成因素。再加上抗生素管理、回收、处置等环节存在漏洞，耐药细菌大行其道也就不难理解了。

为了生命安全，人类必须留有保命的撒手锏——超级细菌还未获得耐药基因的抗生素。在超级细菌横行无阻之际，对其亮剑，彻底消灭。因而，抗生素研发工作是刻不容缓且要不断做强的。此外，人们还要不断研究、发现和合成新的杀菌物质。

在人类与致病微生物斗争的过程中，已有上百种的抗生素被发现和使用，而微生物也从未放弃过抵抗，相继产生了几十种耐药机制和基因突变。魔高一尺，道高一丈，两者之间的博弈还将持续。虽然，人类在这场博弈中占有一定的主动权，但绝不能够掉以轻心，回顾超级细菌的成长历程，便知它们绝非善茬。当然，对其诚惶诚恐，也是大可不必的。

"不乐观哦。"三元自言自语道。

去过卫生间后，三元躺进被窝，静静地想着什么。

那是一只黑白相间的兔子，个头不小，算不得可爱，但却是她的第一个宠物。尽管已经过去三四年了，但是印象还是那样地深刻。不一会儿，两眼就湿润了。

兔子大美丽

一

在三元的梦境中，同兔子"大美丽"相关的片段如同一个个彩色的泡泡，不断地浮涌着。

粉色泡泡

"三元快来看你老妈带了什么回家？"诸葛林兴奋地嚷着。

"呀，是兔子，妈妈真好。"上小学二年级的三元一下子蹿到提篮前，眼不眨地盯着看，不时还用手指碰碰兔子的皮毛。

"哪个孩子不想拥有属于自己的宠物呢？傍晚路过花鸟市场，见它可爱就带了回来，想着你肯定喜欢，对吧？"

"嗯嗯，妈妈最好了。"搂着脖子亲了一口，这可酸坏了一旁的某人。

"我每天都要喂它，给它吃菜叶。爸爸，以后我和你一起去果蔬店买菜叶子。"三元兴奋地手舞足蹈着。

"菜叶子哪用买，捡就好了。"

绿色泡泡

"爸爸，大美丽怎么拉稀了？"三元惊讶地问。

"别急，我先看看……这菜叶子上怎么有水？"

"我看捡回来的菜叶有些脏，洗了洗。"

"好吧——兔子不能吃这样的叶子，吃了就会拉稀。"

黄色泡泡

"老公，快去门口把兔笼打扫一下，臭死了。"

"买的时候三分钟做决定，养起来知道麻烦了吧。兔子别看是小动物，能吃能拉，味道还特别大。"转过头，对正在看动画片的三元说："走，你的宠物，你也得出份力。"

"看动画片呢，没空。"

红色泡泡

"这样可不行，我刚进屋时看见门口的兔子在发抖。天冷了，不能再放门口了。"

见娘俩没人回应，诸葛林脾气上来了："和你俩说话呢，现在弄兔子怎么全成我的事了，再这样送人了。"

"不许送人，一会儿再说，在写作业呢。"

柳青青低头看着《金融周刊》，头也不抬地说："你是一家之主，你不管谁管？"

黑色泡泡

"呀！三元，兔子死了，快出来，兔子死了。"柳青青下班回到家，看了眼笼子，尖声惊叫起来。

"不会吧，是不是睡着了？"

"唉，都硬了，死透了。"诸葛林叹息道。

三元开始呜呜咽咽，半分钟不到就成了号啕大哭，嘴里不停地说："大美丽，大美丽……"

柳青青也难过，一个人躲进了厨房。

灰色泡泡

看见老爸拎着铁锨和空笼子回来，三元轻声地问："爸爸，你把大美丽埋哪了？"

"一个鸟语花香的地方，是块风水宝地哩。"说罢冲女儿"嘿嘿"一笑，这令三元宽慰不少。其实，哪来的什么风水宝地。诸葛林把兔子装进黑色塑料袋后，上街弯了两个路口，找了个垃圾桶一扔，了事。

"还想兔子哪？"柳青青问。

"嗯。"

诸葛林开始语重心长地教导女儿："虽然知道你这会儿心里难过，但是有些话我还是要说的。大美丽虽是只兔子，但也是一条生命，就这样没了……希望通过这次教训你能够懂得责任和担当。"眼见三元又开始流泪，诸葛林不再言语。

三元一边哭，一边喊："我再也不养兔子了，再也不养宠物了……"

二

"醒醒，小孩儿醒醒。"

三元睁开眼睛，发现光头老爸正坐在床边看她。

"做噩梦了？"

"嗯，梦着大美丽了。"

诸葛林面带笑容地说:"起床吧,一会儿我们去爬妙木山。"

"老爸,以后我还能再养宠物吗?"

"可以呀,不过要看怎么养了。要是还像以前那样,你就养些不容易死的,收拾起来也省劲儿的,比如说乌龟。"

"我不,哪有女生养乌龟的。"

"哈哈,那你想养什么?"

"小狗。"三元坐了起来,接着游说,"以前在临水你说家里小,没地方养。现在院子这么大,总可以了吧?"

诸葛林连忙摇头,"趁早打消这个念头,我们是来度假的,真当这里是自己家了?"

"先养两个月,开学后再带回临水,狗子的吃喝拉撒我包了。"

诸葛林有些动摇,却听门口柳青青说:"一个半天不下来,另一个去叫也下不来了,就知道你俩在一起没好事。吃个早饭还要三催四请的,再这样以后早饭你们自己弄吧。"

进了屋,柳青青接着数落:"小狗能完全听你们的?万一把人家的家具、电器什么的弄坏了,还要赔,不够扫兴的。不许养,听见没?"

"什么'你们'?我又没说养。"诸葛林连忙划清界限。

"肯定是你撺掇的,你一个属羊的,不找条牧羊犬管着不舒服,是吧?"说完自己先乐了。

被弄得没面子,诸葛林反而来劲儿了,"对,就是要养条牧羊犬,咋地!"

柳青青丢下句"试试看"就下楼去了。

谁承想三元当了真,"爸,咱俩啥时候去逛狗市?"

"去去,说说的,还当真了,赶紧穿衣服。"

三元下楼时,柳青青已经吃好了,在收拾厨房。诸葛林新添了一碗绿豆粥,夹起一根油条,蘸着吃了起来。

都说知女莫如父，其实反之亦然。三元深知在养宠物这件事上，老爸是可以争取的"中间派"，不像某位是彻头彻尾的"顽固派"。既然要争取，就要投其所好。只要老爸高兴了，套用一句流行语，那就是"一切皆有可能"。

"今天早饭看着不错，味道如何呀？"

"挺好的，你也抓着点儿紧。"

"你说微生物吃起东西来会不会像我这样挑食？"

诸葛林立即反驳道："在吃的问题上，别拿自己和微生物相提并论，这样不礼貌。"

本来是没话找话说，这下子三元有点小情绪了："我堂堂高等动物，还不配和这些小虫子们比了？"

"吃不吃？吃饭还堵不上你俩的嘴。"

厨房飘来的一句话吓得父女二人缩了缩脖子。

诸葛林小声地说："边吃边说，别惹'老虎'。"

三元"咯咯"一笑，往粥里加了两勺糖，也学着用油条蘸着吃。别说，味道还真不错，特别是配着糖蒜一块儿吃。

"好吃吧。别看简单，这叫享受，美着呢。"扒了两筷子粥，诸葛林打开了话匣子，"我问你，'高等动物'是谁封的？"

还真被问住了，以前三元确实没有考虑过。

诸葛林似乎早就料到了，"是人类自己吧。不知道猴子、乌龟和其他动物们听了会作何感想？"

三元不服气地说："管它们怎么想。"

"再来说吃，微生物不仅不挑食，它们的一些食物在人类看来简直是不可思议的。"

"别说得那么玄乎。"

"嘿，还不信。我们吃的它们都能吃，我们不能吃的甚至是闻都不敢闻的，它们却能够吃得津津有味。"

"该不会是臭豆腐吧，那个确实接受不了。"

"头发长，见识短。"诸葛林瞧了一眼厨房，接着小声道，"像木头、塑料、石油和天然气都是它们的'美味佳肴'。"

"天呀，这些它们都能吃？以前听人说'喝西北风'，没想到还有比'喝西北风'更厉害的。"

"小样，这就吃惊了。跟你讲，一些剧毒物质它们都照吃不误，比如砒霜和氰化物。"诸葛林越发得意。

"砒霜？潘金莲给武大郎吃的那个？"三元开启十万个为什么模式。

"对，就是三氧化二砷。"

"氰化物又是什么？比砒霜还厉害吗？"

"毒性和砒霜差不多，没看谍战剧中间谍要是失败了，一咬牙齿中藏着的氰化物，便很快归西了吗。"

"这些它们都能吃？！大人可不能忽悠小孩哦。"三元完全丧失了判断能力。

"放心好了，不会拿知识和你开玩笑的。"诸葛林心情大好，三两下子就把剩下的粥和油条吃完了。

三元心想："光让老爸心情舒畅还不够，还要有理，用老妈的话来说就是'和理工男打交道，道理讲得通，一切好办；讲不通，一切皆休'。"于是，非常真诚地对老爸说："爸爸，我真的想养一只小狗，我会照顾好它的，不让你们操一点心，我保证！"然后直勾勾地看着诸葛林的眼睛。

"又来了……咳，你再考虑考虑，我也考虑一下。"

"嗯，要认真考虑哦。"

诸葛林心想："我考虑个什么劲儿，你自己先冷静一下吧。"

三

　　十点半钟，一家驱车来到妙木山山脚。从后备厢拿出背包后，三人朝山上望去，只见层峦叠嶂，沟谷纵横，林木茂密，风景如画。这里的野生动植物资源十分丰富，生长着南方红豆杉、夏腊梅、银缕梅等国家级重点保护植物三十多种，并且不乏梅花鹿、黑麂和云豹这样的国家级重点保护动物。其中，又以梅花鹿最为稀有。

　　　　妙木山，国家级自然保护区，位于吴越省西北部和安徽省东南部交界处。保护区总面积 11252 公顷，主峰为妙木山，海拔 1787.4 米，保护区因此而得名。

诸葛林提议："登山之前每个人来上一句，鼓鼓士气。"
"啊！山呀，我们来啦。"三元张嘴就来。
"噗，这也算。不过，'啊'字还是有点气势的。"
　　听了妻子的点评，诸葛林笑了："三元没弄笑我，你把我给整乐了。"
"听我的。"摆好架势，柳青青开口道，"青青的山呀，青青的草。青青是我呀，要把山儿爬。"
"你这也不行。"不论真实水平如何，三元都会如此评价。
"我倒觉得不错，高水平的顺口溜，噗——"某人没忍住。
"快点儿，就差你了，看看笑话别人的人是什么水平。"柳青青起哄道。
　　诸葛林朝前迈了一步，"这是我的一小步，却是征服妙木山的第一步。"
"哇，老爸好棒！"三元叫起好来。
"也就哄哄小屁孩儿行，这是你爸说的？是人家漂亮国的宇航员说的。"

"阿姆斯特朗可没有说过和妙木山相关的话哦。"

……

一个半钟头后，三人来到了山顶，眺望远方，风景更显清雅亮丽。

"啊——啊——"诸葛林快意地发泄着。

柳青青对女儿说："此情此景，你想说些什么不？"

三元想了片刻，站到一块大石头上，双手合拢成喇叭状，朝远方喊道："大美丽，我想你了——"

大主宰

一

吃过晚饭，三人回到锦园。刚一进屋，就被沙发牢牢地吸住了。

柳青青用脚碰碰诸葛林，"老公，剩下的事情交给你了。"

诸葛林装傻有一套，"都回来了，还有什么事呀？一会儿洗个澡，脏衣服交给洗衣机，躺着看电视，多舒坦。"

"洗澡是舒服，洗完澡谁来收拾？洗衣机谁开？洗好的衣服总要有人晾吧。"

"咦，三元，有没有发现你的妈妈不一般呀？"某人机智地转移话题。

"怎么说？"

"妙木山爬得我们话都说不出来了，她思路还这么清晰，还有力气指挥我呢。"

三元转了过去，这种烫手的山芋她可不敢接。

"数你话多，去不去？"

横也是去，竖也是去，诸葛林觉悟道："这样就显不出我的自觉性了，不说我也会去的。来，一个个先把臭袜子脱了。"

"三元，快点儿。"

叹了口气，诸葛林接过袜子，又朝沙发旁散落的背包走去。此刻，他的内心应该是酸楚的。

二

丁零——丁零——

"连环夺命 Call"闹醒了三元……

周五,早自习后的小课间。

"贾明,咱们什么时候去拿狗?"

"家里人同意你养了?!"

"算是吧。"三元含糊地回答。

"唉,家里那两个老顽固,一会儿说小狗不卫生,一会儿又说容易生病,还说会把家弄得乱七八糟的。总之,养狗就是没门。"贾明无奈道。

"那你没和叔叔阿姨说士强家的是土狗,土狗有很多的优点?"

"说了,有什么用?一个医生,就爱瞎讲究个卫生。另一个是律师,谁说服谁呀?"

三元无心地来了一句,"还讲究卫生呢,瞧你那袖子油的。"

"别呀,怎么数落起我来了,你是哪头的?"

"咳咳,不好意思,神游了一下下。"接着又问,"那怎么办,你不养了?"

"我可没那么容易放弃。实在不行,在外边找个地方偷偷地养。"

三元替贾明想了想,开口道:"这法子行不通,天冷了不得把小狗给冻死?再说,现在外边还有野狗。像这种一点点小的,被吃了都不一定呢。"

贾明开始打退堂鼓,"真的,同类它们都吃?"

"它们吃不吃我不知道,但是两条腿的人会吃啊,没看短视频上的狗贩子经常四处偷狗吗?你可倒好,给他们省力气了。"

"那可怎么办啊?"

"实在不行，你那只放在我们谁家先养着。想了，就过来看看。"

"好吧，这个方法好！"贾明小声欢呼着。

三元心想："单细胞生物，我能不能养都还不知道呢，这就欢呼上了。放在别人家养，跟你去士强家看他养有什么区别？"不过转念一想，反而是坚定了和家里谈判的决心。

三

傅雷走进教室，稍作整理，朗声道："同学们好，今天我们来讲微生物的最后一个特点。"

"最后一个了？看样子两个世界的时间果真不是对应的，还好这次的跨度不大。"三元心里合计。

"诸葛三元，你把下面这则学习材料给同学们念一下。"接着傅雷面向全班说："诸葛三元念的时候，同学们要认真听，觉得重要的信息可以做做笔记。信息提炼和做笔记都是十分重要的能力，需要加以重视。"

前两天送孩子上幼儿园，她一路上蹦蹦跳跳，突然很兴奋地问我："爸爸，昨天老师告诉了我们谁是森林之王，你知道是谁吗？"

我拉着女儿的小手，反问："这个当然知道了，但你知道谁是世界的大王吗？"

机灵的小家伙转了转眼珠，胸有成竹地回答："肯定是蓝鲸，它是世界上已知的最大哺乳动物。"

我知道她刚看过科学频道的《自然传奇》节目，这会儿是在现学现卖。我告诉她："亲爱的，不是蓝鲸，也不是狮子、老虎，真正的大王是我们眼睛看不见的微生物。"

皱了皱好看的小眉头，女儿很是疑惑地进了幼儿园，还不时回头看看我。

……

从空间维度上来讲，微生物占据了陆地、天空和水域的各个角落，参与了绝大多数的生命化学反应，构建起了食物链最为关键的底层基础。同时，由于具有繁殖快、适应能力强，以及代谢途径多样等特点，它们不仅散布于世界各地，而且还是呈绝对优势的那种遍及分布。曾经有科学家报道：微生物在每升海水中的数量是以 10 亿计的。换言之，即便是我国这个人口大国，人口总数也要逊于 2 升海水中的微生物数量，而全世界人口之和也只不过是 7—8 升海水中的微生物个数。事实上，如果能够把这个星球上的微生物数量之和计算出来，其数值将远超其他肉眼可见生命体（昆虫、鸟类、哺乳动物和花草树木等）的总和。

微生物又可以说是存在最为久远的生命形式。根据科学家估算，微世界已经历了约 46 亿个春秋。起初，它是一块没有任何生命迹象的灼热熔岩。随后（约 10 亿年后），在原始海洋中出现了可以自由活动的细胞，这些可以繁殖的细胞便是最为原始的微生物。它们在随后的 30 亿年历史长河之中都是唯一存在的生命形式。它们很孤单，但是拒绝平庸。它们"前赴后继"地为生物圈做着贡献，努力为多细胞生命的衍生创造适宜条件。它们不仅制造了其他生物呼吸所必需的氧气，还肥沃了土壤，构建了海洋和陆地生态系统赖以存在的食物网基础……目前认为，人类出现在这颗行星上的历史不超过 300 万年。如果将微世界几十亿年的生命史浓缩至 24 个小时，那么人类的原始前身大概出现在午夜前的 47—96 秒，而灵长类智人的亮相时间仅仅是在 24 点前的两秒钟。由此可见，在时间维度上微生物也稳操胜券。

尽管创造了灿烂文明和拥有巨大科技力量的我们具有改造世界和左右其他生命形式存在的能力，但是生命的进化仍在继续，道路依旧漫长，甚至有一天人们可能会发现自己并不是进化的终点。微生物作为世界的主宰，是名副其实的存在，理应受到人们的尊重，而人类在充分发掘和利用微生物这一宝贵资源的同时，对这个世界更应该抱有一颗感恩且敬畏的心。

三元重新坐下，此刻她的内心并不平静。傅雷环视了一圈，发现同学们要么是在写着什么，要么就是在思考着什么。显然，这则材料引发了同学们的头脑风暴。

"诸葛，经你这么一念，发现和微生物比起来，我才更像是'微生物'——微不足道的生物。"

三元抬头看了一眼，见老师没有看这边，悄声说道："不光你有这种感觉，这些小不点儿们太棒了。"

"剩下的时间，同学们可以相互议一议，谈谈各自的感想。"傅雷布置道。

……

四

"上一节课我们从空间和时间两个维度初步讨论了一下，相信你们吃惊不小。是呀，我做学生那会儿也是同样的反应。换作任何一个人，可能都会如此吧。接下来这节课呢，我会给出一些具体的数据，进一步加深同学们对'微生物是世界的主宰'的认识。"

转过身，傅雷在黑板上写下了"种类繁多，数量巨大"八个字。

"用我们自己举例，一般每个人的手上会有四到四十万个细菌。"傅雷举手比画着。

"你的就是几十万的手。"三元小声开着贾明的玩笑。

贾明撇了下嘴，继续认真听讲。

"脏手即便是用清水洗过，上面仍会有数百个细菌。"

"老师，那还要不要洗手了？"有同学提问。

"当然要！虽然不能完全洗净细菌，但是数量明显减少了。随着学习的深入，你们会慢慢地发现手上的微生物也不全是'大奸大恶之徒'。"

似乎是为了增加严谨性，傅雷又补充道："当然，过分干净也不是好事。"

看见贾明向三元伸袖子，展示上面的油渍，傅雷笑着说："刚说的话可不能成了你们不讲卫生的借口啊，关乎个人形象。'过分干净'和一些同学想象的不是一回事，再往后学就清楚了。"

"说完了手，再来讲讲肠道。我们的肠道中生活着成百上千种的微生物，总数达百万亿级。"

"什么？！百——万——亿——级！"不少同学发出了惊呼声，难以置信。

傅雷看在眼里，笑了笑。对于这样的结果，他早就料到了。

"给你们推荐一本课外书——《我们只有 10% 是人类：认识主宰你健康与快乐的 90% 微生物》，书的作者是英国人阿兰娜·科伦（Alanna Collen）。读完这本书大家会发现，我们的身体不仅是由肌肉和骨头组成的，还有细菌、真菌和其他微生物。这些微生物会影响我们的体重、免疫系统、精神健康，甚至是将来对伴侣的选择。它们也是了解肥胖症、孤独症、精神疾病、过敏、自身免疫性疾病和癌症等现代疾病的新门径。"

贾明提问道："我们只有十分之一是自己，这是怎么算的？"

不得不说，存有同样疑问的同学不在少数，贾明问到了点子上。

傅雷解释道："目前认为，人体的细胞总数在十万亿级水平，而在人体表面和内部存活的微生物数量是百万亿级的。这样一算，是不是我们只有十分之一是自己了？"

这个时候，教室的一角传来了柔弱的声音："老师，我害怕，有点不舒服。"

所有的目光一下子汇聚到了林紫萱身上。

贾明对三元说："'林妹妹'胆子小的毛病又犯了。"

"是呀，紫萱比较敏感，不知道联想到什么了？"

傅雷走到林紫萱身旁，询问后发现身体没有什么异常，应该是心理原因。心病还要心药医，当即决定替她"治病"。

"能说一说为什么害怕吗？"

林紫萱想要站起来回答，傅雷示意坐着回答即可。

"刚才听到我们只有十分之一是自己，突然觉得身体像是被寄生虫占领了一样，觉得恶心。然后，又担心以后会不受控制地做些什么。"

傅雷耐心解释道："书的作者以进化生物学为基础，研究微生物与人类的共生关系①。就像我们喝酸奶，并不仅仅是因为酸奶好喝、营养丰富，一定程度上也是在补充益生菌。喝酸奶会令你感到害怕吗？"

林紫萱摇了摇头。

"体表和体内的微生物有好坏之分，但绝大多数是对人体有益的。身体是一个复杂的生态系统，尽管不良的习惯和生活方式等会破坏生态平衡，例如抗生素虽然可以救命，但滥用抗生素却会杀死

----

① 共生关系：指不同生物之间形成的紧密互利关系。

有益微生物；现代人高脂、高糖、低纤维的饮食习惯会令体内的'肥胖'微生物和'纤瘦'微生物比例失调，进而引发肠道疾病，增加炎症概率；剖宫产和配方奶粉的盛行剥夺了新生儿从母亲身上接收有益微生物的机会……小不点儿们的功绩确实显赫。另外，人们还可以培养、改善体内的微生物。我相信，等你读完这本书的时候，会喜欢上微生物——那另外90%的你的。"

教室里同学们自发地鼓起掌来，林紫萱也不再是畏畏缩缩的样子。

傅雷拿起粉笔，又在黑板上写下"无孔不入，无处不在"。

"同学们，微生物的分布是非常广泛的。上天、入地、下海，无处不在。科学家们已经在八万多米的高空、地表附近的沉积岩，以及漆黑寒冷的万米深海之中都发现了微生物的踪迹。"

三元举起了手，"老师，您说的这些都离我们太远了，可以举些身边的例子吗？"

"好的，请坐。"转过身，傅雷又在黑板上写下：

每张纸币上大约有900万个细菌；
口腔中有超过500种的微生物；
粪便干重的1/3是微生物。

"给同学们十分钟时间，相互讨论一下，之后请几个同学讲讲自己的体会。"

……

十分钟转瞬即逝，在老师的组织下同学们开始交流起学习心得。

唐晓波说："通过这节课的学习，我充分理解了微生物'分布广'的特点。微生物不仅在自然界中发挥着重要作用，还是构成人体生态系统的重要成员。"

三元作为课代表不甘人后，"微生物有好有坏，如何更好地发挥有益微生物的作用是门大学问。"

"早晚都要刷牙，饭前便后要洗手。"贾明简明扼要地回答。

"氛围很是热烈嘛，一些平时不太主动发言的同学也在举手，梅成功说说你的感受。"

梅成功站起身来，"对您写在黑板上的'每张纸币上大约有900万个细菌'比较有感触。小的时候经常听到家长说'钱是最脏的，拿完钱一定要洗手'，今天算是知道了这句话的科学依据。另外，现在电子支付非常普及。我想电子支付除了便捷、防盗，还挺卫生的。"

"很好！贴近生活，动了脑子的。"傅雷肯定道。

"诸葛，说电子支付防盗是因为要刷指纹吗？"

"你想呀，'低头一族'整天捧着个手机，小偷哪有机会得手？"

"咳——被成功这小子绕进去了。"

"今天的课就上到这里，接下去周末了，我准备了点阅读材料，一会儿课代表发一下。"

第二大脑——肠道微生物

肠道不仅是人体内最大的消化器官，还是最为重要的排毒系统。肠道系统中遍布微生物，数量十分惊人，以万亿为量度单位。种类更是多如繁星，最为保守的估计也在一千种以上，多的甚至可达七千余种。不要小觑这些微小生物，它们可与人体健康关联紧密。人们都知道肠道状态的好坏会在很大程度上左右人体健康，但殊不知真正的"操控者"却是肠道微生物，诸如消化、免疫和新陈代谢等的调控均离不开微生物作用。它们甚至能够通过一定的途径作用于大脑，进而对人们的食欲、心情，以及节律①产生影响。已有许多科学家将肠道微生物比作"第二大脑"，相关领域的研究也正如火如荼地进行着。

然而需要强调的是，称其为"第二大脑"并不意味着我们要听命于这些小不点儿们，"第二大脑"的说法仅仅是从它们对人体的重要性方面打的一个比喻。

肠道微生物在一定程度上可以影响人们的形体，以舒尔曼（Gerald I. Shulman，任职美国耶鲁大学医学院）为代表的科学家们认为，肠道微生物与肥胖相关。他和同事们的研究显示，食用高热量食物后，这些"原料"被肠道微生物利用后会生成大量醋酸盐。醋酸盐通过血液循环进入大脑后，会激活副交感神经系统。胃和胰岛在收获饥饿激素和胰岛素分泌指令后便会"照章办事"，进而产生饥饿感。于是，人们便开始"填肚皮"。疏于律己者情况会更糟，最终成为肥胖人士。显然，这也从另一个角度解释了为何人们明知高热量食物对身体无益，却又难以戒除——越吃越饿，越饿越吃。实际上，不光是肥胖病，诸如帕金森（常见神经系统变性疾病）和心脏病等疾病也同肠道微生物相关。微生物学教授马兹曼尼恩（Sarkis K. Mazmanian）领导的研究小组发现，若干微生物可以合成诱发帕金森症的化学物质，患者同健康人群相比，二者在肠道微生物构成方面存在显著差异。关于心脏病，美国克利夫兰医学研究中心的科研人员证实，调节肠道微生物会在一定程度上有助相关疾病的治疗，而这也为治疗该病开辟了新的途径。此外，还有科研人员发现肠道中的个别细

① 节律：节奏和规律。

菌类群与血清素的产生相关，而血清素与一些疾病的发生存在关联。

你的身边有人焦虑或是抑郁吗？哈哈，这可能也是肠道微生物在作祟。微生物学家菲利普·斯特兰德维茨（Philip Strandwitz）任职于美国东北大学，其所在的研究小组从人体中获得了一株编号为 KLE1738 的肠道细菌。KLE1738 仅能以 γ-氨基丁酸为食，而该物质是抑制性神经递质，存在于中枢神经系统之中，具有缓解焦虑和抑郁之能。不难想象，如果肠道中类似微生物大肆繁殖，γ-氨基丁酸浓度势必下降，人们产生焦虑和抑郁也就在所难免了。

肠道微生物对幼儿也存在影响，母亲孕期的不良饮食习惯会直接反应在肠道微生物构成和整体功能表现上。比如，孕期饮食倾向高脂肪、高热量类，乳酸杆菌的数量就会下降。可不要小瞧乳酸杆菌，它们的缺失可令孩子产生社交缺陷等障碍。所幸，人为调节、弥补乳酸杆菌可以克服上述障碍。另外，儿童哮喘病患者可能也是肠道微生物菌群失调的受害者。研究显示，儿童哮喘病患者在出生一百天内多有暂歇性肠道菌群失调情况发生，这一发现源自对 319 个样本的分析。其中，有四个属（微生物分类单元之一，大于"种"，小于"科"）的细菌缺失明显，而这些微生物极有可能同儿童过敏性哮喘相关。

最后需要说明的是，肠道微生物作为一类生物，它们也有着自己的生活节奏（即生物钟）。它们可在肠黏膜上做节律性运动，向右（或左）移动些许距离（微米级），再回到原位，而它们的律动有可能会影响人体的生物钟。

五

"青青，来，给你看样东西。"诸葛林在三元房间门口小声地招呼着。

"老公，做贼呢？"

"呸呸呸，瞧你那吐不出象牙的劲儿。"拉起妻子的手快步走了进去。

> 或许有那么一天，世界上的其他生物已经不见踪迹。
>
> 但是，微生物还在这里……

"小猪写的？"

"嗯！"诸葛林自豪地点着头。

"是挺有感觉的。"柳青青附和。

"青青，养宠物的事情能不能松口？"

"咋当起说客来了？"

"你就乐意看着三元在哪里跌倒，在哪里趴着？"诸葛林反将一军。

"我纠结个什么劲儿呀，你拍板吧。不过丑话说在前面，这次不管养什么，卫生什么的我一律不管。"

"行，你就当甩手掌柜吧。"

"不管归不管，小狗要是可爱的话，我也要玩。"

"突然有了一种作茧自缚的感觉。"某人开始狐疑起来。

"咯咯，你再考虑考虑吧。"

"下一个，我洗好了。"外边浴室传来了三元的声音。

"赶紧走，要让三元知道你偷看她写的东西，准没好果子吃。"

两秒钟后，诸葛林回过味儿来，小声朝着门口嘟囔："好像你没看似的。"

三元披着头发走了进来，一股子哈密瓜味。

"我也喜欢用那瓶哈密瓜洗发露。"

三元看了一眼，"听你用'也'，感觉有点儿别扭。"

"小兔崽子，告诉你别说板寸是一种发型，就是光头也是一种发型，以后别戴着有色眼镜看人。"

"光头的样子又不是没见过。"

"啥？！你说什么？"

三元立马堆起笑容，回答："咳咳，想象的，想象的。"在两个世界穿梭的秘密可不能让第三个人知道，疑心都不能起。

"和你说正事，养狗的事情考虑得怎么样了？"

三元放下手中的毛巾，笑容可掬地说："养！"

"回答得这么快，不深刻。"诸葛林摇着头说。

"不不，考虑得挺久了。你先坐下，听听我的理由。"然后，把椅子让给了老爸。

"在养大美丽这件事上，我的确做得不好。懒惰、不尊重生命，最后一条生命就这样没了……"说到这里，又有泪珠翻落。

诸葛林递过两张纸巾，没说什么。有时候倾听胜过千言万语。

"很难过，也不止一次地自责和反思过。这次的决定不是心血来潮，在心理和思想上是做过功课的，也希望你和妈妈能够支持。"见老爸没有表态，三元继续说，"要是能养狗，它的吃喝拉撒全部由我负责，我保证！"

"还有吗？"

诸葛林无心的一句话，却被三元当成了最后的争取机会，郑重地说："我真的会用心去养的，花费都从我零花钱出，你们不用掏钱的。"

"好像零花钱不是我和你妈给的似的，这话说的。"

此时的三元已经分不清楚玩笑话了，急忙拉起老爸的手摇了起来，"爸爸你就答应吧，你就答应吧……"

"君子动口不动手，把我摇散架了，谁带你去士强家拿狗?"

"吧! 就知道老爸最好、最通情达理、最了解我了。"三元欢呼着。

耳朵里听着舒服，心里却忐忑不安，低声提醒道:"小点声，你妈听见要不高兴了。还有，养狗的事情你妈其实也是同意的。"

"老妈也同意?"

"可不。她不同意，我怎么好拍板。"

"你不是没有'气管炎'吗?"

"这叫尊重女性。"

学生时代的思考（一）

一

星期三，锦园。

七月的雨，人们最是喜爱，透着一股子善解人意的清凉。细密的雨丝在风儿的拨弄下，交织着，带走恼人燥热的同时，送来暑去秋来的希望。从前一日晚些时候开始，这场雨不停歇地下着，院子里已满是雨滴的身影。诸葛林在窗边眺望着远方，不知道这会儿在想些什么。或许，什么也没有想，就是单纯地听着啪嗒声。毕竟，他好这一口。

"下雨天，无聊啊。"柳青青突然冒出一句。

见无人搭理，"屋里有人吗？"

诸葛林扭头看了一眼，继续听他的雨。

"日记快写好了，写完再陪你哦。"三元头也不抬地说。

柳青青拿了包薯片，恨恨地拍了一下。嘭——薯片撒了小半桌子。

"哎呀，和我作对，等着被我吃掉吧。"柳青青发起狠来。

屋子里很快就只剩下了咔嚓声。

二

　　一刻钟后，三元伸了个懒腰，收拾好文具，朝餐桌走去。拿起薯片的袋子晃了晃，又用一只眼睛瞄了瞄，感慨道："真干净哪。"

　　"想吃自己去拿，昨天刚买了一箱。"某人还知道独享零食即便不是错误的，也是理亏的。

　　三元挑了包孜然味的，开了个小口，先往老妈伸出的手掌里倒了几片。

　　"口子撕那么小，喂猫呢？"

　　"那边还多着呢，要不再给你拿上一包？"

　　"唉，这么小气，也不知道像谁？"柳青青叹气道。

　　三元连忙转移话题，"妈妈，你所知道的最炫酷的事情是什么？"

　　"国外的一个基金经理用一百万的本金炒股赚了几个亿，算不算？"

　　"除了股票。"连着塞了两片。

　　"那不知道了，你说是什么呀？"

　　"微生物啊！……（此处省略两百个字）"

　　"喂，这下有成就感了吧，三元成功被你洗脑了。"

　　诸葛林这才晃晃悠悠地走了过来，看了一眼娘俩，又看了看薯片袋，"垃圾食品。"

　　听到这句话，三元有一种莫名的安全感。

　　"微生物有什么好炫酷的？"

　　"咦，听雨听傻了？"

　　"怎么说话的？"

　　"我也有同样的感觉，刚才那一句就如同老妈说'炒股没意思'一样的。"

　　"说你爸，扯我干吗？"

"有趣的灵魂才叫炫酷，懂不？"诸葛林从果篮里翻出个苹果，一边削着皮，一边说，"独立且自由，成熟且淡然，知世故而不世故，明白吗？"

见二人没有反应，诸葛林继续道："唉，两个粗人，在正确的时间做正确的事。"

"说我俩是粗人，你礼貌吗？"柳青青反问。

"老爸——"

诸葛林看向女儿，见没有下文，"想说啥就说啥，我受得了。"

"没了，就是给你个眼神，自己领会去吧。"

柳青青朝着女儿直点赞，"还有，你刚才那三句是一个意思吗？"

"是不是不重要，自己慢慢感悟吧。"

"故作高深，三元别理他了。"

"下雨天打孩子，就和你们讲讲大学时我干过的炫酷事情吧。"小半个苹果已不见了踪影。

"什么下雨天打孩子？"

"噗——"柳青青笑出了声，连忙解释道，"歇后语，意思是闲着也是闲着。"

"没文化真可怕。咳咳，上大学那会儿，我是非常用功的，也喜欢动脑筋，教室和图书馆是我出现最频繁、待得最久的地方。"

"不是宿舍吗？"柳青青开起了玩笑。

"应该是宿舍，毕竟每天光是休息的时间就有七八个小时。"三元分析道。

诸葛林还没吭声，柳青青又开口了："开玩笑的，你老爹当年是出了名的用功分子。早上六点刚过，揣着本英语字典就出去背了。其余时间，除了吃饭和睡觉，宿舍里是看不到他的。"

"再有人随意插话，就不讲了。"瞟了两人一眼，继续道，"上大学那会儿我一共思考过三个比较大的问题，至少在我看来是这样的。也尝试过解答，很好的思维锻炼啊。需要声明的是，这三个问题可能有些荒诞，也可能'安上'的答案是错误的，但是重点应该放在'为什么会有这样的疑问'和'答案是否合理'上面。"

"第一个问题是关于人类起源的。经过九年制义务教育的学习，人们都知道世界上有七大洲四大洋，而根据肤色的差异，可以将人们分为黑、黄、白、棕四类有色人种。那么问题来了，世界上最早的人类来自哪个大洲？"

苹果吃完了，见二人还没有答案，"运用排除法，首先我将南极洲和大洋洲排除在外，一个太冷，一个与世隔绝，都不适合作为人类的发源地。不过，大洋洲作为发源地之一倒也不是完全没有可能的。紧接着我问了自己第二个问题，一个部落或邦国，如果有一部分人要被迫离开或进行迁移，那么是相对弱小的还是强壮的呢？"

"我觉得是弱小的，打不过就躲，躲不过就逃呗。"

"是的，道理就是这么直白。遇到食物不足或扩张地盘时，相较于白种人和黄种人，黑种人的天赋优势便会显现，他们凭借着强壮的身体理应是占优势的一方。于是，白种人和黄种人就被迫向非洲的两端迁移。往南，死路一条，当时人类的能力还不足以跨海。"

"只有北上了。"

"被迫离开的人们很快来到了第一个'岔路口'，北非。在这里他们面临着抉择，继续北上还是转而向东？不过无论怎么选，这一片区域最后都成为了白种人的地盘。"

"嗯，北非、欧洲和中东地区的人种确实是以白种人为主。"妻子听出了门道，也听出了味道。

"不光这三个地区，印度人和巴基斯坦人其实也是白种人。"

"被晒黑的？"

"我猜是吧。剩下的问题就简单了，黄种人相对于黑种人和白种人在身体机能方面确实没有什么优势，于是只能继续东迁。"

"每次看世锦赛一百米就知道了，不论男女，很少看见黄皮肤运动员能同黑人和白人角逐奖牌的。"

"上天是公平的，不给你最强的身体，但会给你聪明的大脑。"

"物竞天择吧，本就弱小，再不肯动脑筋，那早成别人的食物了。你们不觉得咱们黄种人还特别能吃苦耐劳吗？"

"嗯嗯，就是！"二人齐声回答。

"不得不说，到目前为止你的推断还是合乎情理的，但北美洲和南美洲怎么解释呢？"

诸葛林微微一笑，"知道你们会在这儿等着我，这两个大洲一开始应该是没人的，也是从世界其他地方过去的。从哪呢？据我观察，只有从现在亚洲和北美洲交接的地方。"

"不会淹死吗？"

"如果结了冰呢？"

"妙啊，难怪因纽特人也是黄种人。"三元拍起手来。

"不仅如此，北美洲和南美洲的土著也是黄种人。"说到这里，诸葛林摊开了双手。

"老公你也太厉害了吧，真当犀利啊！"

"才知道？不要疯狂地迷恋我，哥只是个传说。"

"咳咳，以上只是推测，还不是定论。不过前些年确实有国外的研究团队声称找到了人类源自非洲的证据，目前也算是学术界的一个共识了。"

"当时你一定很振奋吧？"三元眼中闪烁着光芒。

"那是，欣慰与兴奋并存，高兴了好几天呢。不过，真相是否如此还有待进一步考证。"

"别谦虚了，一个大学生能够想到这些已经足够优秀了。"妻子眼中满是骄傲和爱意。

"快说你思考的第二个问题吧。"三元有些迫不及待了。

诸葛林皱了皱眉头，"第二个问题说来有些尴尬，直到今天我也没有找到答案，还只是自己的一种感觉。你们有没有想过，为什么不同的人遇到相同的事物可能会产生截然不同的印象？"

"说具体些。"

"比如，咱们三个坐在门口，这时有个人朝我们走了过来。你们说，对于这个人的印象我们三个会一致吗？"

三元回答："那要看他有没有礼貌了。"

"要看他是否整洁。"柳青青答道。

"不，不，你们说的都是因人而异的。这样吧，换个例子，假设我们看到的是一个篮球。你们说，每个人眼中的篮球是一样的吗？"

"这？篮球就是篮球，应该一样的吧？"

"我同意三元的观点，篮球不就是比足球和排球都要大，圆乎乎的吗？"

"我一直认为是不同的。"诸葛林说出了自己的想法。

"想过怎么证明吗？"柳青青发问。

"当然想过了，可是想不到好的办法，所以就卡住了。不过，一直没有放弃，每学期课上我都会把这个问题抛给学生们，希望他们今后有机会予以解答。"

"你都想不出来，还指望学生呢？"柳青青笑着说。

"青出于蓝而胜于蓝，科学和社会就是这样进步的。"诸葛林颇有信心。

"两个了，还剩一个。"三元搓了搓手。

诸葛林见状打趣道："比看《名侦探》有趣吧？"

三元小脸一红，嘿嘿地笑着。

"先吃饭吧，时间不早了，我去弄午饭，剩下的一个下午继续。"柳青青说完朝厨房走去，趁三元不注意，勾了勾指头。

诸葛林屁颠屁颠地跑过去，"有什么指示？"

啵——柳青青亲了某人一下，"还是那样地有魅力。"

这一下整得诸葛林脸红得跟个猴子屁股似的。

"怎么都跑了，剩下的烂摊子让我一个人收拾啊。"三元叫嚷起来。

"干点活儿能怎么样，小懒蛋。"

"咦，老爸你的脸怎么这么红？去厨房偷吃东西，被老妈抓住了？"

"咳咳，干活还堵不上你的嘴。"

三

睡过午觉，三人又相继来到了客厅。

"这雨呀，一时半会儿是停不了喽。"

"那我们接着听你讲大学时候的事情吧？"小孩子最是心急。

柳青青挪好椅子，腿一盘，"开始吧。"

"刚下楼时，我想到了一个问题，有没有兴趣？"

"说吧，反正闲着也是闲着，看看你这不长毛的脑袋又想到什么了？"三元现学现卖起来。

"全球变暖你们相信吗？"

"就这？"母女二人齐声鄙夷道。

"谁要是不相信，有本事夏天别开空调。"

"就是，最多每周允许洗一次澡。"三元补上一刀。

"哈哈，超过'满清十大酷刑'了。我估计要是现在把诺贝尔奖颁给空调的发明者，公众的异议应该不大吧。但是，全球变暖这个观点刚问世的时候，支持者的确远不如现在多。"诸葛林笑道。

"那是为什么呀？"三元不解地问。

"预见性。即便是受过系统训练的科研人员，预见性也是参差不齐的。"

"是的，有的时候更像是直觉加分析，前者更为重要。"柳青青接着说，"就像我们公司的基金经理，现在担任这一职位的无不是国内顶尖学府甚至是国际著名商学院毕业的高材生。但是年终核算时，发现盈利的多少和学历关系并不大。我向业绩好的同事取经，结果回答差不多一样，'凭的是嗅觉'。"

"真要是有现成的经验，那不没人赔钱了？"诸葛林附和道。

"感觉我们是不是跑题了，老爸你的问题是什么？"

"既然像二氧化碳这样的气体流动紊乱，短时期内会上升成为最为紧迫的环境问题。那么，人们有什么理由不相信更大量的物质提炼、转移、置换和以垃圾形式回归自然会对生态系统造成更大的伤害呢？"诸葛林抛出了自己的顾虑。

屋内一片安静，外边淅淅沥沥的雨滴声间杂可闻。最后，还是柳青青率先打破平静，"不想喽，再想我的头发也要没了。三元，走，跟我择菜去，这么复杂的问题还是留给'聪明绝顶'的人去想吧。"

"很好的思维锻炼呀，不过你这打破僵局的本领还是很飒的，潇洒。"对于自己的另一半，诸葛林是非常欣赏的。用他自己的话来说："少了诸葛林，家里最多少了些个多愁善感的问题。但是，要是少了柳青青，那就只剩下眼前的苟且、去掉许多滋味喽。"

三元一边拖着凳子，一边对老爸说："你呀，这才叫领着一块钱的工资，操着总理的心哩。"

诸葛林快步上前，接过女儿手里的凳子，"今天下午你俩休息，择菜、洗菜我包了，而且回头洗碗也是我的活儿。"

三元有点蒙圈，看向老妈。

"发什么呆呀，拿两包薯片来，下午咱娘俩追剧。"

"得令！"

四

三元伸头朝厨房瞧了一眼，"妈妈，老爸这是怎么了？干了都快一个钟头了，不吃不喝的。"

"丫头，教你一招，听好喽。只要不是生病，或是干什么出格的事情，就任由你爸折腾。他的行为别说你看不懂，这么多年我也只摸出了一点儿道道而已。这是一种发泄方式，过了，就好了。不然，心里会害病的。"

三元没心没肺地回答："哦，知道了，那这样挺好的。"

柳青青心疼道："傻孩子，这可是你亲爹。"

三元心想："刚才让我拿薯片那叫一个利索，怎么说变就变了。大人的世界真挺复杂的，搞不懂。"

学生时代的思考（二）

一

"还要睡多久？"柳青青习惯性地问着。

被窝中伸出一根手指头，这也是三元习惯性的回复。至于几根，完全看当时的心情和困意。一根说明还很困，无力再多伸出一根。

"唰"的一声，窗帘被拉开了，雨声越发地清晰。

"这雨下到什么时候是个头啊。"柳青青嘴里嘟囔着，转过身对着被窝说，"宠物你还养吗？"

"暂时不想养了。"完全听不出一丝困意。

"咋又不想养了？全包的话，可以。"柳青青纳起闷儿来。

三元伸出脑袋，对着老妈说："不适合养就不养了呗，暑假结束就升六年级了，要为小升初做准备喽。"

"哦。"柳青青出了房间，此刻心里挺不是滋味儿的。

下楼后，她把刚才的事情跟诸葛林说了一遍。

"难过了吧，孩子们的快乐时光就这么几年。过了，不知道猴年马月才能补上。"

"老公，之前我是不是太凶了？"柳青青心虚地问道。

"还行吧，反正别想吓死我。"

"去你的——"

"别多想了，咱俩应该为她的成熟感到欣慰和高兴，不是吗？"

"是的，孩子长大了，我也半老徐娘喽。"柳青青感慨道。

"在我心里，你是最美的。"

<h1 style="text-align:center">二</h1>

咚咚咚，三元走下楼来。一边走，一边问："吃什么呀？"

诸葛林掏着罐里最后的一点橄榄菜，嘴上应付着三元："可算是下来了，自己看吧。中式、西式都有，自选自取。"

三元瞥见了沙发上撂着的几本书，"《"微"故事——微生物的前世今生》你不都看过了吗？"

"查点资料，再说没听过'温故而知新'吗？对了，前两天下单的《微生物猎人传》和《细菌简史》也到了，有时间你也翻翻。"

柳青青端着一盘子刚刚煎好的鸡蛋走了过来，"快递真是够快的，无论在城里还是下面的乡镇，网上点几下，用不了多久东西就到了，方便得很。"

"这话说的，不快能叫快递吗？"说到"快"字，诸葛林还特意加重了。

刚就着牛奶吃了一个甜甜圈，三元就吵着要听诸葛林大学时代思考的第三个问题。

"行吧，也不吊你们胃口了。"诸葛林放下筷子，大清早摆起了龙门阵。

"如果按时间顺序，这个问题其实是我最先思考的。之所以放在最后面讲，是因为和我的本行有关。宇宙中生命的起源咱们不管，脚下这颗蓝色星球的生命起源问题你们想过吗？"

"谁没事儿想这种问题呀？"

"就是，想想别的不是更加实际？换作是我，想想吃喝玩乐半天就过去了。"柳青青心里怎么想嘴上就怎么说。

"生命的起源是最令人着迷的科学问题，你们两个竟然这样说，孺子不可教也。"

三元"嘿嘿"一笑，"别说我俩了，赶紧说说你当时的想法吧。"

"关于这个问题，初高中的课本中曾给出过解释，科学家们也进行过试验。简单来说就是在一个特制的瓶子中装入模拟原始大气的混合气体，紧接着不停地充放电。"

"充放电？"柳青青疑惑道。

"模拟闪电呀。"

诸葛林突然严肃起来，小声问道："你们猜发现了什么？"

母女二人嘴都不动了，三元手里的筷子也掉了。

"经过一段时间的模拟试验，科学家们声称检测到了有机氮的存在。"

"那是什么？"

"开始的时候，模拟大气中的氮是以无机氮的形式存在的。有机氮的出现意味着孕育生命的关键一步得到了证实。因为，无机氮转变成有机氮后才有可能沿着氨基酸、蛋白质、单细胞生物……这样的路径继续下去。"

"哇，这个试验真了不起！"三元夸赞道。

"很巧妙的设想，也同达尔文的进化论一致。不过，当时的我和现在的我都不认为这就是真相。"

三元发问道："凭什么？"

"太过完美，概率太小。"诸葛林淡淡地回答。

"回到一开始，宇宙中生命的起源咱们不论，地球上的生命起源问题你们怎么看？"

柳青青想也没想就说："别来问我，找错人了。"又看了一眼三元手里的碗，"赶紧扒拉两口，还等着洗碗呢。"

诸葛林说："先吃早饭，答案一会儿揭晓，你俩再想想。"

三

半个多钟头后，一家人围坐在餐桌旁。

"有答案了吗？"

母女二人看向对方，又都摇了摇头。

"那换个问法，你们觉得地球上最早的生命是土生土长的，还是来自地球以外的？"

"老爸，什么意思？"

"等等，我似乎明白了。"

诸葛林朝着女儿做了一个鬼脸，意思是"没机会喽"。

"老公，我觉得地球上的生命就是源自地球的，你总不会认为我们是外星人圈养的吧？"

"哈哈哈。"诸葛林笑出了响动，"想象力还真够丰富的，外星人？亏你想得出。你的观点就是之前学术界的主流观点，地球上的生命是经过漫长年代从无到有的。然而，驳斥的理由之前也说过了。"

"你认为最早的生命来自地球以外？"三元像是发现了新大陆。

诸葛林点了点头，"是的。"

"来自哪里？什么形式？怎么来的？是飞碟吗？"三元开启连续发问模式。

柳青青把剩下的小半包薯片递给女儿，笑着说："着什么急呀，边吃边听。"

诸葛林"嘿嘿"一笑，"嘴说得多了，脑子就空了。刚刚一口气问的这四个问题我只能回答其中的一个，最早外来生物的形式可能就是微生物。"

"它们总不会是恰巧飘落到地球上的吧？这不科学。"三元反驳道。

"好啦，都说了听你爸的，又插嘴，就不能有点耐心。"柳青青皱起了眉头。

"飞碟是太过科幻了，不过小不点儿们也有自己的'飞船'——流星或陨石。它们可以在太空中飞行，如果很多年以前碰巧有那么一颗或是多颗带有微生物的流星或陨石飞向了地球，穿过大气层时又没有完全烧毁，你们觉得如何？"诸葛林起身开始挑选苹果，多给处于思考状态的二人一些时间。

柳青青率先发问："这个概率不小吗？"

"我觉得比土生土长的概率要大。"

"听上去还行，微生物在宇宙中作'乘客'时，它们怎么打发时间？吃喝够吗？"三元一下子又抛出了两个问题。

"休眠，不吃不喝，来到地球后再复苏。之后发生的，便是书本上记载的那些了。"

啪啪啪，柳青青鼓起了掌，"精彩！"

三元继续追问："可以证明吗？"

"不难，现在人类的科技水平已经可以对火星进行探测了。从上面采些土壤样品，然后分析下微生物的种类，再和地球上的比较一下，就有眉目了。"

三元站了起来，"我都有些迫不及待了。"

"我也想知道答案，不过，不急。"诸葛林嘴角上扬了一下，然后狠狠地咬了口苹果。

柳青青回过神来，对着老公说："过来，我想近距离看看你的脑袋。"

"去你的。"

三元直接蹦了过去，伸手刚要摸，某人立马闪到了一旁。

"世界远比我们认知和想象的要精彩，还有许多的未解之谜等待着人们去揭晓答案。勤于思考，生活中做个有心人，并为了目标和梦想而拼搏，社会就会不断进步，自身也会得到升华。你们想一想，如果连想要凉快的念头都没有，后面还会有扇子、电风扇和空调吗？"

"老公说得对，今晚加菜！"柳青青决定宠夫。

"老爸说得对，我要以你为榜样。"三元也表起态来。

诸葛林倍感欣慰，鼓励道："好，可千万不要是五分钟热度哦。"

诸葛林坐了回去，吃了两口苹果，接着说："其实我也有懒惰的一面，今天也说说吧，还原一个真实的我。"

这下子，母女二人更来精神了，纷纷搬好了"小凳子"。

"大学那会儿还想过一个问题，也动手记录过一段时间，但最终还是不了了之了。我想寻找鼻孔呼吸的规律。"

"啥？！"母女二人惊呆了。

诸葛林弱弱地说："就是嘴上那个器官换气的规律。"

"接着说，这个有意思。"三元往嘴里塞了一小把薯片。

"我觉得有时候是两个鼻孔出气，有的时候又是'单通'的。'双通'和'单通'之间是怎样交替进行的就是我想弄明白的。"

"有眉目了吗？"柳青青问道。

"这些年尝试过很多次，都是记着记着就忘了。"

"好！从今天开始，记录由三元来做，搞不好下一个拿诺贝尔奖的女科学家就是咱家的了。"柳青青眉飞色舞道。

"我可不要，省得被别人说成是'鼻孔之母'。"

哈哈哈，一家子笑作一团。

四

吃过晚饭，柳青青留在家中洗碗，诸葛林带着三元在附近转悠。刚过了一条马路，诸葛林感慨道："小屁蛋长大喽。"

"老爸，怎么突然冒出这么一句？"

"小时候过马路，都要我牵着你。刚才想拉你，被你下意识地甩开了，自己都没注意吧？"

老爸这么一说，三元意识到刚才似乎是这样的。

诸葛林接着说："没什么，说明你长大了。子女成长了，做父母的哪有不高兴的，是吧？"

"嗯，放心，不管多大，都是你和老妈的小棉袄。"

诸葛林嘴上不说，心里那叫一个美，还准备回去后讲给柳青青听。

"老爸，听你讲完大学时候的事，我感觉有点压力了。"

"压力？"

"是呀，感觉差距挺大的。"

"有压力是好事，有压力才有动力嘛。凡事掌握个度，不要过了就好。再说了，大学是十八岁以后的事情，我们这些个'前浪'迟早要被你们拍在沙滩上的。"

"哈哈哈，你真逗。"

"青少年时期的你们正处于人生中的第一个黄金阶段，可塑性、学习能力和想象力等都很强，不要蹉跎了就好。至于以后读什么专业，找什么工作，现在不要去想，一切皆有可能。等你对自己更加地了解了，再做决定。如果一个人的兴趣和所从事的工作相匹配，那绝对是一件幸福的事情。而且，有了幸福的加持，一定会事半功倍的。"

"就像你和微生物一样。"三元补充道。

"哈哈。"诸葛林点了点头，摩挲着肚皮，接着说，"你现在这个岁数，除了学习、体育锻炼、培养兴趣爱好，还知道要重视什么不？"

"学习习惯？"

"那是低年级时的必修课。"

"不要偏科？"

"你偏科吗？"

"那是什么？"三元没了主意。

"友情呀，我为数不多的好朋友中，有一多半是小学时打下的感情基础。"

"你有多少个好朋友，几个是阿姨？"

"小屁孩儿，查起老子的底来了？"

"不许说脏话。"

"不是脏话，是实话，我就是你老子。"

"你呀，还说不是'气管炎'？"

诸葛林连忙辩解："说了多少次，不是惧内，这叫尊重女性。"转而又说："告诉你也行，回去别胡说，不要没事儿找事儿，听到没？"

"放一百二十个心啦，我的嘴巴严实着呢。"三元又要多为一个人守口如瓶了。

诸葛林伸出五根手指头，对着女儿微微一笑。

"五十个？这么多呀。"

"你以为朋友是菜市场上的白菜和土豆吗？就差称斤卖了。"说罢，用眼睛瞟了一下三元。

"才五个？！那你就没什么朋友啊。"

"可能只有四个半吧，有一个不是很确定。不过，我已经很知足了，有朋友四五实属不易哪。"

诸葛林在冰激凌店买了根糖葫芦，山楂味的。在三元眼前晃了两下，"来一口不？"

"这还用问。"

三元接过冰糖葫芦，咬了一口，咂吧咂吧嘴，"冰糖葫芦还得是山楂的。"

父女二人笑了起来，"哈哈哈……"

"你怎么不吃？"

"带给你妈的。"

"你不也爱吃吗？"

"爱吃不一定要吃啊，其中的味道你不懂滴。"

"老爸，你刚才说的是真的吗，只有不到五个朋友？"三元再次确认。

"是的，我会为他们着想，他们也会挂念我。"

"看样子，我对朋友的概念肤浅了，嘿嘿。"

"都是这样过来的，慢慢来。朋友似酒，越陈越有味道，也越显成色。"

"记住了。"转念一想，又问道，"那现在其他人，特别是玩得比较好的同学，这些算什么呢？"

诸葛林想了一下，回答："伙伴吧。"

"还是吃我的糖葫芦吧，这个不费脑子，还生津开胃。"

诸葛林打开手里糖葫芦的包装纸，来了一口，自言自语道："想吃就吃一个吧。"

五

"老妈，我们回来啦，快来瞧瞧给你带了什么？"

柳青青一路小跑地迎了出来，接过糖葫芦就吃了起来，嘴里还说："你俩谁吃的？"

三元嘴上不说，眼神却把老爸给出卖了。

"哦，再来一个吧，吃一颗怎么过瘾呢？"

"嗯。"某人把脖子伸了过去。

"你们啊，多买一根的事儿，还在这里秀恩爱。"

"去去，小屁孩儿。"两人异口同声道。

……

三元上了楼，反锁好门，"知识就是力量，不是热量。"

嘭——知识出现了，这次是一套星空黑的礼服。

"什么事呀？好像有日子没联系了。"

三元递过糖葫芦，"请你吃东西。"

知识看了眼剩下的两颗糖葫芦，又看回三元。

"少是少了些，不过至少证明我心里还是想着你的，对吧？"三元略显不自然。

"好吧，有进步，算是开窍了。"

"开窍？难道小 A 一直等着吗？"三元发现了新天地。

"真没别的事？那我可要小感动一把了。"

"小 A，你都爱吃什么？下次提前准备好，多备一些。"

知识的眼睛一下子亮了起来，兴奋地在屋子里飞舞着，忽上忽下的，"好吃的都爱吃，有时间我也再想想。那个，真要是没事，我就先撤了，最近真的超级忙。"

"好的，那下次见喽。"三元挥了挥手。

就这样，两人的再次见面不到五分钟就结束了。

"最近小 A 都在忙些什么啊？"

酱醋茶

一

"今天微生物课表现不错哟。"

"那是，不瞧瞧旁边坐的是谁。"

"大明白就是明白，拍起马屁来一套一套的。"

"成功，瞧你说的都是些什么呀？"三元不乐意了。

"咳咳，有些人倒是只会挑马蹄子拍。"贾明开起了梅成功的玩笑。

甄士强点评道："你们三个呀，就是长不大。"

"喊——"

"不过，贾明最近的进步确实是有目共睹的。每节课都举手发言，而且基本上回答得都对。"甄士强继续道。

"就是，傅老师今天还问我是不是给贾明补习了呢。"三元补充道。

贾明手往梅成功肩上一搭，故作悲痛状，"咱们差生的进步，在老师眼里是和学习好的同学密不可分的。"

"是呀，悲哀。哈哈——"梅成功笑出了声，演不下去了。

三元瞧着滑稽的二人，"继续呀，这么精彩的好戏怎么不接着演了？"

贾明腼腆地挠挠头，"正式说起来，要不是你和士强课后给我俩辅导，进步是没有这么快的。"

"就是，就是。"梅成功也朝着甄士强拱起手来。

"咱们谁跟谁呀，继续努力哦。"甄士强朝着梅成功竖了下大拇指，接着说，"诸葛，微生物兴趣小组的事你是怎么想的？"

"说起这个真还有点头疼，最后还要以小组的形式提交四个主题的学习报告。"扭头看向贾明，"你小子不是鬼点子多嘛，出力的时候到了。"

贾明当仁不让，没踱两步就计上心来，"我们正好四个人，各当一次东道主，每次一个主题，字写得好的人做记录。"

甄士强思维比较缜密，补充道："一次可能不行，那么短的时间，又要选主题，又要丰富内容，来不及的。"

"那还不简单，一次不行就两次呗。正好我们也比比谁家的饭好吃，怎么样？"

"赞同。"

"OK！"

"那就这么定了，第一个主题就上我家去吧，正好看看狗崽子们。"

三人双手双脚赞成，于是四个小伙伴就有说有笑地朝甄家走去。

二

刚到门口，碰巧遇见了收拾好晾晒衣物的李娟。三元开口道："阿姨，我们又来给你和伯伯添麻烦了。"

"姑娘和小子就是不一样，这三个木头绝对说不出这样的话来。"李娟一把搂过三元。

贾明凑到跟前，小声地对甄士强说："女人就是擅长甜言蜜语。"

这话被梅成功听到了，笑了笑，没出声。

“你们三个肯定没说啥好话。”

“别别，贾明说的，我和士强就听听，没表态。”

贾明瞧了一眼，悄声来了句，“第五纵队[①]。”

进了甄家后，一群人先涌到了狗窝旁，暴露了此行的重要意图。小狗眼见着长大了不少，一个个的眼睛都睁开了，显得是那样地灵动。四只小狗围绕着它们的妈妈，转来转去，有舔毛的，也有抢奶头的。另有一只，什么都不干，就不断地呜呜着。

贾明指着这只在叫的小狗对甄士强说：“这只堪忧啊，一不讨好人，二不捞实惠，智商、情商都不在线。”

李娟接过话茬，“小明，这你可就看走眼了，这只小奶狗最得玉米宠爱，日子过得好着呢。没听说过‘会叫的孩子有奶吃’吗？”

梅成功眼尖，“你们就没发现少了一只？”

三元和贾明连忙数了起来。

“是只有五只，怎么少了一只？”

三人一同看向甄士强，弄得他有些小紧张。

“别看我，这都怪我爸。前天来了个表叔，见小狗可爱，走的时候要了一只，说带回去给我表弟玩。”

李娟打起了圆场，“没事，还有五只，多着哩。”

贾明挤了过来，开启嗲声嗲气的央求模式，“阿姨我看中了小玉米，你帮我留意下，等断奶了我就接回去。”

三元也不甘人后，“之前我一眼就相中了‘小海盗’，这只狗一般人应该不会喜欢的，阿姨你可要帮我留好了。”

梅成功开起了三元的玩笑，“谁说没人瞧得上，我怎么觉得这只不同凡响啊。”

“好男不和女斗，我先看中的。”三元急了。

---

① 第五纵队：起源于西班牙内战时期，现泛指隐藏在内部的敌人。

"哈哈哈。"看到这一幕，李娟笑了起来，"你们呀，一个个都是小人精，鬼点子不少。"

"嘿嘿，我第一天就相中了边上的那只小黑狗，它以后会成为狗王的。"梅成功说出了自己的想法。

"狗王？那是只小母狗。"甄士强说出了真相。

"唰"的一下子，梅成功就"熟"了。

贾明继续调侃："小黑，小黑，与众不同；成功，成功，一定成功！"

三元怎能错过这么好的反击机会呢，揶揄道："说不定小黑以后嫁给了狗王，等狗王死了，它就可以'母仪天下'了。"

"该做兴趣小组的作业了，你们是来玩的，还是来学习的？"

这句话从梅成功的嘴里说出，引来笑声一片。

三

四个人在房间里讨论了快一个钟头，但一个字都没动。

"诸葛，我们能调整一下思路不？不要老是盯着最重要的微生物做文章。"贾明建议。

"我同意诸葛的观点，不重要的写着不出彩。"

贾明又看了眼梅成功，"你怎么说？"

"我也同意诸葛的观点，要知难而上。"

"行，那你们仨继续，我出去一下。"

贾明出来后，东转转，西瞅瞅。最后在鼻子的带领下，来到了厨房。

"阿姨，你做的饭可真香哪。"

"觉得香，晚上就多吃两碗。"李娟说完，递了根黄瓜给贾明。

接过来就是一口，"阿姨，你觉得平日里最重要的是什么？"

"我没文化，说不好。"李娟憨憨地笑着，眼睛盯着锅里的菜。

"随便说说，想到什么说什么。"

"那就开门七件事呗，柴米油盐酱醋茶，还有什么能比吃喝更重要的？"

"这七件事和微生物相关吗？"

"啥，什么物？"

"没啥，谢谢阿姨。"说罢，转身就往回跑。

回屋一瞧，三个人还在这憋着呢。

看了眼贾明手中的黄瓜，甄士强率先发难，"没义气，不能共患难，有福同享也做不到。"

"嘿嘿，马上你们还不定怎么夸我哩。"

"夸你个大猪头。"三元生起气来。

"不信，那我问你们，知道开门七件事不？"

三人对视了一眼，"怎么说？"

贾明抖了起来，"什么怎么说，还有什么比吃喝更重要的，这里面有没有和微生物相关的？"

三元拍了一下贾明的肩膀，"可以呀，你这家伙的脑袋不是白长的。"接着对梅、甄二人说："这七件事里面，酱醋茶都是和微生物相关的。我们现在兵分两路，尽可能地多找些资料，回头贾明好完成第一份小组报告。"

贾明立刻叫嚷起来："主意是我出的，怎么报告还要我写？"

梅成功一把抢过剩下的小半根黄瓜，先来了一口，然后说："这叫将功补过，再说了，每个人都要写，还是早点好。"

三元点点头，"对，回头第二份就由成功主笔。"

"没问题！"

"现在就成功带了个平板，怎么兵分两路呀？"

"我家里有电脑的，可以用。"

"哟，啥时候鸟枪换炮了？"

"这有什么好惊讶的，也不懂得与时俱进，都什么年代了？"梅成功撑起了贾明。

"行了，快点干活，再弄一会儿就该吃饭了。"三元命令了。

……

半个钟头后，三元和贾明率先完成了关于酱的资料查找。

酱油，又称豆油、豉汁、酱清、酱汁等，由大豆（或黑豆）、小麦，加水和食盐等原料酿造而成（现今也采用豆粕和麦麸等原料进行酿造），呈红褐色，有独特酱香，滋味鲜美，提振食欲。酱油作为百姓日常生活中不可或缺的调味品，不仅与中华饮食密切相关，还影响着亚洲其他国家和地区。

酱油由酱发展演变而来，我国是世界上最早使用酱油的国家。北魏时期（公元 386—534 年），贾思勰所著《齐民要术》中详细记载了利用黄衣（米曲霉）制酱的方法和工艺，为日后酱油的制作和生产奠定了基础。"酱油"一词始现于宋代（公元 960—1279 年），北宋释赞宁所著《物类相感志》和南宋赵希鹄所著《调燮类编》中均有记载。

酱油的传播与佛教的发展密切相关。公元 753 年，伴随鉴真东渡，酱和酱油的酿造方法第一次出现在了日本，而酱油作为独立的调味体系在日本得以发展则是始于镰仓时代（公元 1185—1333 年，日本历史上以镰仓为全国政治中心的幕府政权时期）。此后，酱油酿造技术相继传入朝鲜、越南、泰国、马来西亚、菲律宾以及印度等国，并借助丝绸之路和使节出访等途径传播至世界多个国家和地区。

新中国成立之初，我国主要利用单一菌种和固态无盐发酵工艺生产酱油。后参照日本酱油固态发酵速酿法，结合我国生产实际改良出低盐固态发酵法（20世纪70年代末），并以此为酱油生产的主要方法。所用菌种也由单一菌种发展为复合菌种（米曲霉、红曲霉、酵母菌、乳酸菌等）。

依据不同的标准，可将酱油划分为不同的种类：

（1）按照生产原料和工艺可将市售酱油产品分为酿造酱油和配制酱油。酿造酱油按照生产工艺可以进一步分为高盐发酵酱油、低盐发酵酱油和无盐发酵酱油。配制酱油则是以酿造酱油为主，与酸水解植物蛋白调味液和食品添加剂等配制而成的液体调味品。其中，酿造酱油的含量（以全氮计）不得低于50%。（2）按照食用方法可将酱油划分为烹调酱油和餐桌酱油。烹调酱油是指不直接食用，适用于烹调加工的酱油。而餐桌酱油是指既可直接食用（如凉拌、蘸点），又可用于烹饪的酱油。（3）按照酱油颜色和用途的不同，可将其分为生抽和老抽。生抽色浅，用作一般烹调，起提鲜、增咸之效；老抽色深，主要用于上色。

"想不到有这么多的微生物学问啊。"贾明感慨道，"走，看看那两个家伙弄得怎么样了？"

回到甄士强的房间，只见两个人正聚精会神地看着平板电脑，嘴里念念有词。

甄士强看了二人一眼，"稍等，还差一点就好了。"

结果，屏幕前面就又多出了两个脑袋。

醋又称食醋、苦酒等，是烹饪中常用的调味品。

世界各地的人们很早便开始食醋、制醋。一般来说，东方国家多以谷物为原料进行醋的酿造（源于中国），而西方国家则以水果酿醋居多。在我国，通常认为醋的酿造始于西周时期，但也有人认为应源于商朝或更早。在西方，古埃及时期便已出现了醋。由于都是经过发酵而得，故认为酒醋同源。但凡能够酿酒的古代文明，一般都具备造醋的能力。

那么，"醋"字是怎么来的呢？

相传醋是酒圣杜康之子黑塔发明的。一次，黑塔酿酒时觉得酒糟扔了可惜，便存放起来。到了二十一日的酉时，一打开，一股从未闻到过的香气扑鼻而来。在这股香味的诱惑下，他忍不住尝了一口，发现酸甜兼备，很是美味，便作"调味浆"收藏了起来。"起个啥名好呢？就用二十一日加'酉'来命名吧。"于是，便有了"醋"。

在日本，如今人们仍将"醋"称为"酢（cù）"，如：把"米醋"称为"米酢"。据考证，日本相关酿造技术大约是在应神天皇时期（公元270—310年，第十五代天皇）由中国传入的。

醋在英文中写作 Vinegar，源于法文 *Vinaigre*，意思是酒（*Vin*）发酸（*Aigre*），这同我国醋的起源不谋而合。中世纪，英国人将以酒为原料酿造的醋称为 Vinegar，将以啤酒为原料酿造的醋称为 Alegar，并将所有酿造醋统称为 Vinear。

根据生产工艺的不同，醋可分为酿造醋和人工合成醋两大类。酿造醋以粮食、糖、乙醇为原料，经微生物发酵而成。人工合成醋则是以食用醋酸、水、酸味剂、香辛料、食用色素等勾兑而成。

醋的酿造先后经历粮→糖→酒→醋过程。酿造优质的食醋，需要微生物协同作用。发挥作用的微生物主要是真菌和细菌。其中，曲霉通过所产酶的作用水解淀粉或蛋白质，酵母菌以其所产酒化酶把糖类物质转化为乙醇（酒精）和二氧化碳，醋杆菌进一步氧化酒精生成醋酸。

三元开口道："不错！休息一下，吃过饭咱们再弄茶，应该也快的。"

"嗯，都是老师傅了嘛。"贾明点头称是。

"阿姨做饭也太香了吧，刚才我就闻到了。"

梅成功这么一说，大家顿时觉得肚子饿了。

"走，下楼干饭去。"小主人邀请道。

四

一大四小开心地吃着饭，有说有笑的。

"妈，我爸怎么还不见人影？"

李娟朝门口望了望，"难得出去玩，估计回来要很晚喽。"

"伯伯这么大了还出去玩哪？"

"男人啊，多大了都还是个孩子。"说完，李娟捂上了嘴像是怕自己笑出声似的。

吃好晚饭，四个小伙伴又去狗窝边玩了一会儿，然后就上楼扫尾去了。

"下楼容易，上楼难啊。"贾明一边使劲地朝上迈着腿，一边扶着自己溜圆的肚皮。

梅成功挤对道："不要钱，也不能是你那种吃法呀。足足三大碗，碗碗冒尖。"

"你也好不到哪去，没看诸葛都吃了两碗吗？"贾明难为情地转移话题。

"干吗说我。"三元像是被人踩到了尾巴一样。

甄士强走在最后面，看着眼前的三人，"喜欢就好，喜欢就好。"

进屋后，甄士强坐着，其余三人站着，开始查起关于茶的资料来。

贾明不停地走来走去，表面上是在充当智囊，实际上是在消食。

有了之前的经验，与茶有关的资料一刻钟便差不多查好了。

茶与可可、咖啡并称世界三大饮料，深受各国人民喜爱。我国既是茶叶种植大国，也是茶叶加工出口大国，更是茶叶消费大国。中华茶文化博大精深，源远流长。

茶叶中富含黄烷醇类（儿茶素类）、花色苷类、缩酚酸类、黄酮及黄酮醇类等物质，经常饮茶有益身心健康，其作用包括但不限于：（1）软化血管，降低心脑血管发病率和死亡风险；（2）降低胆固醇和血压；（3）降低患糖尿病风险；（4）有利于口腔卫生，防龋齿；（5）提高免疫力；（6）降低肠癌和胃癌等消化道肿瘤发病率；（7）提神醒脑、清热解毒、消滞、减肥；（8）预防早老性痴呆（阿尔茨海默病，Alzheimer's disease）。

关于我国饮茶的起源，可谓是众说纷纭。有的认为始于上古，有的认为源于周朝，而认为始于秦汉、南北朝，以及唐代的也各有拥趸，并且不在少数。之所以会出现这样的情况，是因为在唐代之前并无"茶"字，只有"荼"字。但若以群众基础而论，"神农氏说"则最为普遍。纵观中华文明发展史，与药草和农业相关的不少事物往往同神农氏相关。相传神农氏在野外煮水时，碰巧有几片茶树叶子飘入，煮出的水呈微黄色，入口生津，提神醒脑……唐代茶学家，有"茶圣"之美誉的陆羽，在其所著《茶经》中也记载有："茶之为饮，发乎神农氏。"

茶的种类繁多，"茶叶学到老、做到老，茶叶名目认不了"便是十分形象的描述。根据制作方式的不同，国际上通常将茶分为不发酵茶、半发酵茶，以及全发酵茶三类。我国著名茶学家陈橼根据茶叶品质和加工工艺的不同，提出了六类茶分法，即绿茶、白茶、黄茶、青茶（乌龙茶）、红茶和黑茶。

在食品生产加工领域，发酵一般是指通过微生物的生命活动来获取菌体或其代谢产物的过程，如葡萄酒的酿造和酸奶的制作。而茶叶的发酵不同，多数情况并不涉及微生物，茶叶中的酶类（主要是氧化还原酶和水解酶）对茶叶品质和风味的影响较大。六类茶中，也只有黑茶属于微生物发酵茶范畴（含有渥堆①环节）。

茶不单单是饮料，还寄托着人们的情思，更是一种文化。当今社会日新月异，时代元素不断与之交融，新的发展时期来到了。

贾明说："回头把酱醋茶的资料都发给我，剩下的你们就等着瞧好吧。"

梅成功走到贾明一旁，拍了拍他的肩膀，语重心长地说："老弟，那就拜托你了，第一炮可别不响。"

贾明回应以一个鬼脸。

---

① 渥堆：黑茶加工过程中决定其品质的关键发酵工艺。

酒

一

说到底还是十一二岁的孩子，玩开了谁都没有想起回家的事来。突然，楼下传来了诸葛林的声音。

"三元，回家了，都几点了，玩野了吧你。"

"我爸怎么来了？"

"等等，好像也听见我爸的声音了。"梅成功循着声音往下看，发现四家的大人都在楼下。

三人赶紧提溜着书包往下跑，叮叮咣咣一阵响动之后来到了天井，迎接他们的先是一阵酒气。

贾明和三元最先跑到各自爸妈身边，梅成功有点担心地朝老爸那边看了看。

"你个傻小子，瞅啥，赶紧滚过来。"

四个妈妈有的从里屋往外搬凳子，有的在泡茶，还有的在拿瓜子和水果。用柳青青的话来说："四位大爷喝酒有功，可要伺候好喽。"

贾明的爸爸贾连成先开了口："难得沾一回光，咱们四个多久没聚了？"

甄志勇合计了下，"有日子了，上次喝酒还是过年那会儿呢。"

"今天老婆大人们通情达理，我们赶上好时候了。"梅成功的老爸扯着嗓子喊，生怕隔壁听不到。

一旁的涂蕾连忙碰了他一下，小声道："叫你别喝那么多，少说两句。"

看到这一幕，大家哄笑起来。

梅成功老爸看着坐在对面哈哈大笑的诸葛林，开口道："四兄弟就你老小子鬼点子多，生的都和我们不一样。"

这下子，笑声更大了。

诸葛林佯装严肃，"这你可说得不对，研究发现生男生女在女人。"

涂蕾看着三元，嘴上说："女儿好，看三元长得多好看，学习还好。"转过头看了一眼儿子，然后就没然后了。

柳青青说："培养好了都好，成功这几个孩子以后都差不了的。"

"不早了，该回去了吧？"贾明的妈妈童蕾问道。

甄志勇立马上前塞给她一把瓜子，热情道："这才几点，刚开始呢，都别急着走。"

四个妈妈相互看了一眼，"得，看样子今天的龙门阵小不了。"

贾明悄声问他爸："是不是喝醉了？"

"酒是粮食精，越喝越年轻。酒是粮食做，不喝有罪过。"

"瞧你爸这一套一套的。"童蕾笑着直摇头。

"老贾说得对，男人不喝酒，枉在世上走。酒肉穿肠过，朋友心中留。"

涂蕾对儿子说："瞧见没，眼见着成了顺口溜大会了。"

"妈，你别说，老爸还挺有才的，刚才这两句挺有水平的。"

"得了吧，不定是哪次在外边喝酒听回来这么一耳朵的。"

"林子，这里数你墨水喝得多，给咱们长长见识呗。"

"甄哥这个提议好！"童蕾赞成道。

其他人也纷纷支持。趁着这个机会，童蕾和涂蕾悄悄给贾、梅二人各递了一杯热茶。

"既然志勇点将了，那我就要要嘴皮子，也省得孩子们净看我们笑话了。"略加思索，便有了主意，"今天因酒相聚，因酒而欢，那就讲讲酒里面的门道吧。"

"葡萄美酒夜光杯，欲饮琵琶马上催。""天若不爱酒，酒星不在天。地若不爱酒，地应无酒泉。""酒逢知己千杯少"……字里行间无不透露出人们对酒的偏好与赞美，通过吟诵这些诗词便能从中"闻到"酒味，找到酒缘，抒发酒兴。

我国酒文化历史悠久，博大精深，有着极为丰富的内涵和外延，沉淀着我国劳动人民和文人墨客的汗水与智慧。我国既是饮酒大国，也是产酒大国，酿酒文化底蕴深厚，酿造工艺源远流长。先人们以其超卓的智慧和闻名于世的勤劳铸就了中华特有的酿酒之术，堪称神技！如今世人们还能够从不少典籍中找到关于酿酒技术和经验的记载，诸如北魏时期的《齐民要术》（贾思勰著）、宋代的《北山酒经》（朱肱著），以及明代的《天工开物》（宋应星著）等。

远古时期，野生水果表面附着的酵母菌在温湿度适宜的条件下分解水果中的糖分，产生酒精，形成最为原始的自然酒。人们发现、饮用后，进行模仿，开始人工酿造。其中，酵母菌是人们通常所说酒曲中微生物的一种。酒曲实际上是酒的发酵剂，把炒熟或煮熟的谷物放置一段时间，谷物表面就会长出微生物。曲法酿酒可谓华夏人民的独特创造，也有"中国古代第五大发明"之说。我国有着悠久的制曲酿酒史，早在先秦时期便有记载。《尚书·说命》中记载有："若作酒醴（lǐ），尔惟曲蘖。"此外，还有"酒醴须曲蘖以成"的说法，认为造酒必须用曲，而制醴离不开蘖。至于后世为何只有酒而没有醴？宋应星认为"古来曲造酒，蘖造醴，后世厌醴味薄，遂至失传，则并蘖法亦亡"。即以蘖酿造出的醴酒滋味淡薄，人们不喜欢。而失去了群众基础，醴的失传也就在所难免了。

酒曲作为糖化剂、发酵剂和生香剂，在酿造过程中起着至关重要的作用，更有"美酒必备佳曲"一说。因标准不同，酒曲分类略显复杂。例如，按照制曲原料可分为以小麦为主的麦曲和以稻米为主的米曲，按照原料是否熟化可分为生麦曲和熟麦曲，按照添加物的不同可分为加中草药的药曲和加豆类原料的豆曲，按照曲的形态可分为大曲、小曲（饼曲）和散曲，按照曲中微生物的来源可分为传统酒曲（天然微生物接种）和纯种酒曲（如米曲霉接种的米曲和根霉菌接种的根霉曲）。无论酒曲如何分类，其中都包含有微生物（主要为霉菌、酵母菌和细菌）。制曲过程中，霉菌主要起糖化作用，包括曲霉属、根霉属、毛霉属等；酵母菌能够产生乙醇，包括酿酒酵母（*Saccharomyces cerevisiae*）和产酯酵母；细菌主要起生香作用，包括枯草芽孢杆菌（*Bacillus subtilis*），以及乳酸杆菌和醋酸杆菌属细菌等。不同酒曲中微生物种类各异，成就了丰富的滋味。

一定程度上，可以说酒曲发展史是中华民族酿酒史的缩影。先秦时期（旧石器时期—公元前221年）的酒曲均为散曲，进入汉代以后逐渐出现了饼曲，而汉至北魏时期酒曲制造工艺的最大特点便是完成了由散曲到饼曲的转变，酒曲种类呈现多样化。同散曲相比，饼曲的制作技术更为复杂，需要消耗更多的人力物力。然而，饼曲的优势在于具备更强的糖化发酵能力（源自其中的微生物）。饼曲中的微生物生长习性各异，如霉菌主要生长在饼曲的表面，而酵母菌则生长在内部，这也解释了为何饼曲能够更大幅度地提高酒精度（饼曲中酵母菌的数量高于散曲）。东汉（公元25—220年）的《四民月令》中记载了饼曲制作的两阶段过程：第一阶段为散曲制作，第二阶段是在散曲的基础上制作块曲（汉代的块曲为手工捏制的饼曲）。《齐民要术》中更是记载了多种酒曲，包括颐曲、三斛麦曲、白醪曲、河东神曲、大州白堕曲、秦州春酒曲，以及神曲等。这一时期酒曲的制作工艺基本成熟，对过程中涉及的温度、原料和管理等均有了明确要求，酒曲质量可靠。到了唐宋时期，酒曲制作工艺完全成熟，并且融入了人工接种技术，更好地维持了酒的品质与风味。此外，中草药被广泛用于酒曲制作之中。中草药能够促进酒曲中有益微生物的生长，抑制杂菌，增加酒的风味，益处良多。由传统麦曲分化而来的大曲，在元明清时期实现了快速发展。相较主要用于黄酒酿造的麦曲，大曲主要用于酿造蒸馏酒，而为了方便曲块的叠放、搬运和散热，大曲多被制成砖块状。如今，我国以酒曲酿造的蒸馏酒（白酒）呈现多种类型，如浓香型（以泸州老窖和五粮液为代表）、酱香型（以茅台酒为代表）、清香型（以青稞酒和山西汾酒为代表），以及兼香型（以口子酒为代表）等。

　　制曲酿酒作为独特的酿造技艺，是中华文明的瑰宝与见证，而继承和弘扬优秀酒文化，则是当代人的责任和义务。

"咋样，说得没错吧，这小子肚里的弯弯绕就是多。"梅成功老爸夸赞道。

"老爸，你这是夸人还是损人呢？"

"嘿，瞧你这书读的，用现在的流行语来说就是'读了个寂寞'，好赖话都分不清楚。"

涂蕾来了脾气："要耍酒疯回家耍去，别在孩子们面前现眼。"

甄志勇立刻走了过来，续了杯水，转身对大家说："喝过酒的再喝点水，其他人也别闲着，瓜子水果吃起来。"

贾连成这时候开口了，"白酒确实有文化，其他酒呢？就拿我们四个来说，每次我和老梅都是喝白的，林子和志勇干黄的。这黄酒是不是也是蝎子的屁屁啊？"

贾明连忙问童蕾："老爸今晚喝了多少？聊得好好的，怎么说起蝎子拉屎来了？"

童蕾白了儿子一眼，开口道："这文化水平遗传的，蝎子拉屎是歇后语，独（毒）一份儿。"

"老爸比我有文化！"贾明反倒夸了起来。

贾连成一把拉过贾明，对着脸蛋子就是一口，"嘿，这才是我的好儿子。"

众人闻听哈哈大笑，乐得前仰后合。

"别说，连成说得对，黄酒还真是我们中华民族特有的佳酿呢。"于是，诸葛林又开始为众人介绍起了黄酒。

　　黄酒是以稻米、黍米、小米、玉米、小麦、水等为主要原料，经过加曲和（或）部分酶制剂、酵母等糖化发酵剂酿造而成的发酵酒。黄酒作为世界上最为古老的酒种之一，为中华所创。关于黄酒的起源众说纷纭，有人认为是仪狄所创，也有认为是杜康酿造的。此外，还有自然而成的说法。其中，最为业界所认可的是由西晋（公元 265—316 年）江统提出的自然发酵学说。江统所著《酒诰》中记载有："酒之所兴，肇（zhào）自上皇，或云仪狄，又云杜康。有饭不尽，委余空桑，郁积成味，久蓄气芳，本出于此，不由奇方。"他认为黄酒源自剩饭发酵。这一观点，既符合生活实际，又具备科学道理，颇具说服力。有关黄酒的文字记载始现于春秋句践时期，《国语·越语（上篇）》中记载有："生丈夫，二壶酒，一犬；生女子，二壶酒，一豚。"秦代吕不韦主持编撰的《吕氏春秋》中所载"越王苦会稽之耻，欲深得民心……有酒流之江，与民同之"也可为印证。由此可知，黄酒仅文字记载史便约有两千五百年。

欲酿造上等黄酒，天时地利人和缺一不可。天时是指当地的自然气候和地理环境要适宜微生物发酵和风味形成；地利是指原料特别是水的品质要好；人和则是指酿造工艺需代代相传，日臻完善。我国黄酒品种多、产地广，知名的有绍兴酒（又称绍兴黄酒，绍兴老酒）、丹阳封缸酒、福建老酒、广东珍珠红酒、梅县客家娘酒、嘉禾倒缸酒、汉中黄关黄酒、鹤壁双黄酒和即墨老酒等。其中，知名度最高，最能够反映黄酒特色的当数绍兴酒。绍兴酒定名于宋代。宋高宗赵构时期，绍兴酒成了贡品。到了明清时期，绍兴酒发展进入快车道，品种繁多，口碑甚佳。清《调鼎集》便有"求其味甘、色清、气香、力醇之上品，惟陈绍兴酒为第一"的记载。依照推荐性国家标准《黄酒》（GB/T 13662－2018），黄酒又可按产品风格分为传统型黄酒、清爽型黄酒和特型黄酒，或按总糖含量（以葡萄糖计）分为干黄酒（每升小于等于 15.0 克）、半干黄酒（每升15.1—40.0克）、半甜黄酒（每升40.1—100.0克）和甜黄酒（每升大于100.0克）。

黄酒的传统酿造工艺流程为：浸米→蒸饭→晾饭（吹冷）→落缸发酵→开耙→坛发酵→煎酒→包装。

不同种类黄酒的酿造工艺各具特色，以绍兴酒为例，其酿造工艺为：农历七月制酒药，八、九月制麦曲，小雪做酒娘（淋饭酒母，用作发酵剂），大雪前后投料开酿；用独特的复式发酵工艺发酵90余天，翌年立春开始压榨、煎酒；然后泥封，贮藏三年以上方可上市。

黄酒营养丰富，富含镁、钙、磷、钾等常量元素[①]、硒、锌、铜、铁等微量元素，以及20多种氨基酸。以成人所必需的8种氨基酸为例，其含量约为每升2.5克，约10倍于葡萄酒和啤酒，故有"液体蛋糕"之美誉。常饮黄酒有助于抗衰老、增进食欲、舒筋活血、消解疲乏、保护心脏、提高免疫力。

饮用黄酒需得法，要细酌慢品，寒冬时节以温烫为宜，酷暑时节则最适合冰镇。下酒菜也有讲究，以回味悠长并且耐咀嚼者为佳，诸如茴香豆、五香豆腐干和盐水花生等都在其列。此外，"持螯把酒"也是一大快事。黄酒性温，螃蟹性寒，二者搭配，温寒相抵，滋味独具。闲来邀约三两知己，品尝四五小菜，细酌佳酿至微醺，当真妙不可言。

黄酒作为有着悠久酿造历史和文化背景的酒种，是当之无愧的瑰宝，是中华民族为世界做出的杰出贡献。人们

---

① 常量元素：构成有机体的必备元素，在有机体内所占比例较大，一般占体重的0.01%以上。

应当继往开来，传承酿造技艺，弘扬黄酒文化。

听到这里，甄志勇立马对妻子说："听见没有，下次再要是阻碍我们弘扬酒文化，可别怪我翻脸哟。"

李娟听了直摇头。

"林子，突然想起个事儿，向你请教一下。每次喝老酒时看见的那些个沉淀是什么玩意儿，能不能喝？"

诸葛林想了一下，"黄酒是允许底部有少量沉淀物的。你想，黄酒以纯粮为酿造原料，有点沉淀不碍事，对身体没有害处。"

"有你这话我就放心了。"

……

一群人又聊了半个多钟头，才各自开车回家，清一色的女司机。临走时，三元还特意凑到李娟旁边，小声地叮嘱："阿姨，小狗帮我看好了，断了奶我就来拿。"

增长的极限与无极限的增长

一

"妈妈，老爸呢？"

"先吃早饭吧，他还在上面睡觉呢。昨晚单位发来篇文章，说是今天要推送出去，半夜加班改稿子了。"

"好的。"三元看了一眼早餐，还是老样子。

出于好奇，今天她没有选择肉蛋奶的搭配，而是选了小咸菜、油饼配稀饭。一会儿，柳青青端着个碗也坐了下来。

"咦，今天怎么改吃你爸这口了？"

"平时看他吃得挺香，我也体验一把。"

"怎么样？不行跟我换。"说罢，柳青青把碗口斜了一下。

"喝黑米粥呢，甜的还是咸的？"

"咸的喝不惯，换不换？"

"不换，吃着还行。"

"甭说，咸菜稀饭配配是开胃的。没胃口的时候，吃这些准没错，就是营养有限。"

"既然没营养，老爸怎么还一直吃呢？"

"用他的话来说就是'有小时候的味道'，念旧吧。"柳青青感慨道，又对三元说，"去把电视打开，听听新闻。"

结果看到的是财经频道的结束字幕。

柳青青抬头看了一眼挂钟，"难怪呢，马上九点半了。"

"你想看什么？"

"随便吧，你要是也没想法就等着看国际新闻吧。"

娘俩吃着饭，很快被一则新闻吸引住了。原来，某国举行了一场大型辩论会，正反双方各执己见，谁都没有驳倒对方。最后，太过激烈，双方动起手来，还打伤了好几个。

柳青青笑着点评："老外是有点意思啊，辩着辩着打起来了，什么绅士风度，都是说说的。"

三元夹了一筷子咸菜，附和道："就是，我还看见一个男的追打对面的女辩手呢。"

"真的？大男人竟然还能对女人动手。"柳青青满脸嫌弃道，接着问女儿，"辩论的题目是什么？"

"增长的极限 VS 无极限的增长。"

"奇怪的名字，双方的观点都是什么呢？"

"合着你没留意呀，什么都不知道。"

柳青青解嘲道："不敏感，要是换成全球财经要闻那就不一样了。"

"平时你还笑我爸，其实你俩一个模子里出来的。"

"不是一家人，不进一家门嘛。"柳青青很是得意。

"'增长的极限'是正方，认为各种资源都是有限的，因而社会发展到一定程度必然会遇到瓶颈，停滞不前。"

"嗯，有道理。那反方呢？"

"反方的观点是'无极限的增长'，认为资源是人创造和加工出来的，并不是社会发展的决定性因素，发展极限是永远不可能出现的。"

"别说，反方说得也对呀。"

"墙头草。"

"嘿，你个小屁蛋，怎么说话的。"

"总共就正反两方，这个也对，那个也有道理，不是两面派是什么？"

柳青青一时无语，无法反驳。

"老妈，我不吃了。"三元把碗往前一推。

见里面还剩一点儿，柳青青接了过来，两下扒拉干净，借机教训道："道理都懂，就是不照着做。"

三元自知理亏，转移话题道："要不咱俩来辩，我正方，你反方。"

"好呀，想当年我还是学院辩论队的呢，有请对方辩友陈述观点。"说罢，做了一个请的手势。

三元装模作样起来，"任何资源都不是无限的，因而到了一定的阶段，资源必定会制约人类社会的发展。"为了增加气势和说服力，最后还加了一句"这是毋庸置疑的"。

"是否正确不能偏听偏信，道越论越清，理越辩越明。我方不同意正方观点，资源是人开采和创造出来的，只要有人在，只要能够持续创新，对方辩友所描述的情况永远不会发生。否则，我们现在强调创新还有什么意义，不如躺平算了。"

不得不说，柳青青在气场和条理性方面占据了上风。三元连忙起身展开反击，"对方辩友太过乐观了，放眼四海，生态环境破坏和粮食危机等不时上演。这既是一个个的例证，更是一个个的教训！"

"对方辩友不要激动，先请坐下。"柳青青从容地整理着思绪，很快便开始了新一轮的进攻，"你说的情况恰恰证明了我方的观点，环境破坏和遭遇饥荒是科技不够进步的体现，而且多数发生在贫困国家和地区。与之相对，发达国家特别是引领全球科技进步的主流科技强国上述问题并未出现，或是非常有限。感谢对方辩友的无私，谢谢喽。"

三元有了些火气，"谢什么谢，不要自作多情。正如刚才所说的，发达国家也不是没有问题，你能举出一个一点问题都没有的国家来吗？"

"你这是蛮不讲理，鸡蛋里挑骨头，怎么跟妈妈说话的？"

……

二

"一大清早的，你俩怎么还吵上了？"诸葛林摸着光头从楼梯上晃了下来。

母女二人谁都不说话，气氛有些紧张。

诸葛林见餐桌上只剩下了一碗牛奶和一个煎鸡蛋，开口问："哟，谁把我的那一份给吃了？"

"问你丫头。"

三元回了一句："你不也吃了嘛？"

"我那是打扫剩饭。"

诸葛林冲着三元使了个眼色，对妻子说："青青，刚才你俩在讨论什么呀？"

柳青青什么也没说，脸一扭，去厨房了。

趁着老爸吃早饭的工夫，三元把刚才发生的事情原原本本地复述了一遍。

"怎么能跟妈妈那样说话呢，不像话，没有下次了哦。"

三元扁了扁嘴，点了点头。

"老婆，三元知道错了，你就别和她一般见识了。"

柳青青走了过来，火气未消地说："什么破辩论，没劲。"

见妻子没再说女儿，诸葛林连忙道："辩论题目嘛，就是让双方都能够看到战胜对手的希望，这样才能你咬我一口，我咬你一口，斗上个没完。要是两句就完事儿了，那多没意思呀。"

"呸，你才左一口右一口地咬呢。"

"老爸，刚才的这两个观点你觉得怎么样？"

诸葛林擦了一下嘴，示意母女二人先坐下来，"要不听听我的见解？"

"坐都坐下了，你就说吧。"

"这两个观点都是有来头的，先说第一个。'增长的极限'本是一份研究报告的名字，是以米都斯（Dennis L. Meadows）为首的研究小组接受罗马俱乐部的委托后，撰写出来的。《增长的极限》是用来说明环境的重要性，以及资源与人口之间关系的。"

"罗马俱乐部？好奇怪的名字。"三元不解地问道。

诸葛林解释道："罗马俱乐部是一个国际性的民间学术团体，它的成员会关注、探讨和研究一些全球性问题，使国际社会对人类困境能够产生更为深入的理解，并提出扭转不利局面的新态度、新政策和新制度。"

"人类在哪些方面的困境呢？"柳青青问道。

"主要是在经济和生态环境方面吧。"

柳青青打趣道："刚听名字，我还以为是一家体育俱乐部呢。"

"哈哈，《增长的极限》认为由于人口增长、粮食生产、工业发展、资源消耗和环境污染这五项基本因子的运行方式是呈'指数级增长'[①]而非线性增长，全球发展会因粮食短缺和环境破坏在未来的某一个时间点达到极限，而想要避免超越地球资源极限而导致世界崩溃的最好方法就是限制增长。"

信息量有些大，母女二人陷入了思考。

"三元，刚才你是这一方的拥趸吧？"

---

① 当一个量在既定时间内，其百分比增长为常量时，所呈现的便是"指数级增长"。

"辩论嘛，总要两军对垒的。"三元嘟囔道。

"呵呵，看样子你已经想到不可取的地方了。来，怎么想的就怎么说。"诸葛林鼓励道。

"就是感觉他们有点悲观，觉得要么是遇到瓶颈，要么选择放弃增长。"

"不错，说得好。那其中有没有可取之处呢？"

三元想了想，摇了摇头。

"那还是我来说吧，他们认为应当'持久地均衡发展'，而这为后来可持续发展理论的提出进行了铺垫。"

诸葛林把脸转向妻子，"现在轮到'无极限的增长'了。这一派的支持者比较乐观，他们一改《增长的极限》中的悲观，认为新技术、新方法和新资源的创立和发现将缓解或是从根本上解决人类现阶段面临的各种窘境，从而为人们带来了希望和动力。举个例子，都知道石油迟早要用光，乐天派的人们就认为没必要杞人忧天，没有汽油可以用电，核能和太阳能都是取用不尽的。真要是什么资源都快枯竭了，那就不做地球人了，全体移民。"

柳青青这时开口了："就是，苦也是一天，乐也是一天，当然怎么开心怎么过了。再说了，这些问题就不该老百姓去想，不然要你们这些'聪明绝顶'的科研人员干啥？"

"青青，以后不要再拿我的发型开玩笑了。"某人抗议道。

"他们也太乐观了吧，万一半道能量用光了，咋办？"三元担忧道。

"除了地球，一定还有别的星球适合人类居住吗？"诸葛林反问，"万一相距个几百万光年，还没到达就全部嗝儿屁了。"

"会不会遇到邪恶的外星人，抓我们地球人当奴隶呀？"三元开启胡思乱想模式。

"好了，好了，别再说了，一身的鸡皮疙瘩，你们这两个大小不良。"柳青青连忙叫停。

诸葛林看看玩笑开得差不多了，正色道："乐观是可取的，但是过于乐观就有问题了。他们过于乐观地认为永远都不会遇到瓶颈，对技术方法创新和资源发掘所面临的困难预料不足。"

"三元，你听出什么味道没有？"柳青青问道。

"什么味道？"

"你老爹和稀泥，各打了咱俩五十大板。"说罢，走到诸葛林身后，准备动用"满清十大酷刑"。

诸葛林连忙起身闪躲，嘴上还不停地求饶："夫人使不得，使不得呀。"

三元看着这一幕，乐不可支，帮忙围堵起老爸来。

三

三人嬉闹了一会儿，柳青青各递给一个苹果，开口道："老外是有点意思，个子嘛一个个大大的，怎么整天净考虑些这样的问题，有的没的。"

"我的感觉正好和你相反，这正是需要我们学习的地方。"

"哦，说说看。"

诸葛林问："还记得给咱家装修的李师傅吗？"

"记得，做木工活的，手艺不错。"

"有一次就我和他在房子里，干活休息时两个人聊天。我看到买五金时送的壁纸刀生锈了就说'这才用了多久就不顶事了'。李师傅笑了笑，接过话茬，'送的玩意儿不能当真家伙使的，刀片比较脆，裁不了几张就崩口了'。"

"是呀，之前怎么没听你说过？"

"装修那会儿你就是个甩手掌柜的，全都是我跑进跑出，不记得了？"诸葛林反问，接着又说，"然后他从口袋里掏出了另一把壁纸刀，我看了一眼，上面写的是日文。"

"他还有日本货呢？"

"嗯，他说是之前一个工友送的，非常好用，刀片既锋利还耐用，用了小十年了。"

"差别听上去有些大呀。"三元听出了问题。

"是呀，别小看一把壁纸刀，这可是'科技的结晶'。"

"科技的结晶？说得有点玄乎了哦。"柳青青不以为然道。

"既要锋利又要耐用，这里面可是有学问的，显然日本人在这方面走在了我们的前面。这还只是制造业的冰山一角，你想想身边朋友们用的家电和数码产品，有多少是国货？特别是数码相机，几乎清一色的日本牌。"

"嗯，还真是这么回事。"

诸葛林点了点头，语重心长地说："社会科学同材料科学一样，都是由许许多多的小问题组成的，解决一个就进步一点。别看下的是笨功夫，一时半会儿难见成效，但是时间长了功力和差距就都显露出来了。"

三元插话道："这不和盖房子打地基一样吗，地基在下面看不见，但是地基打不好，上面的房子质量准堪忧，对吧？"

"嗯，说到点子上了。"诸葛林夸赞道。

柳青青赶紧问道："那可怎么办呀？"

"怎么办？一点点办喽。大家又不是同一条起跑线上开始的，有前有后很正常。以日本新干线为例，1964年就通车运营了，比我们的高铁早了41年呢。只要我们认清差距、补短板，会慢慢追上的。"

"光追上不行，还要超过去。"三元鼓劲儿道。

"有志向是好的，但要落到实处，路漫漫其修远兮。"

"嗯，做好本职工作吧。就像咱家，小的用功学习，老公努力科研，我做好饭、搞好卫生，日子准保越过越红火。"

"三元，瞧见没，你妈讲话水平见长啊。"

"哪里，还不是熏陶出来的，你是真的'腹有诗书气自华'。"

三元摇摇头，"又来了，就不能谦虚点儿，还互相吹捧上了。"

……

有利家庭凝聚力建设的即便是"相互吹捧"，又有何妨？多多益善！

无巴斯德，不葡萄酒

一

饭桌上，三元和老爸聊着天，柳青青还在吃饭。之所以几乎每次都是柳青青最后才吃完，是因为她开始得最迟。好多次诸葛林提出等她收拾好厨房再一起吃饭，都被她委婉拒绝了。用她的话来说就是"喜欢看着一大一小埋头吃饭的样子，觉得特别有成就感，特别地幸福"。同诸葛林一样，她也有点小癖好。

"老爸，平时怎么不见你喝酒？"

柳青青咽了一下嘴，不悦道："屋子里一股酒味很好闻吗？吐了，卫生你来搞？"

三元吐了下舌头，嘴上不服软："喝酒又不是一定要喝醉，控制好数量不就好了。我们每次在甄伯伯家吃饭，他都要喝上两碗的。"

眼见气氛不对，诸葛林连忙打起圆场来："其实我不喜欢喝酒的，就是偶尔高兴的时候喝点小酒助助兴。"

柳青青喝了两口汤，开口道："你爸他们四个，就他没有酒瘾。另外三家的姐妹经常跟我诉苦：谁半夜才回家，一身的酒气，谁昨晚把浴室吐了一地，那个味道别提多恶心了，下次谁再约他喝酒，我家的卫生就由他负责……（此处省略一千个字）"

诸葛林表情不自然地说："夸张了吧。"

"夸张？！当时你是不在场，她们那一个个的表情。三元，有个成语形容滔滔不绝地控诉怎么说的来着？"

"呃——，是罄竹难书吗？"

"对，就是这个！"

"唉，志勇是不经劝，连成他俩是业务上的需要，应酬嘛。"诸葛林颇为无奈道。

"刚才也不知道是谁，真跟不知道一样。"柳青青毫不留情地讽刺某人装蒜。

"行了，等有机会我劝劝他们，那种喝法伤身体。"

"还影响别人休息，不利家庭团结。"三元又给加了两条。

诸葛林看了看女儿，点了点头，没再言语。

二

刚才还热闹的饭桌一下子冷了场，柳青青重新挑起话题，"她爸，红酒和你的微生物有没有关系？"

"当然有了，而且关系极大！"柳青青成功地打开了某人的话匣子。

"巴斯德听过没？要不是他，今天人们想要喝葡萄酒，那花费必定不小。"

"呃——这个名字真没听过，讲讲吧。"

于是，诸葛林讲起了巴斯德、微生物和葡萄酒之间的故事。

法国作为世界上最大的葡萄酒出口国，约占国际市场的三成份额。在许多人的心目中，葡萄酒更是法国的又一代名词。然而，有多少人知道作为世界上最负盛名且历史悠久的葡萄酒产地，法国曾在 1856 年遭受过一场无妄之灾，葡萄酿酒业近乎毁灭。

葡萄酒越陈味道就越发醇美，但在贮藏过程中腐败变酸的情况时有发生。另外，葡萄汁的发酵程度也难以掌控，想要酿出优质味美的葡萄酒，经验和运气同等重要。1856 年，很多法国酒坊的葡萄酒出现了一两天内全部酸坏的情况。在蒙受巨大经济损失的同时，业主们饱受困扰和折磨。葡萄酒酸化问题使得整个法国酿酒业奄奄一息，国民经济不堪其苦，甚至连皇帝拿破仑三世也为此寝食难安。为此，他诚邀路易斯·巴斯德出山，盼望他能够快速解决这一棘手问题。

　　路易斯·巴斯德（Louis Pasteur，1822—1895）对于现代微生物学的重要性，就如同牛顿对于现代物理学一样。巴斯德作为法国著名微生物学家和化学家，不仅创立了巴斯德杀菌法，还提出了蚕病、鸡瘟病、炭疽病和狂犬病的医疗对策。他的成果被广泛应用于工业和医学领域，被后世誉为"微生物学之父"。

　　巴斯德领命后，通过显微镜反复比较了酸化和未酸化的葡萄酒。结果发现，变酸的酒中存在大量微生物。于是，他很自然地将这些微生物同葡萄酒酸败联系起来。经过进一步的研究，他发现不同种类的微生物会对酒品产生不同的影响，而葡萄酒变酸实际上是由一种灰白色的杆状微生物作祟引发的，并将这一微生物称作乳酸杆菌。发现了问题的根源，接下来就要解决。然而，在当时的技术条件下，既要杀灭微生物又要保证酒的口感，谈何容易。巴斯德先后尝试了冷藏和冷冻方法，但均以失败告终。最后，他只能寄希望于高温灭菌。起初，他将葡萄酒倒入密封的容器内加热至沸腾，细菌是彻底杀死了，但葡萄酒的风味也发生了变化，难以入口。一时间，研究陷入了困境。

一天，一位朋友突然造访。巴斯德碍于情面放下了手头正在进行的试验。离开之前，他叮嘱助手琼斯："将酒加热后要仔细……"几个小时后，当巴斯德再次返回实验室时，发现给酒加热的火炉竟是熄灭的。原来，琼斯忘了给火炉添燃料。巴斯德很是无奈，但就在他准备重新加热之际，忽然闻到房间里有股前所未有的味道。随即，巴斯德仔细品尝了葡萄酒，发现这一没有彻底煮沸的葡萄酒竟然不苦涩，反倒是多出了一丝甜意。这一意外的发现令巴斯德欢呼雀跃，兴奋不已。接下来，通过又一波的不懈尝试和努力，巴斯德对比了不同加热温度对杀菌和酒品的影响。最终，明确加热至 55℃，保持 30 分钟是最为适宜的。在此条件下，不仅能够杀死造成葡萄酒酸化的细菌，还很好地保留了葡萄酒的风味，甜度也恰如其分，闻名于世的巴氏杀菌法就此诞生。后经改良，该法现广泛应用于啤酒和牛奶等液体的快速灭菌。

巴斯德完成了钦命，拯救了法国的葡萄酿酒业，使得人们今天能够尽情地享用这一佳酿。他的成功绝非偶然，坚定的信念支撑其挺过一次又一次的失败，克服了一个又一个的难题。他曾经说过："信念是一条绳子，维系周围所发生的事情，与内心的呼召构成和谐的关系。"我们应当谨记这一箴言，跨越时空与他共勉。

"没想到微生物之中也有调皮捣蛋分子。"柳青青开起玩笑来。

"都能为人类所用那是一厢情愿，微生物也是有好有坏的。同昆虫一样，这个好坏是从我们的角度来看的。"

"嗯，老爸说得对。要是蝗虫只吃杂草，那它就是益虫了。"

诸葛林点点头，"其实不光是葡萄酒，牛奶也和巴斯德有关系，巴氏奶和巴氏杀菌你们有没有听说过？"

"巴氏奶听过，巴氏杀菌没什么印象。"

趁柳青青说话的工夫，三元打开冰箱，拿出一桶牛奶来，发现桶身上真有"巴氏杀菌"。

诸葛林颇为得意，继续道："由于鲜牛奶中含有大量的细菌和病原菌，为了延长保鲜时间，在加工过程中十分重要的一环就是灭菌。通常来说，随着温度的提升，灭菌效果会更加彻底，但更多的蛋白质会因此而发生变性，营养成分降低和风味改变在所难免。目前，常用的鲜牛奶灭菌方法主要是巴氏杀菌法和超高温灭菌法。两种方法主要的区别在于加热温度和时长。一般说来，巴氏杀菌法属于低温灭菌，可以最大限度地保留牛奶的风味和营养，但由于灭菌不彻底，只能将微生物的数量降低到对消费者不构成危害的水平，运输和销售过程中需要低温保藏。超高温灭菌法可以杀死绝大部分的微生物，常温存放即可（保质期六到十二个月），但营养损失较大。"

"超高温灭菌法的温度有多高？"

"135℃至150℃，持续两到六秒钟。"

"哇，那可真是又高又快呀。那么，哪种方法更流行呢？"好奇宝宝继续发问。

"目前，发达国家普遍采用巴氏杀菌法。随着我国人民生活水平的日益提高，消费者对于牛奶品质的要求也在提升，而随着冷链物流①的日益发达，巴氏牛奶的配送范围必将扩大。"

"这吃吃喝喝之中也有微生物的学问哪。"柳青青感慨道。

此时，三元的脑子里却盘算着别的事情，"这次是葡萄酒，上次是白酒和黄酒，常喝的酒中就剩下啤酒了。"于是，便问起了老

---

① 冷链物流：根据物品特性，从生产到消费的过程中使物品始终处于保持其品质所需温度环境的实体流动过程。

爸："啤酒和微生物有关系吗？"

"这么说吧，只要和发酵相关，就要同微生物打交道。怎么，又想了解啤酒发酵了？"

三元点点头，柳青青这时吃好了，开口道："讲吧，听完再收拾。"

就这样，诸葛林又把脑袋中关于啤酒和微生物的知识翻了出来。

啤酒作为古老的酒精饮料之一，与茶、可可、咖啡一道并称世界四大饮料。现行国家标准（GB 4927-2008）对啤酒的定义是：以麦芽、水为主要原料，加啤酒花[①]，经酵母发酵酿制而成的、含有二氧化碳的、起泡的，低酒精度的发酵酒。啤酒营养丰富，含有多种氨基酸、维生素、低分子糖，以及无机盐等，易于被人体消化吸收，素有"液体面包"之称。

啤酒历史悠久，据考证，啤酒起源于两河流域（现今伊拉克，以及伊朗、科威特、叙利亚和土耳其的部分地区）和古埃及，后传入希腊等国。六千多年前，古苏美尔人开始以大麦芽为原料酿造原始啤酒。在我国，五千多年前也诞生了原始的啤酒——醴。然而，醴酒度数低，未能普及。原始啤酒没有使用啤酒花，不能算作真正的啤酒。另外，受酿造原料和工艺等的影响，原始啤酒的口味不尽相同。11世纪前后，酿酒人开始使用啤酒花（又称"酒花"）。1516年，德国的酒师们为了提高啤酒的酿造品质，创新、优化了酿造工艺，并颁布了《德国啤酒纯

[①] 啤酒花：蛇麻草（*Humulus lupulus* L.，又名蛇麻花、忽布、香蛇麻、酵母花，桑科大麻亚科葎草属多年生蔓性草质藤本植物）的球果状花穗。

酿法》（世界上最早的食品法之一），规定啤酒只可以用大麦、水、啤酒花和酵母（后增）为原料。

不同于白酒，啤酒的度数是指原麦汁的浓度。通常，啤酒的度数约为 7—12 度（柏拉图度[①]），酒精度约为 2.5%—5.2%（体积分数）。啤酒具有一定的热量，1 瓶（600 毫升）12 度啤酒的热量约为 250 千卡，相当于 3—4 个鸡蛋或 350 毫升全脂牛奶所含热量。消耗同等的热量，需要慢跑 30 分钟左右。

麦芽和水是酿造啤酒的主要原料，而谷物中又以大麦芽最为适宜，原因有四：（1）大麦发芽过程中，大分子物质淀粉糖化充分；（2）糖分高，可供酵母菌产乙醇；（3）蛋白质含量低，所得啤酒酒体清澈，不会产生如小麦啤酒般的絮状沉淀；（4）麸皮能够发挥过滤作用，使酒体呈现透亮的金黄色。

啤酒花作为啤酒的灵魂，是重要的酿造原料，具抑菌之效，能够增强啤酒的泡持性[②]，平衡麦芽汁的自然甜度，有利于酒体的澄清，并赋予啤酒以独特的香气和苦味特征。啤酒花成分复杂，包括苦味成分、精油、多酚、蛋白质、纤维素和氨基酸等。其中，苦味成分主要是 α-酸、β-酸和黄腐酚；精油为挥发性组分，多为萜烯类化合物；多酚类物质可以提高啤酒的抗氧化性，有利酒体稳定。作为最重要的成分，α-酸含量是衡量啤酒花品质的重要依据。在麦芽汁煮沸过程中，α-酸会异构化（改变化合物的结构而分子量不变的过程）为水溶性更强的异 α-酸，其

[①] 柏拉图度：原麦汁浓度的一种国际通用表示单位，表示 100 克麦芽汁中含有的浸出物克数。

[②] 泡持性：啤酒泡沫不破所能维持的时间长短，一定程度上可以体现啤酒的质量。

对啤酒的苦味贡献率约占八成。

　　啤酒的酿造离不开微生物的作用，但与白酒依靠丝状真菌、酵母菌和细菌发酵不同，啤酒发酵主要靠酵母菌。酵母菌是一种单细胞真菌，兼性厌氧（有氧或无氧条件下均能够生存），在食品行业中有着广泛的应用。啤酒发酵过程中，酵母菌可将麦芽汁中的糖转化为乙醇和多种风味物质（如挥发性酯类和有机酸等）。这些物质同上述啤酒花成分混合，相互作用，使得啤酒具有了特殊的香气和滋味。

　　啤酒种类繁多，可分为熟啤酒（Pasteurized beer，经过巴氏杀菌或瞬时高温灭菌的啤酒）、生啤酒（Draft beer，不经过巴氏杀菌或瞬时高温灭菌，而采用其他物理方法除菌，达到一定生物稳定性的啤酒）、鲜啤酒（Fresh beer，不经过巴氏杀菌或瞬时高温灭菌，成品中允许含有一定量的活酵母菌，达到一定生物稳定性的啤酒）和特种啤酒（Special beer，由于原辅材料和工艺的改变，而具有特殊风味的啤酒）。其中，特种啤酒又可分为干啤酒（Dry beer，实际发酵度[①]不低于72%，口味干爽的啤酒）、冰啤酒（Ice beer，经冰晶化[②]工艺处理，浊度小于等于0.8 EBC的啤酒）、低醇啤酒（Low-alcohol beer，酒精度为0.6%—2.5%的啤酒）、无醇啤酒（Non-alcohol beer，酒精度小于等于0.5%，原麦汁浓度大于等于3.0度的啤酒）、小麦啤酒（Wheat beer，以小麦芽和水为主要原料酿制）、浑浊啤酒（Turbid beer，在成品中含有一定量的酵母菌或特殊风味的胶体物质，浊度大于等于2.0 EBC的啤酒）和果蔬类啤

①　发酵度：是指啤酒发酵终了时被酵母菌消耗的糖占原麦汁中糖的比例。

②　冰晶化：Ice crystallization，将啤酒经过专用冷冻设备进行超冷冻处理，形成细小冰晶的再加工过程。

酒（Fruit and vegetable beer，包括果蔬汁型啤酒[①]和果蔬味型啤酒[②]）。此外，根据色度[③]可将啤酒分为淡色啤酒（2—14 EBC），浓色啤酒（15—40 EBC）和黑色啤酒（大于等于 41 EBC）。

　　另外，选酒也是一门学问，通常，优质啤酒原料只含麦芽、水、啤酒花和酵母菌。然而，优质啤酒成本高，消费趋于小众化。厂家为了降低生产成本、提高产品竞争力，往往在酿造过程中会使用一些替代品。比如，用玉米、大米、淀粉替代麦芽，用酒花制品（如酒花浸膏和酒花油等）替代啤酒花。因而，在挑选啤酒时，要特别留意原料表，优选原麦汁浓度高的啤酒。度数越高，品质越佳，口感往往也更好。

"这么多的专业名词啊，可是要好好消化一下。"三元感慨道。

柳青青温柔地说："老公，带着三元出去溜达溜达，我收拾好了就去找你们。"

诸葛林对三元说："别坐着了，数你屁股沉，帮着收拾碗筷。"

"啥呀？"

于是，两大一小摞碗的摞碗，端盘子的端盘子，井然有序地收拾起来。

······

"行了，剩下的交给我吧，一会儿咱们在镇子中央的广场会合，之前看那边晚上挺热闹的。"

诸葛林应了一声，带着三元出门了。

---

① 果蔬汁型啤酒：添加一定量的果蔬汁，具有果蔬特征性理化指标和风味的啤酒。

② 果蔬味型啤酒：添加少量食用香精，具有相应果蔬风味的啤酒。

③ 色度与浊度有区别，色度由可溶性物质决定，浊度则由不溶性物质决定。

酸酸甜甜好滋味

一

星期六一早，柳青青进到三元房间。

"嘿，还睡呢，早饭想吃什么？"

"今早不在家吃了，昨天我们约好今天去贾明家做兴趣小组的作业，早饭在他家吃。"

"那好，省事了。你们约的几点？"

"九点半。"三元懒洋洋地回答。

"那别睡了，已经九点了。"

三元立刻坐了起来，一边飞快地穿着衣服，一边埋怨道："那怎么不早点叫我，这个闹钟也是，关键的时候就哑巴了。"

"嘿，你这个孩子，昨天自己不说，闹钟估计也忘了上，今早反倒怪起别人来了。"柳青青不悦地说。

三元以冲刺般的速度穿戴好、洗漱好，拿起平板电脑就往楼下跑。

听到楼梯上"咚咚咚"的脚步声，诸葛林在楼下说："一大清早的，火急火燎的干什么？"

三元到了门口，换好鞋子，丢下一句"中饭不回来吃了"，就出门了。

柳青青这时也从楼上下来了，"他们四个今天要在贾明家做作业，你有什么安排没？"

诸葛林笑了，"最近刚上映一部搞笑片，我听同事们反映好笑得一塌糊涂，咱们去看吧？"

"嗯，听你的。"

"看完了电影就在附近吃个火锅，然后陪你逛逛街。"

柳青青的高兴溢于言表，夸赞道："老公，你真好——"

诸葛林起身搂住妻子的腰，"不过下午三点来钟我们就得回来，大表哥傍晚到咱家，还要辛苦你炒上几个菜。"

"这个简单，好几年没见大表哥了，晚上露一手，给你长长脸。"柳青青愉快地答应了。

二

三元来到贾明家的时候，发现甄士强和梅成功已经在吃早饭了，一旁贾明比画着什么，很是得意。

童蕾把三元迎了进来，"在这就跟自己家一样，不要拘束，快吃早饭去吧。"

三元"嗯"了一声，坐到了梅成功的旁边。

贾明非常热情地说："我爸是医生，我妈是律师，家里的早饭差不多一直都是这样，吃腻了。诸葛，想吃什么自己动手，千万不要客气。"

三元看了一眼餐桌，火腿肠、切好的比萨饼、牛奶、煎鸡蛋，还有蓝莓和草莓，很是丰盛。"我在家基本也吃这些，不过吃不腻，比萨给我一块。"

梅成功帮三元拿了一块比萨，嘴上开起贾明的玩笑来："平时看大明白经常吃路边摊，还以为他家里不弄早饭的，敢情是换换口味，体味下人间烟火啊。"

三元和甄士强笑了，不过没有发出响动。

贾明皱起眉头，"大哥，能不能给我留点面子？"然后叮嘱三人道："今天谁也不准再说'大明白'三个字，不然我可要翻脸的。"

三人笑眯眯地点着头，心里估计都在偷着乐。

三元虽然最后一个才吃，却要比梅成功吃得快。他的话很多，不知道的还以为他是东道主呢。

三元探着身子小声地说："透露一个消息，咱们小组第一次的兴趣作业得了 A$^+$，全班一共就两个 A$^+$ 哦。"

其余三人异口同声地说："太好了！"贾明还敲起了桌子。

童蕾从厨房走了过来，"吃着饭怎么还敲起桌子来了，小明，你干吗？"

三元离童蕾最近，解释道："阿姨，我们小组微生物课作业拿了全班第一，是贾明主笔的。"

"真的呀？！想不到我们家小明还有狗熊掀门帘的时候？"

贾明难为情道："妈，当着同学的面别叫小名，怪不好意思的。还有，这和狗熊有什么关系？"

这时候贾连成走了过来，"狗熊掀门帘——露一大脸呗。"

哈哈哈，一群人笑得东倒西歪，贾明的脸红透了。

"吃东西还堵不上你们的嘴，真是的。"贾明嘀咕着。

还是三元善解人意，赶忙转移话题，"第一是荣誉，但也是压力，不知道能保持多久。"

甄士强接过话，"是压力，更是动力。只要我们四个劲儿往一处使，就会有好结果的。"

三人点头称是。

"上次写的酱醋茶，这回选个什么主题呢？"梅成功思量着。

就在其他三人开动脑筋的时候，旁边传来了贾连成吸酸奶的声音。

童蕾见状批评道："孩子们都在，吃酸奶的动静就不能小点儿。"

梅成功看了一眼，"叔叔是大户人家，喝酸奶都不舔盖子的。"

"舔盖子是什么梗？"贾连成被突如其来的这句话整蒙了。

梅成功解释道："我妈说了，一般人吃这种盒装酸奶都会撕下盖子，然后舔上面的酸奶，只有'土豪'才不屑这样做的。"

"哈哈哈。"贾连成和童蕾都笑了，"就我还土豪呢，和你爸这个首富一比，工薪阶层都算不上了。"

甄士强突然有了主意，"要不我们这次的主题就写酸奶和微生物吧？"

于是，四人就这样愉快地决定了。

三

十一点刚过，第二次作业的初稿就拿了出来。贾明把资料打印好，交给梅成功念。

酸奶作为人们的食品，至少已有四千年的历史。早期的酸奶可能是先民们装在羊皮袋中的奶接触到了细菌自然发酵而得。两千多年前，希腊东北部和保加利亚地区的色雷斯人便已掌握了酸奶的制作技艺。尤素甫·哈斯·哈吉甫所著《福乐智慧》中记载土耳其人中世纪（约公元476—1453年）已在食用酸奶，并提及"*Yoğurt*"一词。欧洲关于酸奶的首次记载出自临床记录——法兰西国王弗朗索瓦一世（1494—1547）患痢疾，本国医生束手无策。奥斯曼帝国苏丹苏莱曼一世（1494—1566）派出一名医生后，宣称用酸奶治愈。20世纪，酸奶逐渐成为南亚、中亚、欧洲中部和东南部等地区的大众化食品。现在，酸奶多以牛奶为原料。经发酵，牛奶更利于人体吸收，而益生菌也会产生多种维生素。对因乳糖不耐受而无法享用牛奶的人们来说，酸奶可谓是理想的替代品。

酸奶制作工艺包括配料、预热、均质、灭菌、冷却、接种、灌装（适用凝固型酸奶）、发酵、冷却、搅拌（适用搅拌型酸奶）、后熟等工序。凝固型酸奶发酵在包装容器中进行，成品呈凝乳状。搅拌型酸奶是指将果粒等辅料与发酵酸奶混合，装入杯或其他容器中，再经后熟而得的酸奶制品。

酸奶可以分为四类。

（1）酸乳

以生牛（羊）乳或乳粉（注：乳粉不同于奶粉）为原料，经灭菌、接种嗜热链球菌和保加利亚乳杆菌发酵制得的产品。

（2）发酵乳

以生牛（羊）乳或乳粉为原料，经灭菌、发酵后制成的产品，无接种限定。

（3）风味酸乳

接种发酵后，添加其他成分，如食品添加剂、果蔬或谷物等。

（4）风味发酵乳

发酵后，添加其他成分，无接种限定。

"感觉如何？"梅成功不自信地问。

"起源、优点、制作工艺和种类都介绍到了，听上去还行。"甄士强点评道。

"从这些资料里我是学到了不少，感觉挺有趣的。"贾明发表着自己的观点。

三人一起看向尚未表态的三元，她似乎在琢磨。

梅成功打断道："诸葛，你在想什么，直说好了，我受得了。"说完还拍了胸口两下。

"其实和他俩说得也差不多，就是感觉稍微有些短。"

贾明附和道："对，诸葛这么一说我也有这种感觉了。"

三元继续道："有这样的感觉很正常，你们想想酱醋茶那次的篇幅，比这个可长多了。"

"但是，是否优秀不能单凭长短而论吧？不少优秀作品都是短小精悍的。"甄士强争辩道。

房间里一时陷入了安静，四个人都皱着眉头。

"怎么到我主笔就难产了，你们三个好好动下脑筋。"梅成功有点没底了。

贾明走了过去，拍了拍梅成功的肩膀，"这次你负责，主意还是你拿吧。"

梅成功犹豫再三，嗫嗫巴巴地说："长有长的好处，短有短的优势，我觉得能把问题说清楚就好。这样吧，大家看看换个思路行不行，我们做加法。"

三元问："怎么做？"

"就是围绕酸奶的主题，看看能否补充些其他知识。一定要相关的，不能让别人看上去有东拼西凑的感觉。"

"倒也是个办法，那就加加看。"甄士强表示同意。

三元发言道："酸奶除了营养丰富，里面还有许许多多的益生菌，要不先加些益生菌相关的内容？"

就这样，四个人又以"益生菌"为主题词，开始了第二轮的资料收集。

如果用显微镜观察人体，会发现微生物的数量大约是体细胞数量的十倍。其质量之和比大脑还要重，健康的人体实际上是一个包含有多种微生物的动态生态系统。

益生菌是一类对人体有益的活性微生物，其作用不可低估，更不可替代。1953年，德国细菌学家维尔纳·科尔拉斯（Werner Kollath）首次运用"益生菌"一词。"益生菌"源自拉丁文和希腊文，含义是"有益于生命"。目前，国内外使用最多的益生菌主要是乳杆菌和双歧杆菌。

益生菌作为定殖于体内、调节微生态平衡、对健康有诸多益处的活性微生物，非常重要。益生菌有利宿主免疫功能调节，能够通过抑制、减少或清除致病菌来维持菌群平衡，进而保持肠道健康，促进营养物质消化吸收，增强人体免疫力。诺贝尔奖得主俄国免疫学家伊利亚·梅契尼柯夫（Elie Metchnikoff，1845—1916）曾认为保加利亚农民之所以健康长寿，就是同他们长期饮用含有活性微生物的发酵牛奶有关。

益生菌关乎急性水样腹泻、肠易激综合征、乳糖吸收不良，以及乳糖不耐受等健康问题。至于其与减肥、美容养颜，以及结直肠癌防治等有无关联，尚无定论。目前，益生菌大致可以分为三类，包括：（1）乳杆菌类，如嗜酸乳杆菌和干酪乳杆菌；（2）双歧杆菌类，如长双歧杆菌和嗜热双歧杆菌；（3）革兰氏阳性球菌类，如乳球菌。此外，若干酵母菌也可算作益生菌。

值得注意的是，作为一个有机的整体，人体菌群结构应保持平衡，对益生菌的补充应当适度，不要过于依赖益生菌制剂，优选新鲜果蔬或酸奶、奶酪、腐乳和泡菜等发酵食品。否则会扰乱肠道环境，甚至产生脏器负荷过重等问题。

"感觉内容充实了不少，成功的这个法子行得通。"甄士强给出了自己的看法。

贾明笑了起来，"成功的法子当然是成功的啦。"

"咳，又调皮，我不是那个意思。"

梅成功压到贾明肩上，淡淡道："是不是想来点刺激的？"

贾明连忙求饶："别别，我就是想调节一下气氛。"

三元一脸嫌弃地说："干正事儿的时候就没影了。"

贾明挣脱开，争辩道："谁说我只会调皮捣蛋，能不能在文章的最后再加上几句小提示，这样更显实用性。"

梅成功打了个响指，点头道："这回算是说到点子上了。"

最后，在文章的末尾又多出个"温馨提示"。

温馨提示：

（1）酸奶的浓稠度与营养价值无直接关联；

（2）口感更佳的凝固型酸奶营养并不比搅拌型酸奶高；

（3）选购时，细看营养成分表，注意保质期，尽量购买大品牌产品。

敲门声响起，紧接着传来了贾连成的声音："弄好了没，要吃中饭喽。"

四人看了下时间，快十二点了。贾明带着甄士强和三元先出了房间，留下梅成功一人收拾残局。

四

梅成功出来时，看见一大三小正围坐在电视机前看乒乓球比赛，又朝餐桌方向望了一眼，发现只有餐具，还没上菜。于是大着胆子，对贾连成说："叔叔，有时间给我们指导一下吗？"

一大三小的目光一下子从电视机屏幕上转到了梅成功手上。在贾连成的印象中，这个侄子和他儿子差不多，都是学习成绩一般甚至不太好，整天就知道玩和耍宝的"小祖宗"。被他这么一问，感觉有点奇奇怪怪的。

见贾连成看起了资料，其他三人又跟没事儿人一样接着看比赛了。十分钟左右，贾连成把资料往茶几上一放，问道："这些就是你们上午的劳动成果？"

梅成功点点头，心里七上八下的。

"贾明也有份儿？"

贾明反问："我们小组的作业，你说有没有？"

"哦，看样子要对你刮目相看了。"

贾明得意道："怎么样，有意见尽管提。"

甄士强和三元也不看电视了，等着贾连成做出评价。

"别人不知道，我看了后是挺满意的，长知识了。"

四人的小脸顿时露出了笑容，气氛也趋于轻松。

三元开口道："叔叔，那您有什么意见和建议吗？"

贾连成环视一周，发现四人的表情都很认真，"从结构和内容上来看已经不错了，但是最后的提示部分略显短小，也比较空洞。大品牌的酸奶有哪些？是不是除了两三家大型企业之外，其他品牌的酸奶就不能买了？"

四人认真地听着，一副虚心受教的模样。

"食品问题不是小问题，前几年酸奶上面也是出过大问题的。'皮鞋酸奶'你们听说过没有？"

三元和梅成功点了点头。

"'皮鞋酸奶'一经曝光，好长一段时间消费者都不敢喝酸奶了，几乎所有的奶企都受到了不同程度的牵连，甚至一度还成为了国际笑话，丢人啊！"贾连成痛心疾首道。

贾明问："为什么会有这样的商家，他们的良心不会痛吗？"

"唉，光想着捞钱，眼就容易红。眼睛红了，心就黑了。"贾连成无奈道。

梅成功虚心请教："那应该怎样改进呢？"

"能不能把市面上比较常见的酸奶品牌和各自的拳头产品展开来说一说？这样修改后就不仅仅是一份作业了，还可以充当购物指南，你们觉得怎么样？"

好的建议当然要采纳了，梅成功立刻拿起平板电脑，开始了修改。

老爸提得有水平，贾明脸上也有光，学着童蕾的口吻褒奖道："老贾同志说得很好嘛，必须表扬。"

贾连成佯装生气，"小兔崽子，没大没小的，别蹬鼻子上脸。"

甄士强和梅成功笑出了声，三元比较含蓄，抿着嘴不住地摇头。

这时，童蕾探出半个身子，"可以吃饭了，连成、贾明过来端菜。"

闪亮的银器

一

贾明端着一盘子土豆泥样的沙拉来到了餐桌旁，一边往每个人的盘子里舀沙拉，一边招呼着三人。三人略显拘谨地坐下后，你看看我，我看看你，最后全部看起餐具来了。

贾连成端着另一大盘子沙拉走了过来。三人往盘子里瞧，水果蔬菜沙拉，有黄瓜片、黄桃丁、草莓丁、冰草，以及其他一些蔬菜，五颜六色的很是好看。

"你们先吃土豆泥，吃完再来些水果蔬菜沙拉。"贾连成热情地招呼孩子们动手，往自己碗里也盛了满满一勺的土豆泥，显然他喜欢这口。

相较于贾明，三元三人吃得比较斯文，时不时还相互看看。十分钟左右，三人才开始尝试另一种沙拉。贾连成见三元和梅成功的盘子里还剩了一些土豆泥，皱了皱眉头，对贾明说："小明，别只顾自己吃，招呼好你的朋友。"

贾明擦了一下嘴上的沙拉酱，拿起沙拉盘问道："再来点吧，味道挺不错的。"

三元和梅成功用手指了指各自盘中剩余的土豆泥，意思不用再添了。

贾明满满地舀了一勺，边往甄士强盘子里盛，边说："爱吃就多吃点，到我家别客气。"

甄士强不着痕迹地皱了皱眉头，然后朝三元和梅成功苦笑一下。

又过了五分钟，除了贾家父子，其余三人都停了下来。

这时，童蕾端着一盆刚炸好的薯条走了过来，对儿子说："去拿番茄酱。"

贾连成站起身来，说道："我来。"然后，给妻子使了个眼色。

二人进了厨房后，童蕾小声问："怎么了？"

"薯条之后是什么？"

"培根和煎蛋。"

"直接弄牛扒吧。"

"为啥？"

"三个孩子对沙拉不感冒，培根和煎蛋估计也差不多，直接上主菜吧。"

童蕾有些泄气，嘴上应道："哦，那好吧。"

贾连成拿着番茄酱再次回到餐桌时，发现气氛比先前热闹了不少，四个孩子一边往嘴里塞着薯条，一边聊着刚才的乒乓球比赛。看样子，薯条远比沙拉受欢迎。

贾连成问道："你们三个鬼灵精，是不是吃不惯沙拉呀？"

"嘿嘿，我还行，沙拉平时吃得比较少。"甄士强率先表态。

三元接着说："水果蔬菜沙拉我更喜欢，土豆泥有那么一点儿腻。"

"沙拉是开胃的，我留着肚皮吃后面的大菜呢。"梅成功也找了个理由。

贾连成笑了，"你们呀，还挺委婉的。"

贾明双手一摊，"昨天跟你和我妈说西餐同学们不一定吃得惯，这下信了吧？"

三元赶紧往餐盘里盛了一勺水果蔬菜沙拉，"没啥不习惯的，平时吃得少，挺新鲜的，颜色也好看。"

"对，搭配着吃更健康。"梅成功附和着。

甄士强看了看盘子中还没吃完的沙拉，拿起叉子又挑了两口。

贾连成略显尴尬地说："那咱们先吃薯条，聊聊天，一会儿牛扒就好了。"

三人如释重负，纷纷抓起薯条、挤起番茄酱来，薯条的群众基础很是不错。

二

"成功你在看什么？"

"嘿嘿，看你家的餐具呗，闪闪发亮呢。"

梅成功这么一说，甄士强和三元的注意力也转移到了餐具上。

三元问："叔叔，你们家的餐具是什么做的呀？"

贾明得意地插话道："银的，银子做的。"

"是的，这些刀叉都是前些年专门找人定制的，只有家里来了朋友和重要的客人时才拿出来用。"

"你们是我最好的朋友，招呼你们当然用最好的了。"贾明眉飞色舞道。

"嗯，咱们是两代人的交情，你们爸妈来了也是这个待遇。"贾连成补充道。

梅成功拿起叉子端详着，"老外是有意思啊，吃饭的时候一人一套餐具，有时候还要用不止一个盘子，也不知道洗碗的时候嫌不嫌麻烦？"

"哈哈，其实西方人吃饭一般挺简单的。我们中国人在吃上就比较讲究了，一日三餐都很重视。老话不是说了嘛，'早上吃得好，中午吃得饱，晚上吃得少'。"

"我看谁家晚上吃得都不少。"贾明拆起台来。

"是的，现在生活节奏比较快，晚上难得有时间，又是一家人相聚的时候，准备得自然丰盛了。不过，稍微讲究些的家庭一日三餐都还是不错的。"说罢抓起四五根薯条，蘸了蘸番茄酱，全部塞进嘴里。

三元提醒道："叔叔，西方人的三餐你也讲讲吧。"

"咳，瞧我这记性。"转向贾明，"都是你小子打岔的。"

贾明憨憨地笑着，又来了两勺土豆泥。

"西方人早餐和中餐比较简单。和我们一比，他们的中餐有时候只能用'应付'二字来形容。我在国外进修的时候，有几个外国同事大清早一到办公室，就先把带来的中饭往公共区域的冰箱里一搁。中午要吃的时候再拿出来热一下，或者就直接那么吃了。"

甄士强好奇地问："他们都吃些什么呀？"

"三明治或是类似通心粉这样的东西吧。"说完，撇了下嘴。

"那自己不带饭的呢？"

"会在外边随便买点，热狗、汉堡这样的快餐比较多，当然也有去吃自助的。自助在那边不贵，十几块钱的样子，种类很多。"

贾明来了精神，"人民币还是欧元？限时吗？"

贾连成笑了，用手点了点儿子，"他们吃自助不拼命的。"

哈哈哈，餐厅中笑声一片。

贾连成喝了口果汁，接着说："钱嘛，当然是欧元了。"

"那不便宜，相当于大几十块人民币呢。"贾明算着小账。

"问题人家不挣人民币呀，对他们来说就是十几块钱。"梅成功道。

"英语课上你们应该学过了，正餐是用'Dinner'这个词。当然，中餐和晚餐都可以是正餐，不过晚餐更多一些。正餐就像我们今天这样，开胃酒、沙拉、小吃、主食、餐后甜点一道道地上，道数越多，越显郑重。"

三元开心道："这么说今天也有甜点喽？"

"嗯，还准备了冰激凌和酸奶。"

"老爸，开胃酒怎么没有看见？"某人又插起话来。

对于儿子这个人来疯，贾连成还真是没辙，没好气地说："就你话多，酒架上有，要喝自己去倒。"

"不敢，不敢。"贾明缩了缩脖子。

梅成功突然冒出一句："难怪电影中都是贵族宴请宾客的场景，不然摆盘子、倒酒、布菜这么多活，三口之家怎么忙得过来，更别提饭后洗刷餐具了。"

三元开起了梅成功的玩笑，"梅少爷怎么老是操心洗碗的事儿啊？"

梅成功叹了口气，幽怨道："学习成绩不好，不靠做家务挣零花钱，靠啥？"

"扑哧——"没承想，贾连成笑喷了。

一边擦拭着，一边说："老梅这个吝啬鬼，这么有钱还剥削儿子，下次看我怎么开他玩笑。"

梅成功赔笑说："我爸说国外很多有钱人都是这样对待子女的，也不知道是真是假。"

"嗯，是这样的，看样老梅也不完全是个土财主啊，哈哈。"

贾明又想到了一个问题，"老外一日三餐既然没有我们讲究，怎么还一个个人高马大的？"

"除了吃，也有人种和体育锻炼等方面的原因。别看他们吃得没我们讲究，食材质量可都是杠杠的。肉蛋奶的人均消耗量要比我们高出不少，而且无良商家还少。"

见甄士强和三元时不时地会拿起餐刀观瞧，贾连成问孩子们："牛扒还要再等上一会儿，我这里有关于银器的知识，你们要不要听?"

四人表示欢迎，于是贾连成讲了起来。

在我国古代，只有王侯将相这样的显赫门庭才能够拥有银器。因为，这不仅是财富的象征，更是身份、地位和等级的体现。随着银器的大量生产和使用，人们渐渐发现，当银器遇到有毒物质时会呈现灰色或黑色。因此，古人常用银器来检测饮食是否有毒。然而，当时人们对于银器验毒的功能只知其然，而不知其所以然。直到近代，经过科学家们的仔细研究，银器验毒之谜方得揭晓——银与含硫物质接触时，会在表面发生化学反应，生成黑色的硫化银。剧毒物质砒霜（三氧化二砷）因含有微量硫元素，所以能够被银器验出。但并不是说所有能使银器变黑的物质都具有毒性，比如鸡蛋黄也可使银器变黑，但它并没有毒性。同理，并非所有的有毒物质都能使银器变黑。氰化钾和氰化钠纵使毒性剧烈，但因其不含硫元素，故无法被银器验出。由此可知，民间银器验毒之说存在一定的偏颇。

人们喜爱银器的另一个原因是它们作为餐具使用时能够防止食物腐烂，延长食物的存放时间。比如，银碗盛放的牛奶就要比普通碗盛放的保存更久，并且奶香更为醇正。银制餐具良好的防腐保鲜功效是与银离子强大的杀菌能力密不可分的。研究数据显示，每升水中，只要存在五千万分之一毫克的银离子，便可杀死所有细菌；用银电极处理 3 小时，即便是每毫升含有七千多个大肠杆菌的 50 加仑[①]污水，其中的大肠杆菌也会消失殆尽；白喉杆菌在

---

① 1 加仑约为 3.79 升。

银片上的存活时间为 3 天，而伤寒杆菌更短，仅有 18 个小时。银离子之所以有如此惊人的杀菌能力，主要是因为它溶于水时，首先会强力吸引细菌与之结合，然后破坏菌体的细胞结构，使其赖以生存的酶丧失活性。而当菌体死亡、裂解后，银离子又会从中脱离出来，继续重复上述的过程。因此，银离子的杀菌能力是持久的。另外，研究人员发现，银离子不仅杀菌能力强，杀菌种类还十分地多样。与普通抗生素平均只能应对 6 种病原微生物相比，银离子可以杀灭 600 余种的有害微生物。

正是因为银具备良好的杀菌能力，并且微量时对人体无害，人们还常常将其用于医疗领域。比如，在不锈钢针问世之前，中医针灸所用的刺针就是银制的；女性穿耳洞后佩戴银耳环可有效避免创口发炎；古代战场上，如果士兵受伤且无药医治时，便会将身上的银两打成银片，贴于伤口处，加速愈合、防止感染。不光是中医，西医也深谙银制剂的医学功效。早在一百多年前，西医便有用银治疡的记载。至今仍被多个国家采用的 Crede 预防法（1884 年由德国产科医生 F. Crede 所创立），便是以浓度 1% 的硝酸银溶液点滴新生儿眼睛，预防结膜炎发生的一种有效措施。该方法的运用，使得婴儿的失明率由 10% 降低至 2‰。再如，磺胺嘧啶银，它具有高效的杀菌能力，有助于伤口恢复，在外伤（如烧伤）治疗中的作用不可或缺，是《国家基本药物目录》在列药物。此外，人们还利用银的杀菌能力，开发出了镀银缝合线和镀银导尿管等器材，银纱布和银药棉的产生更是为脓疮、溃疡等的治疗提供了便利和保障。

人们对于银应当理性待之。它并非十全十美，也有一定的局限性，甚至是风险！研究发现，纳米银会对人体肺部、神经，以及皮肤细胞产生毒害作用；会渗入大脑，随血液循环扩散至全身；会干扰精子细胞信号，阻止精子生长，进而影响男性的生殖能力；极易通过胎盘进入新生儿体内，引发男性胚胎生殖系统缺陷……再加上当下许多银制器具实为合金镀银，并非纯银，合金材料析出①后，健康隐患更多。此外，银制器具虽然可以防腐保鲜，但导热快（易烫嘴、烫手）、质地软、易被氧化等缺点也常为人们所诟病，需要定期养护。

需要指出的是，与银同族的铜也具备极强的杀菌能力。研究人员发现，铜制器具可以杀灭 90%—95% 的细菌。因而，铜在食品和医疗等行业中也有着十分广泛的应用。比如，产自法国的波尔多红酒，正是由于波尔多液（有效成分为碱式硫酸铜）的保驾护航，阻止了病菌对葡萄（树）的侵害，才得以获取优质酿造原料，享誉全球。又如，日常生活中，一些门窗上会安装铜把手，以防有害微生物传播……

三

"牛扒来喽——"

童蕾端着煎锅走了出来，里边还在嗞嗞作响。往每个人的盘子里夹了一块后，童蕾又回厨房忙活去了。

趁着这个机会，贾明发言道："银质餐具什么都好，就是热得

---

① 析出：溶质从溶液中分离出来（以结晶的状态出现），或是固体物质从气体中分离出来。

快，我被烫过好几次了。"

"你这张嘴呀，该烫。"

贾连成又热情道："士强你们几个别愣着，趁热吃，这会儿味道最棒。"

童蕾做的牛扒肉质松软，筋很少，肥瘦相间。吃起来不仅不腥气，还有一股子牛油的香味。

一边吃着，贾连成一边考问起小客人们来："有谁知道牛扒旁边的煎蛋为什么是溏心的吗？"

梅成功连忙咽下嘴里的肉块，抢答道："嫩呗。"

见贾连成笑着摇了摇头，甄士强回答："营养损失小？"

贾连成又看向三元，三元直接摇起了头。

"你们切块肉，然后蘸着吃吃看。"

三人照做后，发现滋味果然不同。

贾明老神在在地说："这才叫会吃、会享受呢。"

"他爸，移下盘子，意面来了。"

童蕾端来了一锅意大利面，边走边提醒不要烫着。先是给每个人夹了一些，然后又从厨房里端来了一小锅黑胡椒浇头。挨着贾连成坐下后，让儿子给她两种沙拉都盛上些，自己则趁机扫了眼每个人的餐盘。见牛扒很受欢迎，悬着的一颗心才放了下来。

"刚才在厨房，你们说的话我听了几耳朵。我们家平时吃饭也是这样分餐的，不知道你们习不习惯？"

三人连连点头，三元还说这样的形式挺新鲜的。

童蕾接着说："这样吃饭，起码有三个好处。首先，自己爱吃什么就夹什么，吃多吃少自己定。其次，干净卫生，不容易相互传染。"

"老妈，我们都挺健康的好不。"

贾连成连忙替妻子解释："不是说你们不健康，我进修的时候身边的朋友都这样，习惯了就好。"

梅成功惋惜道："老外这辈子是体会不到一群人涮火锅的乐趣喽。"

"呵呵，你这孩子还挺会联想的。不过，他们因吃饭而得传染病的概率也要比我们小。"

"是的，各有利弊，入乡随俗即可。其实，现在国内也挺注意餐饮卫生的，聚餐时公筷和公勺的使用频率不是越来越高了嘛。"贾连成补充道。

"阿姨，第三个好处是什么？"甄士强问道。

童蕾会心一笑，"这么多的碗盘，一个人洗怎么受得了。现在我们家厨房配上了洗碗机，可省了不少事哩。"

"妈妈再也不用担心洗碗刷盘了。"贾明模仿某知名广告来了一句，逗得大家前仰后合。

带劲儿的面团

吃过中饭，又在贾明家玩了一会儿，三人就各自回家了。临别之际，贾明语重心长地叮嘱梅成功："大哥，回去再好好整理整理，咱们小组这次的荣誉就看你啦。"

"瞧好吧！"

三元回到锦园时已快下午两点，见屋子里没有人，便一个人在院子里打理起花草来。虽然爷爷有点古板，不过花草养得很好，他那一方小院一年四季鲜花不断。老爷子每次来锦园，只要有空，就会指点孙女养花种草之道。一个愿意教，一个乐意学，水平提高得很快。

三点钟刚过，诸葛林和柳青青拎着大包小包回来了。三元放下手中的活计，跟着进了客厅。两人一边收拾，一边询问女儿今天做客的表现。

"连成这个假洋鬼子，喝了几天洋墨水，生活习惯都变了。还好没有完全西化，要是哪次吃饭敢跟我们 AA 制，那就再也不带他玩了。"

柳青青唱起了反调："我倒觉得分餐挺好的，卫生。"

"一人一份，看着多凄凉呀，要不哪天你先试试？"

"哼，三元你同意不？"柳青青想多拉一个盟友。

"还是一起吃着香，相互夹菜也显着关心。"

诸葛林得意道："对喽，说到点子上了。"

话音刚落，三元又说："妈妈每次洗碗也是辛苦的，有时候还会为了少洗几个动脑筋，要不咱家也装洗碗机吧？"

柳青青走到女儿旁边，宠溺地拍了两下，炫耀似的朝诸葛林说："没白疼，知道老母亲不容易。"

"好，有时间就去买洗碗机，全家一起去。"诸葛林拍了板。

三元看了眼地上的袋子，"怎么买回来这么多东西，今晚吃大餐？"

"嗯，你大伯今晚来咱家，可得招待好了。"

"大伯？爷爷不就你一个儿子吗？"三元糊涂了。

"大姨奶家的，我的大表哥，按辈分你就得叫大伯。再说，爸爸小时候大姨奶一家对我可好了，说我是他家老三，冲这你也该得叫大伯。"

"老公，那今晚做什么呀，菜谱你先想好喽。"

"嗯——你那些个拿手菜都来一遍，荤菜可以多些，好下酒。"

"行，今天准你多喝一些，难得的。"

"我家青青就是善解人意，贤惠得很哩。"知道女儿要吐舌头，诸葛林特意向她挑了下眉毛。

"那主食怎么说？"

"这个不急，回头看大表哥的意思。"诸葛林看了看时间，又安排道，"我和你妈去弄晚饭，你把袋子里的水果拿出来洗了，然后再收拾收拾，别让大伯觉得家里乱糟糟的。"

仨人忙碌了起来，日头也渐渐地斜了下去。

二

六点多钟，天还亮着。锦园外一阵响动，紧接着便有人敲门。

"老爸，有人敲门。"

"哦，估计是大表哥他们来了。"诸葛林在厨房里应了一声，然后小跑着去开门。

果然是三元大伯一家三口，诸葛林和刘自栋走在前面，大声地说笑着。刘自栋的老婆马春梅和儿子家骥跟在后面。

"林子，这院子收拾得不错啊，再养两只鸟，那就鸟语花香了。"

"老爷子和三元拾掇的，他俩闲工夫多，我和青青哪有时间弄这些啊。"

"哦，三元现在上几年级了？"

"五年级，明年毕业班了。"诸葛林侧过身问道："家骥，高三感觉如何？"

"还行，作业特别多，班里的竞争也很激烈。"

"林子你是不知道，作业多得你都想不到，几乎每天晚上都要做到十一点多，有两次还弄到了凌晨一点。"

"是啊，够辛苦的。"

马春梅说："我和你哥也帮不上忙，只能尽量做好后勤保障，还好再几个月就要高考了，快熬出头了。"

诸葛林拉起侄子的手说："再坚持一下，胜利就在前方，越是关键时刻，越要咬紧牙关，争取给自己的高中时代画上圆满的句号。"

刘家骥没说话，但是用力地点了点头。

"哥和嫂子来啦，快进屋，还有一个菜，马上好。"柳青青站在门口热情地招呼着。

"青青，我们一家子来，你可辛苦啦。"

"哪儿的话，欢迎，欢迎！"

"哥，这话说得就见外了。还有，我也出力了，你可不能只表扬青青一个人哪。"

三元插话道："我也出力了。"

"哦？"刘自栋打量着侄女，"都是大姑娘了，刚听你爸说这院子里的花草是你和爷爷照料的，很不错嘛。"

"这么大的人了，礼貌也不懂，还不叫人。"诸葛林催促道。

三元一一向大伯和大伯母问好，到了表哥这里两人腼腆地相视一笑。五个人落座后，诸葛林一边开酒，一边招呼三元给大伯母和表哥倒果汁。

马春梅看着满桌子的菜，夸赞道："瞧这一桌子菜，既好看，闻着还香。林子，能娶到青青这样的老婆，好福气呀。"

"那是，上得厅堂，下得厨房。"

"大伯母别夸了，瞧我爸乐得嘴都合不上了。"

柳青青端着一个大菜走了过来，"红烧大鲤鱼来喽，你们先吃着，我收拾下就来。"

"等你哦，一起动筷子。"

见表哥发了话，诸葛林对女儿说："去厨房给你妈搭把手。"

"好嘞。"三元也进了厨房。

三

酒过三巡，菜过五味，柳青青问："主食咱们吃点啥呀？"

兄弟二人谦让了一阵儿，最后决定还是尊重刘自栋一家的习惯，吃面食。

"好嘞，你们吃着，我去把馒头热一下，一会儿就好。"

马春梅开口道："西北人就爱吃个面，到哪儿都改不掉。"

"嗯，也算是一份乡愁吧。"刘自栋感慨，指着儿子说，"这小子比他爹强，米饭、面条，还有汉堡什么的都能吃。"

诸葛林笑道："差不多，三元也是这样，平时她们娘俩没少说我土。"

"哎哟，你还土哪？你好歹米面都吃，我和你嫂子就不怎么吃米，每次单位发大米就头疼。"

马春梅不好意思道："说这些干啥。"

"又不是外人。"刘自栋顶了回去。

诸葛林问起侄子来："家骥，咱们中华的面食文化可谓是源远流长，你都了解哪些？跟叔说说。"

孩子还没张口，马春梅道："在你面前哪轮得到他呀，正好这会儿有空，你给讲讲得了。"

"叔叔，关于面食的介绍课本上不怎么有，平时也不怎么关心，说不上来。"

"两耳不闻窗外事，一心只读圣贤书呀。"

刘自栋无奈道："现在的孩子差不多都这样，别说文化知识，在我看来身体素质也不怎么行。"

"嗯，大环境如此，不说这个。"

紧接着，诸葛林就介绍起了面食。

"民以食为天，食以面为先。"面食是以面粉为主要原料制成的食物，遍及世界各地。

小麦的种植推广同面食技术的开发几乎是同步的，中西皆是如此。在我国，新石器时代（约始于1.8万年前，结束时间从距今五千多年到两千多年不等）便已开始种植小麦，而关于"饼"（古时饼为面食的通称）的最早记载出自《耕柱》（《墨子》第四十六篇），"见人之作饼，则还然窃之"。西汉后期史游所著《急就篇》中，将"饼"列于食物之首，"饼饵麦饭甘豆羹"。汉唐之际面食已成为北方人民的主食，随着南方稻麦两熟制（宋）和发酵面食的发展，进一步向南方延伸。

面食种类繁多，风味儿各异，深受多国人民喜爱，深入百姓日常生活。千百年来，形成了各自特有的饮食文化。面粉加水，起初没什么生机，乍一看还有些像棉絮。然而，经过揉搓和发酵，光洁且富有弹性的面团便呈现于眼前了，甚为奇妙。

面食和微生物有着不小的关联。发面便是在一定的温湿条件下，让面团里的酵母菌生长繁殖。而酵母菌在其生长繁殖过程中，会以淀粉为原料，通过新陈代谢将其转化为糖，并加以吸收利用。在此过程中，酵母菌会消耗氧气，呼出二氧化碳，这样面团就开始"发胖"。再经过热蒸膨胀，面团便变得松软可口、香气四溢了。发面是先人们在以往劳动过程中偶尔发现并沿用至今的。人类利用酵母菌发面的历史已有五千多年。同小苏打这些发酵剂相比，利用酵母菌发面，不仅口感更佳，营养也更为丰富，有利人体吸收。

马春梅拍了下儿子，"瞧见没，这叫有文化，你小子可要以林子叔为榜样啊。"

四

刘自栋看着眼前热气腾腾的馒头，思考着。

"自栋，自栋。"

马春梅连着叫了两声，刘自栋方才缓过神来。

"怎么了，馒头有什么不对吗？"

诸葛林这么一问，柳青青顿时紧张起来，也朝表哥那边看去。

"没啥，想起往年的一桩事来。"

马春梅不满道："吃饭还能溜号，能耐见长呀。"

柳青青"咯咯"一笑，"哥你想啥呢，说出来听听呗。"

刘自栋抓起一个馒头，对众人说："咱们西北人爱吃面食，偏爱馒头、饼子和面条。我这些年在吴越工作，吃面食的机会可以说是少之又少，每次回老家都要好好解解对面食的相思之苦，走的时候还不忘带上些饼子和油果子。"

诸葛林点头道："可不是，只有那边的面食才叫正宗，才是那个味道，南方是怎么都做不出来的。"

刘自栋接着说："南方虽然也有面食，比如刀切和千层饼，但是吃上去要么是口味不对，要么不够筋道。开始我以为是发面的问题，但是自己做了几次都不成功。我就想是不是水的问题，毕竟西北的水比较硬。那么问题又来了，不硬的水做出的馒头为何发甜？更有意思的是，一次我索性在回吴越的时候带上了一块老家那边的面引子，想着这下子到了临水可以做个不甜的馒头吃吃了吧，结果你们猜怎么着？"

诸葛林答道："还是甜的，对不？"

刘自栋点了点头，"是呀。开始几次还行，我也会特地剩下些面继续留作面引子。但是，过了一段时间，就又回到'南方馒头'的味道了。有意思不？"

诸葛林想了一会儿，开口道："我可能知道其中的缘由了。"

"哦，那快说说。"刘自栋催促道。

"都知道我是搞研究的，但是具体研究什么你们知道吗？"

柳青青开起了玩笑："他研究的净是些看不见、摸不着的东西。"

"那是啥？"刘自栋问。

"微生物。刚才说到的面引子，它的作用实际上是接种剂。每一小块面引子之中，都有海量的酵母菌。将面引子与新面和匀，可以明显提高发面的速度。"

诸葛林和表哥碰了下杯，同时示意大家边吃边听。

"西北的面引子到了南方后，为何慢慢做出来的就是'南方馒头'了？我猜和微生物容易发生变异的特点有关。只要环境条件适宜，酵母菌一天可以分裂十二次。以一个酵母菌为起始数，繁殖一天便会增加到4096个。而一小团面引子中的酵母菌，起码是以'千万'作为计数单位的。酵母菌结构简单，与外界环境直接作用，再加上惊人的繁殖速率。那么，即便是在突变率很低的情况下，短时间内也会产生大量的变异个体。临水同西北相比，在温度、湿度、水质、酸碱度等方面存在明显差异。因而，当酵母菌随北方的面引子来到临水'落户'后，经过一段时间的适应和变异，便会形成新的酵母菌群体。这时再用来发面，便会出现南式面点的特点了。照我估计，如果下次你回老家时带上一块这边的面引子，要不了多久它就会西北化，做出正宗西北风味的面食来。"

刘自栋听完，哈哈大笑，竖起大拇哥称赞道："想不到柴米油盐中竟然还藏着这样的学问哪，这一趟来得好，来得值，不仅增进了感情，还增长了见闻。"

"老爸，馒头发甜会不会是发酵条件和原料差异引起的呢？"

怕老爸误会，三元进一步解释道："我的意思是发酵条件和原料的不同使得酵母菌产生了不同的代谢产物，进而导致馒头的口味发生了变化。"

"呃——照你的想法，那就不是酵母菌出现了变异……"

见老公陷入了思考，柳青青小声提醒道："你这人就这点不好，想问题也分分场合，一桌子人正吃饭呢。"

"哎呀，怪我怪我，自罚一杯。"

马春梅看着侄女，夸奖道："三元这孩子真够机灵的，听得仔细自不必说，还能提出问题来。"

刘自栋也跟着附和："就是，还敢挑战她老爹的权威。来，和大伯干一杯。"

于是，三元陪着喝了一大口饮料。

一杯下肚后，刘自栋开始教训起儿子来："你比妹妹大几岁，也提不出个问题，真是来吃饭的。"

刘家骥红着脸，无奈道："爸，还能愉快地吃饭吗？"

柳青青拿起盛有糟肉的盘子，递了过去，"家骥多吃些糟肉，用馒头夹着吃，香着哩。"

诸葛林再次举起了酒杯，对表哥说："来，咱俩接着喝。"

……

美好的时光总觉短暂，这顿饭两家人吃得十分开心。饭后，又热络地聊起了家常。不知不觉中，时针已过了九点。

送走表哥一家后，三人回到了餐桌旁。看着一桌子的餐盘，诸葛林感慨道："洗碗机是要尽快买呀，早买早享受。"

"都别愣着了，把盘子往厨房端吧，就当是饭后消化了。"柳青青下起了命令。

就这样，两大一小开始穿梭于客厅和厨房之间，忙碌并快乐着。

夜 谈

一

"知识就是力量，不是热量。"

刚一回到自己粉色的天地，三元便召唤起了知识。

同以往一样，"嘭"的一声后，知识穿着草绿色的星星礼服出现了。

"小 A，虽然你衣服的款式就这么一种，但是颜色可真是多哩。"

"什么意思，夸我还是损我？"

"嘿嘿，今天我家来客人了，满满一桌子好吃的。瞧见没，这会儿肚皮还鼓着呢。"

知识有点心烦地说："这就没意思了，有事说事，最近真的超级忙，没空和你闲聊。"

"咱俩认识这么长时间了，你还经常帮我答疑解惑的，想着请你吃好吃的。"

知识在空中转了两个圈，堆笑道："算你有良心，心意我收下了，饭嘛——也要笑纳。"

"好嘞！由于你的神秘性，不可能让爸妈做一桌子招待你。说吧，想吃什么？"

知识搓着粉嫩的小手，开心地说："嗯嗯，不用麻烦他们，再说了我的要求也不高，稀罕的、美味的就行。"

知识这么一说，三元脑子里出现了好几个问号，喃喃道："稀罕的，好吃的，什么啊？"

　　知识飞了过去，亲密地搭着三元的肩膀，小声道："以前听小陈说起过一种美味，称之为'中国奶酪'，知道不？"

　　"小陈？你说的是陈景润吧？"

　　"嗯嗯，就是这小子。跟我说这种奶酪怎么怎么好吃，却一次都没请我品尝过，就会耍嘴皮子功夫。"

　　看着知识幽怨的小眼神，三元试探道："你不会一直惦记到现在吧？"

　　知识理直气壮地说："可不，想过好多次呢。"说完还咽了一下口水。

　　"不瞒你说，'中国奶酪'我也是头一回听说，哪儿产的知道不？"

　　"嗯——小陈好像说是你们首都的特色小吃，营养丰富，一块一块的，配馒头、配米饭都特别好吃。"

　　这时门口传来了诸葛林的声音："三元跟谁说话呢？"

　　知识拍了拍三元的肩膀，匆忙道："回头好好想想，先闪了。"

　　诸葛林开了门，房间里只有女儿一人。

　　"干什么呢？老实交代。"

　　三元回了回神，假装镇定地回答："没什么呀，在屋里能干什么？"

　　"晚饭吃得开心吧。"

　　"嗯，一桌子的好吃的，吃得可开心啦。"

　　"你妈的手艺没的说，大伯一家子跟我们关系又特别好，开心是自然的，没瞧见白酒我都喝了小半瓶嘛。"诸葛林把脸伸过去，朝着女儿哈了一口气，"还有没有酒味儿？"

　　三元闻着酒和牙膏的混合味道，皱着眉头、捏着鼻子推开了老爸，十分头疼地说："走开，走开，难闻死了。"

诸葛林老脸一红，"嘿嘿，估计还有点儿。"

三元突然想到了什么，"老爸，大伯和大伯母平时真的不吃米饭吗？"

"估计是的。"

"那老吃面，吃不腻啊？"

"吃不腻的，你大伯母可会做面食了，花样特别多。"

三元质疑道："不就是团儿面吗，能有多少花样？"

诸葛林来了精神，往椅子上一坐，滔滔不绝地讲了起来："今天让你个丫头片子长长见识，面条、饺子、包子、面片、馒头、饼、锅盔、油香、花卷……（此处省略一百个字）"

三元眼睛睁得大大的，感慨道："这么多啊！"

诸葛林笑了笑，接着说："这还只是种类呢，具体到每一种又有很多的花样。比如说牛肉面，光是面条的形状就将近有十种。"

"牛肉面？"

"就是各地都有的兰州拉面。不是有那么一种说法，凡是有'沙县大饭店'的地方，就有兰州拉面。"紧接着诸葛林压低了声音，故作神秘道，"外面的兰州拉面几乎都是青河人开的，正宗的少。"

"啥，兰州拉面竟然不是兰州人开的？不过，吃着还行呀。"

"咳，没见我都不怎么吃嘛，下次回老家带你尝尝正宗的。"

三元来了兴趣，催促道："那你说说牛肉面的花样吧。"

诸葛林眉飞色舞道："先说圆的，从细到粗有毛细、细、三细、二细。"

"有意思，二细比三细粗？"

"哈哈，是的。扁的由窄到宽分别是韭叶子、宽和大宽。"

"大宽有多宽？"

"和皮带差不多吧。"

"天哪，女生应该不会点这种的。"

"对，吃这种面的绝大多数都是小伙子。"

"韭叶子又是什么？"

"这个其实很形象的，你想想韭菜叶就知道啦。"

"哦，这么个韭叶子呀。"

"除了刚说的这几种，还有一种叫作三棱子，每根面条有三个棱边。"

诸葛林仰着头回味，"小的时候，每天早上七点左右到面馆要上一个韭叶子，师傅把蒜苗、葱花、萝卜、肉丁往碗里一放，再来上两勺油泼辣子，真是顶级享受啊。"

三元咽了咽口水，央求道："下次再去兰州，一起吃牛肉面！"

诸葛林点点头，接着略显惆怅地说："老爸也在国外进修过，说实在的，有些地方确实比国内强。"

"嗯，不然你也不用去学习了。"

"但是没过多久就会想家，还特别想国内的食物，毕竟长了一个'中国胃'啊。"

"这种说法挺有意思的。"

"也算是一种乡愁或情结吧，吃牵连起的事物和感情可多着哩。"

女儿突然问道："'中国胃'会变吗？"

诸葛林被问住了，停顿了一下，"像你我这样的肯定不会，但是有些人就难说喽。"

三元的好奇心完全被激发了，追问道："谁呀？"

"国外一些朋友的孩子生长在那边，虽然家里是以中餐为主，但他们经常会接触西餐，像汉堡、炸鸡和比萨这样的都很受欢迎，对他们而言就没有'中国胃'一说了。当然，他们中的不少人也确实不是中国籍。"

"牛排、汉堡、通心粉之类的可不是我的菜，偶尔吃吃还行。"

诸葛林宠溺地拍着女儿的手，"一方水土养一方人，没法说。进修时，有一次朋友们聚会，桌子上既有包子、饺子，还有两种口味的比萨。结果，大人们清一色往盘子里夹包子和饺子，而孩子们却几乎都选的是比萨。当时我们还笑话他们是'小老外'呢，呵呵。"

二

"哟，爷俩还在聊呢，不睡觉啦？"

"老妈，都收拾好啦？你可真够麻利的。"

"做梦，这点儿工夫哪能收拾好啊。"说罢，慵懒地往床上一躺。

诸葛林笑道："别躺这儿呀，回屋去睡。"

柳青青手背抵着额头，有气无力地说："让我躺一下，今天累着了。"

"那去洗漱吧，然后好好睡上一觉。"诸葛林关心道。

"呵呵，吃多了，这会儿还撑着呢。"

"哈哈，我和三元也是在消食儿。"

"要怪就怪自己，谁让你做的饭菜那么可口。给你们说个好玩的事，晚上吃饭时，我瞧见大伯松皮带了。"

哈哈哈，一家三口笑作一团。

"老爸，关于美食还有什么可以讲讲的，反正这会儿也不睡。"

柳青青插话道："不要长篇大论的，一会儿还要洗漱呢。"想了想，又补充道："短归短，但要讲出味道，不然差评哦。"

"这不是难为人嘛。"

经过一番搜肠刮肚，诸葛林有了主意："行行出状元，泡泡出奇迹。咋样，这个题目吸引人不？"

"嗯，有意思的，关于什么的？"

"咱们开开胃，讲讲泡菜。"

泡菜质地鲜嫩，味道酸咸，不仅营养丰富、风味独特，还具有开胃、解肥腻、助消化、抗氧化和降胆固醇等功效。许多国家和地区都能见到泡菜的身影，为当地人民所喜食，滋味儿各异。其中，又以中国、德国和法国的泡菜最负盛名。

　　说起泡菜，国人很难低调，花样真当是不胜枚举，有对子为证："一坛之大，泡尽天下万物。天南海北，飘香各自芳华。"都说韩国人爱吃泡菜，须知韩国 99% 的泡菜消费缺口是由我国填补的。2020 年，我国向韩国出口泡菜约计 28.1 万吨，其中八成是由山东省仁兆镇一个镇完成的。在我国，四川泡菜颇具代表性，素有"川菜之骨"之称。四川省一年吃掉的泡菜约为韩国泡菜消费总量的 1.65 倍。

　　在我国，泡菜的历史可追溯至商周时期（约公元前 1600—公元前 256 年），《诗经·小雅·信南山》中记载有："中田有庐，疆场有瓜，是剥是菹（zū），献之皇祖。"其中，"菹"字便是见证。然而，"泡菜"一词的正式登场却是在清嘉庆年间（公元 1796—1820 年），《成都竹枝词》中记述有："秦椒泡菜果然香，美味由来肉爨汤。"

　　泡菜制作简便，只需将不同种类的新鲜蔬菜经盐水（含调味料）浸泡，再经过微生物发酵即可完成。早在北魏时期，贾思勰便在《齐民要术》中详细记述了泡菜的制作工艺："收菜时，即择取好者，菅蒲束之。作盐水，令极咸，于盐水中洗菜，即内瓮中。若先用淡水者，菹烂。其洗菜盐水，澄取清者，泻著瓮中，令没菜把即止，不复调和。"

　　问题来了，如此简单的制作工艺为何能够成就诸多美味？一方面，同泡菜品种有关，可用来制作泡菜的蔬菜可谓是种类繁多，"不择菜蔬贵贱，皆入瓮泡制"便是最好的描述，诸如萝卜、白菜、辣椒和豇豆等都是上佳的制作原料。另一方面，与微生物相关，常见的发酵菌种包括乳酸菌和酵母菌等。四川泡菜的特色工艺"母水发酵"便是用含有多种调味料和大量发酵微生物的母水浸泡新鲜蔬菜，以此来维持风味和发酵菌群的稳定。母水作为四川泡菜的灵魂，承载着川人独有的味觉记忆，凝聚着乡愁。清代，泡菜作为四川民间嫁奁①（lián）之一，要从长辈家分传至新婚之家，颇具传承意味。如今，一些川人家中每年还要滤除母水中的陈渣，添补水和香辛料，以维持泡菜的滋味。

川人根据泡制时间长短将泡菜分为"滚水菜"（也叫"洗澡菜"）和"深水菜"，又按用途将其分为"下饭菜"和"调料菜"。如泡萝卜和泡白菜等可单作主菜，用以拌粥拌饭（"下饭菜"），而"调料菜"则是指泡辣椒、泡蒜等烹饪调料。"调料菜"是川菜不可或缺的黄金配角，比如泡辣椒就是鱼香肉丝中"鱼香"的主要来源。鱼香肉丝不见鱼，"鱼香"是泡辣椒、盐、酱油等经烹饪复合而成的香气，类似的菜肴还有鱼香茄子和鱼香豆腐等。

作为发酵食品，泡菜的食用安全不容小觑，其有害成分主要包括亚硝酸盐、生物胺和添加剂等。蔬菜含有一定量的硝酸盐，硝酸盐经微生物作用会转化为亚硝酸盐，威胁人体健康。与此同时，生物胺也会不断产生、积累，而过量摄入生物胺会引发中毒和偏头痛等不良反应。因此，泡菜的制作必须符合规范，并尽量避免杂菌污染。好消息

---

① 嫁奁：陪嫁的财物。

是，已有不少厂家选用改良菌种进行泡菜生产，上述有害物质在成品中的含量均有所下降。

柳青青点评道："虽然长了那么一点儿，但挺有意思的，不错。"

诸葛林问道："小屁蛋，想吃泡菜不？"

"想！"

"嘿嘿，找你妈去。"

柳青青慈爱地看着女儿，"真想吃啦？"

"嗯。"

"泡菜既调味觉，又调生活。行吧，明天找两个酸菜坛子，你洗洗干净，想吃就得自己动手。"接着又对老公说："公公那边你问一下，我记得他做过泡菜的，传授一下窍门呗。"

诸葛林嬉皮笑脸道："您吩咐，我照办。"

"喊，估计到时候数你吃得最多。"

"不早了，洗漱吧。小屁蛋，明天见。"说罢，诸葛林拉起妻子出了房间。

这时，三元才想起来还有事情没问老爸，转念一想："算了，大晚上的，还是睡大觉吧。"

洗漱之后，三元躺在舒软的被窝里，想到了知识，也想到了泡菜。

科学技术不是万灵药

一

三元睁开惺忪的睡眼，新的一天开始了。习惯性地，她看了一眼床头。没有闹钟，又回到了现世。由于心里装着事情，她没有赖床，利索地收拾起来。

一刻钟后，三元下了楼，听见厨房有响动，走了过去。

"老妈早。"

"咦，没人叫你，今天怎么自己起来了？"

"哪能天天当懒蛋呀。"

这时，楼板响起了吱嘎声，诸葛林也下来了。摩挲着肚皮，往厨房台面上看了一眼，"可以吃了吗？"

"还要一会儿。"

父女俩拿着碗筷出了厨房。放下后，诸葛林正准备打开电视机，三元开口了："就知道看电视。"

"不看电视干啥？"

"问你一个问题，有没有听说过'中国奶酪'？"

诸葛林放下遥控板，坐到女儿对面，跷起腿，用手拍了两下，"没有。"

"你都不知道？！据说还是北京的特产呢。"

"你再说说。"

"配饭吃，一块一块的，很有营养。"三元把知识告诉她的复述了一遍。

"哎哟，北京的特产就那么些个，豆汁儿、茯苓饼、卤煮……配饭吃，一块一块的，什么啊？"

柳青青端着奶锅走了过来，边走边说："北京有你说的那种东西吗，从哪里听来的？"

三元心虚道："听一个同学说的，想不起来就算了，回头我再问问。"

"愣着干啥，稀饭盛好了，自己去端。"

诸葛林笑道："好的，其他还要拿啥不？"

"我也喝稀饭，除了咸菜，豆腐乳你也拿一下。"

三人坐下后没再说话，时有碗筷碰撞声。

"她爸，想啥呢？吃饭的时候不要想问题，小心便秘。"

诸葛林嘴角上扬，好笑道："从哪里听来的，还一本正经的。"

"不信拉倒，豆腐乳的瓶子给我递一下。"

其实，诸葛林一直在思考女儿的问题。作为资深理工男，他不愿轻易放过任何一个问题。妻子不经意的一句话，提醒了他。

"愣着干啥，瓶子给我呀。"

诸葛林没有理会，反问女儿："你说的'中国奶酪'该不会是臭豆腐吧？"

"啥？！老爸你在开玩笑吧。"

"别说，搞不好还真是。"柳青青也点了点头。

三元心想："天哪，小 A 要是知道心心念念这么久的美食竟然是臭豆腐，会不会抓狂啊？"

"怎么会是臭豆腐呢？臭豆腐和奶酪的气质完全不搭啊。"三元连忙问。

"别急，先给你上一课，之后再判断。"

豆腐乳又名腐乳，是"中国制造"的独特发酵食品，营养价值高，口感好，百搭饭菜，是各型宴会不可或缺的佐餐美味。豆腐乳的历史已有一千多年，早在公元5世纪，北魏书籍中便记载有："干豆腐加盐成熟后为腐乳。"明嘉靖年间（公元1522—1566年），绍兴豆腐乳便已走出国门，远销东南亚各国，享有声誉。《本草纲目拾遗》（成书于1765年，清赵学敏编著）中记载有："腐乳一名菽乳，以豆腐腌过，加酒糟或酱制者。味咸甘、性平，养胃调中。"清李化楠、李调元父子在《醒园录》中对豆腐乳的制作方法进行了描述。

　　豆腐乳的制作一般以豆腐或豆腐干等白坯为原料，在毛霉和根霉等霉菌的协同作用下，经过腌制和发酵等工序而成。根据色泽与风味的差别，豆腐乳可以分为白腐乳、青腐乳、红腐乳、酱腐乳和花（色）腐乳等类型。制作豆腐乳时，先将白坯划成小块平铺在器皿上；再根据种类的不同，接种相应的菌种，并保持一定的温湿度；两天左右会长出毛霉，五天左右状似"白毛"的菌丝便会布满白坯表面。无须害怕，这些"白毛"不但对人体无害，还可加速原料中营养物质的释放，有利人体吸收。随后，将布满毛霉的坯块码放整齐（坯块一层，盐一层），腌制八天左右。腌制不但可以使白坯中的水分和部分水溶性蛋白质析出，使其变硬，还可抑制微生物生长，避免豆腐块腐败变质。最后，则是十分重要的卤汤配置环节。卤汤由酒和各种香辛料组成，酒可选用料酒、米酒、高粱酒等（含量控制在12%左右），香辛料主要包括胡椒、花椒、八角、桂皮、姜和辣椒。

　　毛霉因具有产蛋白酶和脂肪酶能力强等特点，牢牢占据着豆腐乳生产制作的"头把交椅"。毛霉菌丝长、细腻、黏稠、呈白色茂密状，常常分布在干草和蔬菜中。毛霉的最适生长温度为25℃—28℃，秋季长势更好（豆腐乳的制作有季节限制）。此外，用于红腐乳发酵的红曲实为长有紫红曲霉（*Monascus purpureus*）的粳米（红曲米）。这种真菌又名红曲霉，菌丝体（菌丝的集合体）呈分枝状，初无色，后转红，最后紫红；菌丝内含多个细胞核，有横隔；会形成单生或串生分生孢子（无性繁殖[①]孢子），孢子显褐色；一些菌丝顶端还会生成橙红色子囊壳（子实体[②]的一种），内含8个子囊孢子（有性繁殖孢子）。除了真菌，若干种类的细菌也可用于豆腐乳发酵生产。例如，黑龙江克东腐乳就是由细菌发酵而成的，主要类群为微球菌属（*Micrococcus*）、芽孢杆菌属（*Bacillus*）和肠球菌属（*Enterococcus*）。

作为发酵类佐餐小吃，豆腐乳虽然其貌不扬，有些味道还十分地怪异，但很多营养学家都对其推崇备至。豆腐乳具有消食健胃和活血化瘀等功效，性温、味甘。现代研究发现其富含多种维生素、氨基酸和矿物质。其中，维生素类营养物质不仅包含能够清除人体自由基的维生素E，还含有种类繁多且具有维持人体正常视觉等重要功能的B族维生素，尤其是维生素B_{12}（植物性食品基本不含），可预防恶性贫血和脑部神经损伤。豆腐乳不含胆固醇，长期适量食用可以降胆固醇，预防血管硬化、高血压和冠心病等的发生。

---

① 无性繁殖和有性繁殖的本质区别在于有无两性细胞结合和遗传物质交换。
② 子实体：高等真菌的产孢构造，由组织化了的菌丝体组成。

"那可要多来点。"

柳青青夹起一大块豆腐乳正要往碗里放，诸葛林劝阻道："豆腐乳虽然美味，而且营养丰富，但是要适量。"

柳青青缩回了筷子，"怎么说？"

"豆腐乳含有一定量的硫化物，每次半块就差不多了。另外，像心血管病、肾病，以及痛风和溃疡患者也要少吃，或是不吃。豆腐乳中盐和嘌呤的含量都是比较高的，钠含量大概是 2%—3%，相当于含盐 5%—7.5%。"

"哦，那今天不能再吃了。"柳青青遗憾道。

"嘿嘿，你不能吃，我可以呀。"三元抓起小半个馒头，然后把豆腐乳瓶子拿了过去，夹出一小块，正要往馒头上涂，却看见上面有一颗白色的东西。

"咱家的豆腐乳是不是坏了？"

柳青青回答："不可能，到这边后才买的。"

诸葛林探过头，仔细地观瞧起来，"没坏，豆腐乳上的这种颗粒和白点实际上是酪氨酸的结晶物，没有毒副作用的。"

柳青青摆出一副十分崇拜的模样，"你咋知道得这么多呢，豆腐乳又不是微生物。"

"哈哈，不要疯狂地迷恋我，哥只是个传说 ♪♪♪ 。"

"喂，吃饭呢，怎么还唱起来了。"有人嗔怪道。

"老婆大人说得是。"接着转向三元，"我觉得把豆腐乳叫'中国奶酪'或是'首都奶酪'之类的不合适，你们这些毛孩子怎么不把奶酪叫作'美国豆腐乳'或是'阿姆斯特丹腐乳'呢？"

"嗯，你爸这个说得在理，不要崇洋媚外。别的不敢说，吃喝这块我们妥妥地引领世界。"

"哦，下次见了同学一定纠正。老爸，关于臭豆腐还有什么要讲的吗？"

"臭豆腐是青腐乳的俗称，相传慈禧太后对其喜爱有加，并赐名'青方'。'食者津津有味，闻者垂头丧气'说的就是臭豆腐。臭豆腐发酵过程中加有盐水和苦浆水，所呈青色实际上是豆青色。同其他腐乳相比，青腐乳的发酵更加彻底，也因此含有更多的营养物质。"

二

午休后，诸葛林下了楼，先是从果篮里拿了个苹果，接着看向沙发。

"你俩没睡午觉？"

"你一个人睡的，你说我睡了没？"柳青青反问道。

"那你呢？"

三元一边看着电视，一边回答："我不困。"

"这边虽然比临水凉快，但中午还是有点闷热的。"

柳青青"嗯"了一声，便没有了下文。

"嘿，看什么看得这么专注？"

原来，科教频道正在介绍一种污水处理技术，将某种净水剂往污水里一倒，再一搅拌，水就清了。

三元评价道："这个技术有点儿神奇，看样子以后不用担心水污染问题了。"

"嗯，这个技术厉害，没什么门槛，往水里一倒就好。"柳青青也表示赞同。

"还不错。"

"三元，你老爹这话怎么听起来酸溜溜的。"

"是吗？没有听出来。"这种浑水三元向来是不蹚的。

柳青青继续道："要是和微生物相关，估计就完全赞同了。"

诸葛林咬了一口苹果，不屑地说："哪儿跟哪儿呀，微生物净水的作用比这只强不弱，而且对环境还更加友好。"

"哦，那介绍介绍呗。"

"这会儿没心情，改天再说。"

"小肚鸡肠，还真以为我想听呢。"

"你想听，我还不乐意讲呢。"

三元发话了："哎哟，难得出来休个假，都别说了，影响我看电视。"

十来分钟后，三元起身伸了个懒腰，"应该让一些同学多看看这种节目，老有人担心环境状况会越来越差，杞人忧天。"

"呵呵，听起来有点'增长的极限'和'无极限的增长'的味道。"

柳青青说："多心啦，科技进步自然有利环境保护，这是明显的。"

"和你说的是两码事，我并不否认科学技术的作用。"

三元佯装头疼，捧着脑袋说："又来了。"

诸葛林给母女二人各拿了一个桃子，心平气和地说："科学技术可不是万灵药哦，真要这样认为，那只能是一厢情愿。"

柳青青这下明白老公的意思了，拿起桃子咬了一小口，静静地听着。

诸葛林把苹果核往垃圾桶里一丢，接着说道："人类历史大致可以分为三个阶段，依次分别是农业文明之前、农业文明时期，以及工业文明时期。首先咱们来看第一个阶段，这一时期人类的能力还比较弱小，以渔猎和采收为主，人口数量少，与自然浑然一体，对自然环境的干扰极小，基本不存在环境问题。"

"是的，动画片上演过。有时候一家五口出去打猎，回来时就只剩下三四个了。当时我就想，到底他们是去打猎还是去送餐的。"

说完，三元笑了起来。

"进入到农业文明之后，情况发生了变化。科学技术相较之前有了很大的进步，对自然的开发利用强度不断加大，在局部地区出现了过度放牧和毁林开荒引发的水土流失和土地荒漠化。这一时期的环境问题主要是生态破坏，但只是局部的、零散的，还没有上升为影响整个人类社会生存和发展的问题。"

柳青青点头称是，"听说原来在西北地区有个小国，名叫'楼兰'，后来消失不见了。关于它消失的原因有不少说法，其中一种认为当时人们破坏植被、肆意取用，最终整个国家都被沙漠吞噬掉了。"

三元皱起了眉头，"多可惜呀，当时的人们背井离乡好可怜啊。"

"你俩这么一说，我想起个事。当年临水西北部的一个地区时有山洪暴发，甚至是泥石流。当地的一些朋友告诉我，这既有短时期强降雨的天灾因素，又有破坏植被的人祸成分。"

妻子质疑道："瞎说的吧，森林覆盖率这么高，怎么会有植被问题呢？"

"唉，你别说，可能还真有。当地不少农民是以卖笋和山核桃为生的。笋是什么？竹子的芽，吃起来还特别地鲜美。当地有不少农户进行集约化种植，会上化肥。时间一长，土壤就退化了，也疏松了，遇到大的降雨自然保持不住水土。再说山核桃，以前一些农户没文化，也缺乏约束，滥用除草剂。我是见过的，一些山坡除了山核桃树，地上没什么植物的。这样的环境遇到下大雨，发生山洪和泥石流确实也没什么好奇怪的。"

"想起来了，这几年确实看过一些短视频，当地的房子都被冲倒了，三四百斤的肥猪像玩具一样被冲得到处漂，有点可怕的。"柳青青回忆道。

"嗯，贾明他们也给我看过这样的视频，当时还觉得挺好玩的。

现在想想，受灾的人们一定害怕极了，也可怜极了。"

"是呀，'保护环境，利国利民'对对的。"接着，诸葛林继续说，"进入工业文明之后，人类掌握了强大的科技力量，具备了改造自然的能力。但是，环境问题也呈现出了扩张和恶化之势，臭氧空洞、全球变暖、土地沙漠化和废弃物激增等问题不时给人们敲响警钟。"

"但是，科学技术的进步不也在缓解这些问题吗？"三元发问。

"三个阶段的科学技术水平是不是一个比一个高？"

"当然了。"

"环境问题是不是一个比一个严峻？"

"这——"三元语塞了。

柳青青说："进步总是要有代价的呀。"

"是的，博弈。"

柳青青收过女儿手中的桃核，和自己的一道交给了老公。诸葛林扔掉后，接着说："起初，人们将环境问题看成是生产技术方面的问题。在这样的思路下，环境保护的主要工作就成了治理各类污染。但是，人们渐渐地发现环境问题没有从根本上解决，一些地方甚至还恶化了。随即，又将环境问题归咎于企业或是污染制造者，认为他们是环境破坏的元凶。"

柳青青点评道："合理呀。"

"怎么说呢，这种观点刺激了环境经济学的发展，但是问题仍在恶化。"

三元有些焦急地问道："老爸，那环境问题的根源究竟是什么呢？"

诸葛林笑道："算是问到点子上了。经过反思，人们终于意识到了环境问题的产生是人类不可持续的发展方式决定的，探寻环境问题产生的出发点应该在于对支配人类行为的基本观念和人类发展进程进行反思。"

"哦，信息量有些大，我得消化一下。"三元说道。

柳青青看了一下表，"这个话题有意思的，先暂停。我要弄晚饭了，吃完继续。"

"好，那就辛苦老婆大人了。"诸葛林又对女儿说："小屁蛋，跟我到附近走走，不要整天闷在屋子里。"

"好的，我拿下凉帽。"

三

吃过晚饭，洗好碗筷，柳青青拎着一袋瓜子来到了沙发旁。

"焦糖味的，昨天买的。"

诸葛林和三元各抓了一把，熟练地嗑了起来。

"知我者，青青也。"

柳青青笑了，笑得有些含蓄，"接着聊科技吧，下午说到哪儿了？"

三元提示："聊到根源了，有点儿绕，后来我还想了挺久呢。"

"记性还挺好的，其实一点也不绕，关键是要想通。"诸葛林边嗑瓜子边说。

"那你给理一理。"

"线索是什么？问题。那么，问题是由什么产生的呢？"

三元回答："问题是由人产生的。"

"废话，青青你怎么说？"

"环境问题是由污染产生的，对不？"

"你也强不到哪儿去，污染本身就是问题。"

停顿了片刻，见二人实在想不出来，"问题是由行为产生的，比如水污染就是工厂往河水中排放污染物所致，大气污染就是烟气排放造成的。"

"归纳得好，奖励瓜子一把。"说罢，柳青青抓了一把瓜子过去。

诸葛林摇了摇头，"你可真够大方的。第二个问题，行为是受什么支配，或是由什么产生的？"

"服了，理工男的逻辑思维是厉害呀，环环相扣。行为是由人或企业产生的呗。"

"同意，一些组织和团体也有行为的。"三元补充道。

"嗯，你们说的都对，但是没说到点子上。我直接给答案吧，行为是由思维决定的。"诸葛林指了指自己的脑袋。

三元琢磨了片刻，学着老妈刚才的样子也抓了一把瓜子过去。

"思维决定行为，行为引发问题，漂亮。"柳青青夸赞道。

"所以，要想真正地解决问题，关键在于思维的转变，而非科学技术。科学技术有用，但是治标不治本，你们想想是不是这么一回事。"

母女二人齐齐点头。

诸葛林又抛出一个问题："'赢'这个字你们怎么理解？"

三元抢先回答："赢就是胜利，一方战胜另一方。"

柳青青说："赢有挺多种的，双赢、共赢、多赢都是，我觉得就是得到好处和受益的意思。"

诸葛林给每人发了三颗瓜子，笑着说："对也不对。"

柳青青把老公面前的瓜子划走一半，"好好说话，别转文。"

"哈哈，赢其实是彼此之间的一种妥协，单方面的受益是不可能持久的。"

三元吃惊道："天哪，这么风光的一个字实际意义竟然是妥协！"

柳青青一手抓把瓜子，一粒粒地滑落到另一只手中。片刻后，抬头说道："老公，用'聪明绝顶'来形容你，对对的。"

三个人都笑了。

"最近正在看可持续发展方面的书，等有头绪了再和你们说。当然，前提是你们感兴趣。"说罢，拿起遥控板准备看电视。

　　"哎，等等。下午看科教频道水处理技术时，你说'微生物只强不弱'，对吧？"柳青青问道。

　　"嗯，怎么啦？"

　　"举几个例子呗。"

　　"想知道就自己上网去查，'活性污泥'和'微生物水处理'都可以当关键词，不要老想着'道听途说'。"

　　三元纠正道："哪里的道，哪里的途，你说的还不可信？难得有这么强的求知欲望，还被你无情地打击了。"看了一眼茶几上的瓜子，"老妈，别给他吃了。"

　　"有理，准了。"

　　"嘿，好你个小屁蛋。"

　　"妈，我爸刚刚是不是说'活性污泥'了？是靠里面的放线菌处理污水吗？"三元即将进入连环提问模式。

　　"停！"柳青青用手比画了一个暂停，"问你爹去。"

　　"都说了自己去查，查了不就知道啦。光竖着耳朵听，弄不明白的。'自己动手，丰衣足食'，知道不？"

　　"哎呀——"柳青青伸了个懒腰，"与其在这里不受人待见，还是早点上楼洗澡、做面膜吧。"

　　三元把手里没吃完的瓜子往袋子里一扔，佯装生气地说："哼，我上楼丰衣足食去了，吃成个胖子给你瞧瞧。"

　　柳青青走到楼梯口，提醒道："看完电视，记得把瓜子皮收拾干净哦。"

　　诸葛林苦笑不已，母女俩朗朗的笑声相伴左右。

神仙美容针

一

"小屁蛋回来啦，快来看看给你做什么好吃的了。"

"一会儿再说，先上楼做作业了。"

"嗯，热心学习是好事。"

三元进到自己的小天地，关好门，书包往桌上一放，紧接着从里面拿出了一个罐头瓶子，上面印有"北京名吃臭豆腐"字样。三元寻摸了一圈，然后将腐乳瓶放进了书柜。

"其他晚上再说，本姑娘先做作业喽。"

二

晚上九点多，三元小声念道："知识就是力量，不是热量。"

随即知识出现了，今天她穿的是一套陨石灰的礼服。

知识开心地问三元："嘿嘿，感觉有好事要发生，是不是呀？"

"没错，之前说的'中国奶酪'给你弄来了。"

知识手舞足蹈，"真的呀，太棒了。"说罢，飞到三元的肩头亲了一下她的脸蛋。

三元从书柜里拿出了腐乳瓶，旋开盖子，"小 A，你闻闻。"

"好嘞！"知识兴奋地冲了过去，"咳咳，什么味道啊？！坏了吧？"

三元"咯咯"一笑，"今天刚用本姑娘的压岁钱买的，这会儿才开封。"

"那怎么这么臭！"

"这个和奶酪不沾边，名曰'臭豆腐'。"

眼泪开始在知识的眼眶中打转转，"臭小陈，书呆子，竟然敢骗我，还让我心心念念了这么久，呜哇——"

"小点声，别被爸妈听见了。"

知识强忍泪水，十分委屈地说："伤心呗，期盼了这么久。之前有多向往，现在就有多难过。"

"其实，陈景润说得没错，臭豆腐很有营养，也挺好吃的，不然太后怎么会喜好这一口呢？"

知识一边擦着泪水，一边含糊道："是吗，但是这味道真的恶心到我了。"

"等一下，我下楼拿个馒头，你就着吃吃看。"

三元下了楼。悄悄溜进厨房，先用微波炉热了一个馒头，然后和碗筷一起带回来了房间。

"老公，我怎么听到微波炉响了？"

"是吗？没留意，别疑神疑鬼的。"

三元夹出一块臭豆腐放到碗里，接着把筷子递给知识，"小 A，自己动手吧。"

知识用粉嫩的小手点指青灰色的腐乳块，"确定能吃？上面怎么还有白点呀。"

"放心吧，毒不死你。"说完做了一个请的手势。

知识夹了一点儿，在热馒头上涂了涂，闭着眼、皱着眉，来了一小口。

"怎么样？"

知识睁大了眼睛，脸上的表情迅速由阴转晴，又夹了一大块，开心地在馒头上涂抹起来。一大口之后，不顾形象地边嚼边说："好东西，好吃！"

见她吃得津津有味，三元也咽了咽口水，还用鼻子连着吸了两下。没错，她也馋了。

眼见知识又想从瓶子里夹出一块，三元劝阻道："我爸说这个不能多吃，一次一块半块的差不多了。"

知识盯着筷子，似乎在做激烈的思想斗争，"好吧，不过这瓶我要带走。"

"没问题，本来就是给你买的。"

"谢谢！那我就走了，这么好的东西得让族人们也尝一尝，太开心了！"

三元心想："真是个容易满足的可爱宝贝。"

知识旋转了起来，即将消失之际，三元提醒道："这个叫'臭豆腐'，不是'中国奶酪'哦。"

知识离开后，三元先是打开门窗换气，然后拿起碗筷蹑手蹑脚地走到厨房。水龙头不敢开大，尽可能小声地洗刷起来。再次回到房间的时候，腐乳的味道已所剩无几。

柳青青回到卧室，小声对"室友"说："去厨房看了下，这小猪刚才应该是吃过东西了，自己还把碗给刷了。"

诸葛林翻着手里的杂志，不在意地说："晚上没吃饱吧，现在课业负担重，又是长身体的时候，多吃些好，就怕饿了也不知道吃。"

"嗯，是这个理。"

第二天，吃过早饭，三元对爸妈说："今晚不在家吃饭了，放学后我们要去成功家做兴趣小组的作业，上次没弄完。"

"什么时候接你？"诸葛林问道。

"不用了，都说好了，去谁家就由谁的爸妈负责接送。"

诸葛林笑道："嘿，你们这些毛孩子还指挥起大人了。"

三元"嘿嘿"一笑，朝爸妈挥了挥手，背起书包出门了。

三

"成功，酸奶和微生物后来弄得怎么样了？"贾明问道。

"还行，根据你爸的建议我又查了些资料，都在这里了。"说完，拍了拍手中的平板电脑。

甄士强见状道："放进书包吧，别一不小心掉地上了。"

"大哥，我谢谢你呀，没什么不小心的。"嘴上这么说，还是将平板放进了书包。

三元问："你估计一下，全部弄好大概要多久。今天作业多，早点弄好还要回家做作业呢。"

"我觉得资料准备得挺全的，要讨论的地方也标记好了，应该快的。"

贾明夸赞道："梅少爷做事还挺有条理的嘛。"

甄士强提醒道："你爸的'五连发'来了，今天咱也坐一回豪车。"

一路上，三个孩子就跟刘姥姥进了大观园一样，东看西瞧，时不时还问问梅成功这个按键什么功能，那个配置什么作用。梅成功就像讲解玩具一样，逐一介绍，有的还进行了演示。一刻钟左右，车停了。三元下车后，一幢高大的建筑映入眼帘，白沙墙配着橘红色的屋瓦。别墅共有三层，依山而建。一条小路由鹅卵石铺成，小路旁有一排石桌，石桌上摆放着形态各异的盆景。小路往右，三道拱门连接着回廊，回廊的尽头便是别墅的入口。

进入别墅后，三元感慨道："真大啊！"

涂蔷走了过来，热情地欢迎三元三人："孩子们，你们好呀。"

"阿姨好！"

"先坐下吃点东西吧，水果、饮料自己拿，冰箱里还有酸奶和冰激凌。儿子，可要招待好哦。"

"妈，我们是来完成兴趣小组作业的。一进屋就叫人吃吃喝喝，这不是阻碍我们进步嘛。"梅成功哼唧道。

"嘿，我倒成了进步路上的障碍，真不会说话。哪有一来就干活的，吃点喝点，效率更高。"

贾明憨笑着，"阿姨说得对，这叫磨刀不误砍柴工。"说完，拿过一根香蕉剥起皮来。

梅成功开了冰箱，从里面拿出两种口味的冰激凌，招呼道："酸奶饭后吃，香芋和草莓味的，自己选。"

"唉，还是我来吧。"一人一杯，涂蔷直接将冰激凌塞到三人手中，又把水果和饮料往三人面前一摆，"别客气，自己家，千万不要拘束。"

大家吃了起来，数贾明吃得最欢，话也最多。

"妈，我爸呢？"

"说晚上有饭局，不知道几点结束。"看了看手表，"我在饭店里订了餐，还要一个多小时才能送来。"

贾明小声对甄士强说："听见没，在饭店订餐，我家只在手机上订过外卖，土豪啊。"

"边吃边弄吧，先把作业搞定。"梅成功征求起三人的意见来。

涂蔷说："这么急呀，那把冰激凌带上去，不然化了。"

梅成功领着三人正朝二楼书房走，涂蔷叫住了三元，"作业你们三个小子去做，三元留下来帮我看点东西。"

梅成功不高兴了，"妈，还说不是阻碍我们进步，留下三元做什么？"

"用不着向你报告。"

三元开口了，"成功，是不是少了我你们三个就搞不定啦？"

梅成功欲言又止，甄士强回复："放心，轻松搞定，等着瞧好吧。"

眼见三人进了书房，涂蔷一边招呼三元吃冰激凌，一边去茶几上拿了一本杂志，坐下后小声问道："这次是我家成功负责？"

三元点点头，往嘴里舀了一勺粉红色的冰激凌。

"最近在学校的表现如何？"

"挺好的，感觉比之前认真了。像兴趣小组的作业，不论是贾明负责的那次，还是这次，他都很用心。"

"哦，最近在家里的表现也不错，看电视、打游戏的时间少了许多。"涂蔷肯定道。

"阿姨，该不会是让我当您的小密探吧？"

涂蔷发出了银铃般的笑声，"怎么会，有正事。"

说罢，翻开杂志，找到了一篇题为《神仙美容针》的文章。

"这篇文章有意思的，你先看看。"

世界上最为致命的毒物是什么？曾几何时，不知道多少人为了这个问题而争论不休，各执己见。

有人信心满满地说："是毒鼠强（灭鼠药的一种）。它能够强力阻断生物的新陈代谢，自20世纪中叶研发至今，杀生无数，药力强大到中毒生物尸体中的毒素仍可残留一年甚至更久，死亡阴影久久不散，二次中毒事件频频发生。"

有人不假思索地回复："当然是氰化物了，没见侦探和谍战小说中杀手和间谍的王牌致命手段就是氰化物嘛。如果从最小剂量考量，米粒大小的氰化钾便可置人于死地。"

有人摆摆手道："听说过拼死吃河豚吗？要说最致命的，河豚毒素称第二，就没有敢称第一的了。河豚毒素化学性质非常稳定，即便是烹熟的河豚，毒素依然存留。食客吃后，不出 6 个小时便会瘫痪甚至死亡。在国际市场上，河豚毒素的纯品每克售价可是要超过 20 万美金哦。"

黑衣蒙面的恐怖分子嘴角上翘，风轻云淡地吐出一个单词，Sarin（沙林）。"沙林毒气杀伤力至少胜出氰化物百倍，神经性毒剂，生命的无情收割者。第二次世界大战期间，沙林就以神经性毒剂的形式成为秘密武器，并被冠以'新星六号'。1995 年，震惊世界的'东京沙林毒气事件'更是令世人为之侧目、战栗。2013 年叙利亚战争，沙林毒气再次参与实战，造成了较大的人员伤亡，将其恶名推向顶点。"

......

肉毒毒素一经出现，所有争论戛然而止。作为毒性远胜沙林的毒素，肉毒杆菌产生的这一物质，成为了世界毒物之最。据权威测算，1 毫克的肉毒毒素可以轻松杀死 2 亿只小鼠，对人的致死剂量仅为 0.1 微克。

肉毒毒素又称肉毒杆菌毒素或肉毒杆菌素，英文名为 Botulinum toxin。肉毒毒素由生长在缺氧环境中的肉毒杆菌产生，是大小为 15 万道尔顿（质量单位）的多肽[①]。它由 10 万道尔顿的重链和 5 万道尔顿的轻链通过二硫键连接，特别抗酸蚀。作为一种神经毒素，肉毒毒素能够透过机体黏膜，经血液和淋巴进行扩散，并对神经末梢、颅脑神经核和神经肌肉接头产生作用，抑制乙酰胆碱释放，影响神经冲动传递，致使肌肉产生松弛性麻痹。此外，与外

---

① 多肽：由三个或三个以上氨基酸分子组成的肽。

毒素②不同，肉毒毒素不完全由活细胞产生，而是先在细胞内产生无毒的前体物质，待细胞自溶、释放后，经特定蛋白酶激活后才具备完全毒性。

肉毒毒素起初仅作为罕见病药物使用，不为人知，市场空间狭小，盈利有限，依靠美国政府政策扶持才得以延续。那时，肉毒毒素主要用于治疗神经异常引发的面部、眼部，以及颈部肌肉痉挛。随着时间的延续，人们逐渐发现，肉毒毒素除了能够减缓病痛，还能够"抚平"注射部位的皱纹。这一意外发现，彻底令肉毒毒素的命运发生了改变。于是就有了1992年人们第一次利用肉毒毒素进行面部除皱的临床试验，以及1994年报道的革命性新方法——采用 Botox 治疗双侧咬肌肥大等后续传奇。越来越多的爱美人士将其作为除皱的首选，甚至就连对整形和美塑讳莫如深的娱乐圈，也有不少大咖和明星坦承自己是肉毒毒素的使用者和受益者。还记得热播美剧《欲望都市》里的那句经典台词吗？没错，就是"肉毒毒素远比婚姻值得信赖！"。对许多美颜达人而言，注射肉毒毒素就像日常购物那么平常，而肉毒毒素也成为了他们生活和生命中必不可少的一部分。毕竟，爱美之心人皆有之，渴望消除岁月痕迹，期盼青春永驻是人之常情。

肉毒毒素注射除皱效果十分明显，通常注射后3—14天（人均10天），皱纹便会舒展开来（乃至消失），皮肤再次平坦、紧致。而且，注射一次，效果可维持3—6个月。同以往化学剥皮和胶原注射等美容手段相比，肉毒毒素注射除皱效果优异，近乎神奇，兼具损害小、无创口、见效

---

② 外毒素：分泌到菌体外的对机体有害的毒性物质。

快和不影响日常生活工作等优点，堪称当今世界最先进的除皱妙术。当然，同其他手术一样，它也有一定的禁忌。例如，妊娠和哺乳期妇女禁用，神经肌肉系统疾病患者禁用，非常瘦小和患有严重心肝肺肾等疾病人士禁用等。

古语有云："是药三分毒。"肉毒毒素毕竟是一种剧毒物质，利用肉毒毒素进行美容除皱也有副作用，会引发一定的并发症。例如：局部疼痛，注射不当引发的睑下垂、复视、无法完全闭眼、出血和血肿，反复或大剂量注射引发的免疫复合疾病，以及过敏性休克等。需要特别指出的是，"不食人间烟火"也是并发症的一种。已有不少演员为美付出了代价——表情不自然，有戴假面人皮的感觉。也有不少国内外知名导演在演员筛选时，不将使用肉毒毒素的演员作为首选。他们给出的理由很简单——纵然精致美艳，但是观众在这张找不到岁月痕迹的脸上看不到演员的喜怒哀乐，情感的交流会因毒素的麻痹而停滞。

从世界范围来看，目前能够生产美容用途肉毒毒素的国家仅有中国、美国和英国三家。在我国，称之为 BTXA（生物除皱素）；在美国，叫 Botox（保妥适）；在英国，则是 Dysport（丽舒妥）。从产品质量来看，三个国家的肉毒毒素产品无明显差异。然而，为了减少安全隐患，优选我国药品监督管理局批复的产品方为明智之举。

"看完了？"

"嗯。"

"感觉如何？"

"嗯——前面挺幽默的，中间挺科学的，末尾挺广告的。"

涂蔷笑着摇了摇头，"里面说得可信吗？"

"这个杂志以前听我爸说过，口碑挺好的。"

"那你帮阿姨出出主意，要不要美美？"

"嘿嘿，这个我又不懂，主意还得您自己拿。"

"没事儿，如果你到了阿姨这个年纪，会不会考虑注射肉毒毒素？"

"那么遥远的事情，现在怎么想得出啊。"

涂蓄拍了三元的手一下，佯装生气，"故意气我是吧，还那么遥远，我很老吗？"

三元连忙摆手，"不是的，我现在连化妆品都没用过，对这样的高科技根本没概念。要问，您得问我妈。"

"青青我会问的，现在就想听你说。"

"那就瞎说啦，您可别笑我。"三元理了一下，"如果现在让我选，我不打。从小到大，从年轻到老迈，都是很自然的，如同四季一样，冬去春来，周而复始，能说哪个季节最好，或是一直停留在哪个季节吗？春天，百花盛开；夏天，雨荷蛙鸣；秋天，丰收喜庆；冬天，瑞雪兆丰年。"

涂蓄点点头，听得很认真。

"我爸经常对我妈说，不同的年龄段有不同的味道，但都是美好的。"

"你呀，得了你老爹的真传啦，那我再考虑考虑。"又小声叮嘱道，"保密哦。"

"放心，嘴巴严实得很。"

"好啦，去找成功他们吧，我发个信息问问咱们的晚饭。"

超级玛丽

一

屏幕前三个脑袋攒动着，三人十分投入地讨论着，不时还指指点点。突然门开了，三元蹦了进来，"哈喽，有没有偷懒啊？"

贾明顺了顺胸口，"吓我一跳，搞什么鬼。"

"真要是被吓着了，只能说明你不认真。你瞧，成功和士强就很淡定。"

梅成功从座椅上站了起来，"弄得差不多了，你再看下，没问题就这么定了。"

三元坐了过去，逐行逐字阅读起来。七八分钟后，三元说："我觉得挺好的，没什么意见。"

"只是'挺好'吗？"贾明问道。

三元斜了他一眼，"知道什么叫谦虚不？"

见梅、甄二人也在看着她，三元补充道："质量比第一次好。"

于是，除了贾明，大家笑出了声。

这时门外传来了涂蕾的声音："弄好了没？好了的话下来洗手，晚饭就要送到了。"

二

四人洗过手，围坐在餐桌旁。涂蔷站在窗边，不时看看窗外，发发信息。

约莫五六分钟后，梅成功问："妈，还要多久？刚才不是说马上就到了吗。"

涂蔷收好手机，坐到儿子旁边，"负责送餐的师傅说路上堵车，估计还要二十分钟才能到，咱们先聊会儿天。"

"你一个大人能和我们有什么共同语言，聊得起来吗？"

"嘿，你个臭小子，在同学面前也不给老妈留点面子。"涂蔷嗔怪道。

"实话实说。"

涂蔷大脑飞速地运转着，看了一眼贾明，"刚才洗手的时候，数你最认真。"

"浪费水资源哦。"梅成功开起了贾明的玩笑。

"大哥，那叫认真，我可是严格按照'七步洗手法'来的。"

"在我的印象中，很少有男孩子洗得这么认真的，要表扬。"

贾明"嘿嘿"一笑，"其实之前也很敷衍的，水沾沾湿就完事了，直到我爸给我讲了个故事。"

"叔叔是医生，他给你讲了什么？"甄士强问道。

"超级玛丽。"

"扑哧——""贾明啊，你这孩子可真逗，还一本正经的。别看阿姨和你们几个之间有代沟，但也知道《超级玛丽》是一款游戏。吃蘑菇，斗恶龙，救公主，对不对？"

"呃——我说的'超级玛丽'是真人，其实叫'伤寒玛丽'要更确切。之所以称作'超级玛丽'，是因为她是超级传播者。"

梅成功来了兴趣，"反正饭还没送来，给我们讲讲呗。"

贾明搓了搓小胖手，娓娓道来。

　　介绍玛丽之前，首先要了解伤寒沙门氏菌和伤寒。

　　伤寒沙门氏菌（*Salmonella typhi*）又称伤寒杆菌，是伤寒病（Typhoid fever）的病原体[①]。"Typhoid fever"一词最早由皮埃尔·路易斯（Pierre Louis）于1829年所创。直到1880年，该病病原体才由德国病理学家卡尔·埃伯斯（Karl Eberth）在伤寒死者的脾脏和肠系膜淋巴结中确认。1884年，格奥尔格·加夫基（Georg Gaffky）首次对伤寒沙门氏菌进行了培养。

　　伤寒作为一种全球性的急性传染病，主要传播媒介为被伤寒沙门氏菌污染的食物或水。该病的症状包括腹泻、高烧、便秘等，体质虚弱者还可能伴有肝脾肿大，或者是特征性"玫瑰疹"，严重者会死亡。即便是在医学技术发达的今天，大城市贫困人口中的10%仍有可能发生伤寒感染。公元前430年的"雅典瘟疫"是有关伤寒的首次记述，而伤寒的出现也被一些历史学家认为是古希腊文明衰败的重要原因之一。早期欧洲商人和殖民者也曾遭受过伤寒。17世纪初，弗吉尼亚詹姆斯敦（Jamestown）的7500名殖民者中，有超过85%的人可能死于伤寒感染。1898年，美西战争期间，美国军队中约有20%的将士染上了伤寒，死亡率是因战争死亡的6倍。渐渐地，人们开始谈伤寒而色变。

　　通常情况下，伤寒沙门氏菌主要经口进入消化道，伤寒患者和无症状感染者是主要传染源。伤寒患者在病程的

_____

① 病原体：引发疾病或传播疾病的媒介。

2—4周最具传染性；约半数患者在恢复期（疾病消除至完全复原期间）仍可排菌，之后逐渐减少；约2%—5%的患者会成为慢性带菌者，持续排菌3个月以上。此外，有少数人会带菌数年（胆囊），或终身带菌。

1906年的夏天，一场突如其来的伤寒聚集性感染打破了美国纽约的平静。银行家查尔斯·华伦（Charles Warren）同家眷和园丁等6人在长岛（Long island）消夏时先后感染伤寒，恐惧和焦虑油然而生。经过调查，乔治·索珀（George Soper）将华伦家的厨师玛丽·梅伦（Mary Mallon，1869—1938）列为重大嫌疑人。他发现，在玛丽·梅伦先前工作过的七处地方都发生过类似感染情况（在职期间或离职后不久）。经过后续检查，玛丽·梅伦被确认为病菌携带者。之所以她本人并未出现任何不适症状，是因为她已经适应伤寒沙门氏菌。换言之，她是无症状感染者，人类历史上第一个被发现的无症状感染者。

身为无症状感染者的同时，她还是一名超级传播者。在她的一生中，52人被直接传染（7人死亡），间接被传染者虽然无法准确估算，但定然不少。玛丽·梅伦的病菌传播能力为何如此之强？这要归因于她的一个陋习——上完厕所不洗手。更有甚者，她常常上完厕所就直接开始做饭。要知道，做饭时手会经常触碰食材，特别是做凉拌菜（如沙拉）时。不经意间，她从厨师变成了"毒师"。

涂蔷开始惆怅，"哎呀，原本以为我家成功赶不上三元和士强，总和贾明是难兄难弟。现在看看，也有差距呀。"

某人脸红得跟个猴子屁股似的，郁闷道："不能怪我啊，贾明是听他爸说的，你们给我讲过什么？"

贾明原本在偷着乐，好哥们儿这么一说，不敢得意了，连忙道："刚结束的测验，成功还比我高两分呢。"

贾明这么一说，母子二人顿觉松快不少。

"贾明，我归纳出两点，你看看对不对？第一，要注意饮食卫生。这一点对于预防传染病而言，至关重要。第二，讲卫生不光是对自己负责，也是对他人负责。"三元岔开话题。

"精辟。"贾明点评道。

梅成功挤对道："不是精辟，是屁精，马——屁——精。"

涂蔷听了直摇头，真拿宝贝儿子没办法。

"叭叭——"外边传来喇叭声，涂蔷起身张望，"送餐车到了。"

车上一共下来四个人，前前后后好一阵忙碌，一桌子秀色可餐的美味出现在了一大四小的面前。

"涂女士，您好！首先，恳请原谅。迟到了，确实不应该。衷心希望这样的不快不会影响到您和小朋友们进餐的雅兴。最后，祝你们用餐愉快。"

涂蔷点点头，"嗯，这个点儿堵车也没法子。还好，等的时间不长，我们这边聊得还挺高兴的。"

送餐负责人如释重负，"您真善解人意，今后我们一定注意，一定改进。你们用餐结束后，可随时联系我们回收餐具，再次祝你们用餐愉快。"

鞠躬之后，领着其他三人出了房子。

"还等什么，孩子们开动吧，尽享'海陆大餐'。"

……

厨师的水平确实高超，色香味俱全。除了母子二人，一个个吃得沟满壕平，贾明还直呼肚皮要破了。

三元回应："我也吃得好饱，真棒！"

贾明提议："先聊一会儿天哈，我现在站都站不起来了。"

"这孩子，可真逗。"

梅成功打开冰箱，拿出一桶酸奶。这时三元才注意到，"你家的冰箱可真大，跟一堵墙似的，里面一定装着好多东西。"

梅成功一边给大家倒酸奶，一边得意地说："最热的那几天，恨不得把自己也塞进去。"

"大哥，塞得进去吗？"

"塞不进去我就不说了。"

"土豪，不不，真豪啊。"

三元看着一桌子的餐盘，低声问道："阿姨，还剩了这么多，怎么办啊？"

"没事儿，饭店的人会逐一打包的，再往冰箱里一塞，就OK了。"

甄士强说："我以为不要了，还觉得怪可惜呢。"

梅成功笑了笑，"那才是土财主呢，爸妈都很节约的。排场有时候会讲，但从不浪费。这些啊，接下来几天我们继续享用。"

甄士强转而问道："诸葛，运动会准备得怎么样了？"

甄士强这么一问，梅、贾二人的目光也投了过去。

"按部就班呗，虽然现在四百米还没什么把握，但是成绩确实有进步。"

贾明打气道："我们看好你哟。"

三

一桌子的餐盘不见了，餐桌恢复了之前的样子。饭店负责人走到涂蕾身边，面带微笑地说："涂女士，都收拾好了，您还有什么吩咐吗？"

"没有了。"

旁边的人拿来一个果篮，交到负责人手里。

负责人说:"之前耽误了你们用餐,一点儿心意还请笑纳。"

"好的,那谢谢啦。"

"感谢您的惠顾,晚安,再见。"

送走饭店服务人员后,涂蕾来到了影音室,看见三元三人正在聚精会神地盯着荧幕,唯独宝贝儿子不知去了哪里。

"三元,成功呢?"

三元目不转睛地回答:"说要查点资料,放出电影就上楼去了。"

贾明在一旁兴奋地说:"大屏幕看着就是过瘾啊。"

涂蕾带着疑问来到了书房,见儿子真的坐在电脑前,不时挪动下鼠标。

"成功,小伙伴们也不管了?"

"他们看电影呢,我查点儿东西。"

"查什么?"

梅成功头也不转地回答:"我觉得什么都往冰箱里放不好,但是又说不上哪里不好,就动手查查看。"

涂蕾顿感欣慰,"那查到了吗?"

"嗯,坐过来,一起看吧。"说完,把光标移到了资料的开头。

冰箱作为必不可少的电器,已经进入了千家万户。然而,多数人想不到的是冰箱自古有之,我国古代的冰鉴很有可能是人类最早制造使用的冰箱。西周时期(公元前1046—公元前771年)著名政治家、思想家周公旦(周公)所著《周礼》中就有关于"冰鉴"的记载。冰鉴外形美观,制作精巧,古时用于暑天盛冰,并可放置食物、冰镇酒水。

现代冰箱通常由箱体、制冷系统和控制系统三部分组成。知道吗,仅凭温度控制是无法达到理想保鲜效果的,许多微生物在低温条件下仍然可以生长繁殖，并对食品的品质和安全构成威胁。伴随着社会的快速发展，民众健康意识逐渐增强，冰箱作为家电的重要一员，人们对其提出了更高的要求。

传统保鲜技术大致可以分为三类：（1）基于精准控温的保鲜技术。该技术通过降低环境温度，进而减弱食物中各种酶的生物化学活性，同时抑制食物表面和内部微生物的生长活动；（2）基于分区贮藏的保鲜技术。该技术利用不同食物最适贮藏温度和湿度的差异，分区贮藏以避免相互串味和生熟交叉污染；（3）基于气体控制的保鲜技术。该技术通过控制和调节贮藏环境中的气体组成，抑制微生物生长繁殖和食物自身生物化学反应，进而提升保鲜时长。与之相对，新型保鲜技术主要有：（1）电、磁场保鲜技术。该技术通过搭载高压静电场装置和永磁体等来实现；（2）光照保鲜技术。该技术利用果蔬采摘后补光的方法来维持果蔬的新鲜度；（3）等离子体保鲜技术。该技术通过等离子体放电过程中产生的物质（如活性氧离子）与细菌等微生物中的蛋白质和核酸类物质发生反应，进而杀灭微生物，延长食物的保鲜期。

冰箱虽已普及，但日常使用中仍存在不少误区。

（1）冰箱＝保险箱

食物均有保质期，冰箱中的食物同样会变质。放久了不仅影响口感，还有损健康。一般建议速冻饺子、馄饨、汤圆等的存放期为1—2个月；半成品蔬菜，如玉米粒、板栗等，冷冻时间不宜超过5个月；河鲜、海鲜的存放期不要超过4个月；禽肉冷冻8—10个月，红肉冷冻10—12个月。

（2）食物都可放进冰箱保藏

并非所有的食物都适用冰箱保藏，不适合的有：

● **热带水果**

如香蕉、榴莲、木瓜、芒果等。此类水果一般在未完全熟透时采摘，直接放入冰箱易致其无法自然成熟。此外，热带水果对低温相对敏感，在冰箱中容易出现冻伤，轻则表皮褐变、生麻点，重则发生软烂。

● **根茎类蔬菜**

如土豆、洋葱、大蒜等，容易霉变、发芽或冻伤。

● **已开封的茶叶、咖啡等**

（3）鸡蛋要清洗后才能放入

清洗会破坏壳外膜，增加微生物侵染概率，加速鸡蛋变质。

（4）肉类、海鲜可以直接放入冰箱

肉类、海鲜往往携带有较多的微生物，如果不做分装处理直接放入，很可能成为"污染源"，污染其他食物。

（5）存放无须分区

分区存放十分必要。一般而言，冰箱门架处的温度相对容易升高，适合放置不易变质的食物；靠近后壁处的温度较低，适合放置剩饭剩菜。

需要强调的是，不同冰箱的技术特点不同，需要参照说明书使用。此外，虽然冰箱的使用年限和致病微生物的检出率之间无明显关联，但清洗频率却同检出率成反比。因此，为了家人的健康，记得定期清洗冰箱哦。

母子俩对视一眼，梅成功说："怎么样，有门道的吧。"

涂蔷点点头，"把这篇打出来，明天我再看看。这两天有时间，相关的文章多找几篇，事关健康不能马虎。"

"嗯，好的。接着往下看，还有个'尾巴'呢。"

知识补给站：冰箱中的"杀手"

不少人认为，冰箱中的低温环境会抑制微生物生长，可它们中的一些却仍然能够繁衍如常，在影响食物品质的同时，威胁人体健康。接下来，以单核细胞增生李斯特氏菌和小肠结肠炎耶尔森菌为例进行说明。

（1）单核细胞增生李斯特氏菌

该菌属于李斯特氏菌属，被世界卫生组织列为人畜共患型食源性致病菌。由该菌引发的脑膜炎、败血症，以及围产期①或新生儿感染的死亡率都非常高，怀孕期妇女感染常致流产。

（2）小肠结肠炎耶尔森菌

该菌主要通过污染食物进入人体，感染后多表现为胃肠道症状，如呕吐、腹痛、腹泻等，多具自限性（免疫系统在疾病发生发展到一定程度后发挥作用，逐渐痊愈而不会造成慢性损伤的一种特性）。然而，部分患者可能会出现诸如心内膜炎、反应性关节炎和组织脓肿等并发症，甚至因败血症而亡。

涂蔷看到作者的名字后问："儿子，文章作者的名字有意思呀，胖魔王。"

"这是一个团队的名字，之前诸葛和我们讲过，很棒的科普团队。"

---

① 围产期：是指怀孕 28 周到产后 1 周这一分娩前后的重要时段。

"他们是科普什么方面知识的？"

"微生物相关的吧，生态环境保护也涉及一些。近些年出过两本科普书，录制过一些音频节目，还在一些报刊上开设科普专栏呢。"

"哦，回头把那两本书的购买链接也发我，有时间看看，充充电。"

"您吩咐，我照办。"

"时间不早了，给你爸打个电话，自己回不来也先让司机送下三元他们。"

该不该烧？

一

一觉醒来，不见闹钟，三元知道又回来了。

敲门声"咚咚"响起，"三元要起了，今天你爸带我们去野炊。"

"哦，已经起了，在穿衣服哪。"

柳青青进了屋，一屁股坐到床上，"吃过早饭就出发，妙木山脚下有个野炊营地，就去那儿。"

"天然的还是人工的？"

"当然是人工的，要不东一处西一处，着火了怎么办？"

"那么好的一个地方，来这么一处营地，怪煞风景的。"

"你老爹去过，感觉还好，对环境的干扰不是很大。"

"就随口一说，野炊多有意思呀，有的吃，有的玩，还有的看。"

柳青青用手指戳了一下女儿的脑门，"小吃货，那我先下去收拾了，还有不少活儿呢。"

二

九点半刚过，6AA88驶出了清凉镇，一路向西。

"老爸，大概要多久，上次没留意。"

"上次有心思，当然没留意了，最多半个小时吧。"

柳青青一旁说道："这次轻装上阵，愉快出行，快看两边的树多多，一会儿还有蜿蜒的小溪呢。"

"小溪？那咱们去抓鱼、找螃蟹吧？"

"下次好了，今天的主题是野炊。等到了妙木山，领着你到附近转转。"

"那就这么说定了，过几天再去溪边玩。"

诸葛林通过后视镜看见后排满是开心的女儿，笑着应道："嗯，说好了。"

柳青青指向车的右侧，"快看，那边农民在烧什么？"

诸葛林瞥了一眼，"应该是在烧秸秆。"

三元笑道："瞧这烟冒的，我想到了古代的狼烟。"

"还挺能联想的。"柳青青继而问道："这样烧秸秆，行吗？"

"禁止的，抓到要批评教育或是罚款的。"

"那他们还烧，真是山高皇帝远哦。"

"小规模的不容易被发现吧，抱有侥幸心理。其实现在监控这么多，巡查力度也大，想不被发现，难的。"

"那他们图啥？"

"方便呗。"

三元插话道："太不应该了，自己是方便了，环境却被污染了。"

诸葛林点评道："怎么说呢，有利有弊吧。"

妻子听出了弦外之音，"咦，听口气似乎你还觉得有该烧的理由？"

"反正还有一段路，给你俩说说吧。咱们国家每年像玉米、水稻和小麦这样农作物的秸秆差不多有八亿吨。"

"啥，八亿吨？！"

"听你爸说，别打岔。"

"没错，咱们吴越省每年农作物秸秆的产生量在九百万吨左右，真的很多。"

过了一个涵洞后，诸葛林继续道："早些时候，秸秆可以做饲料，也可以制作有机肥。不过，现在农村里养牛养羊的人少了，再加上务农人数减少和劳动力成本提高，有机肥不常有人做了。"

"农村里现在除了岁数大的，就是岁数小的，其他人基本都在外打工赚钱。再说了，和化肥相比，有机肥不仅做起来麻烦，效果也来得慢，产量更是没的比。有机肥种出的东西虽然品质好，但是现在优质优价还无法完全实现。换作是我，弄上一点儿，够自家吃的就好了。"柳青青说道。

三元说："我在书上看到过秸秆还田。"

诸葛林回答："秸秆还田也是有利有弊的。好的方面就像书上说的，就地消纳，改良土壤。但是现在秸秆产生量真的很大，再加上时间成本和人工成本，选择还田的就少了。在一些有病虫害发生史的田块，如果处置不当，秸秆还田还会加重病虫害的发生，导致用药量增加、产量和品质下降。"

"什么药？"

"农药，杀虫剂和杀菌剂呗。增加农民支出不说，害虫和病菌的耐药性势必随之增加，还会造成环境污染，到头来遭殃的还是我们自己。"

"老公，以前不是一直在推广沼气池嘛。说是沼气池不仅能够处理秸秆和畜禽粪便，产生的'三沼'还各有用途。"

"'三沼'是什么？"

"沼气、沼渣和沼液。沼气有点像天然气，可以用来做饭和照明。沼渣和沼液都是很好的肥料，有时候处理好的沼液还可以喂牲口呢。"柳青青解释道。

"怎么听上去像是营养液似的。"

"是有些像营养液的，给植物和动物喝，哈哈。"诸葛林摸了摸光头，"沼气池用得好的话是不错，不过一般农户想要用好并不容易，要有经验。另外，一家一池的话，发酵原料的来源也是个问题。虽然秸秆量大，但那是指总量，不是每家每户都有秸秆的。"

"那几家或者是一个村、一个镇共建一个，行不？"柳青青问道。

"不是没有考虑过，一方面运营管理存在问题，另一方面沼气技术自身也有限制。"

"哦？说说看。"

"沼气技术的核心是厌氧发酵，离不开微生物的作用。微生物也是生物，环境条件对小不点儿们作用发挥的影响很大。沼气技术的'老大难'问题就是低温条件下的表现不够理想。"

好奇宝宝问："天冷了，小不点儿们就偷懒啦？"

"低于十度就直接罢工了。"

"哎哟，那一年要停好几个月呢。"

"越往北，时间越长。"

诸葛林突然想起一件事，"给你们说个有趣的，曾经有个北欧国家建立了一座大型沼气工厂，并将所在地附近所有的秸秆收集起来进行处置。最后一算账，发现工厂产生的能源和收购过程中消耗的能源差不多。"

"是指收集车消耗掉的燃料。"又补充道。

"那不白忙活了？"

柳青青却认为，"怎么就白忙活了，不是还有沼渣和沼液嘛。再说了，对环境也有好处啊。"

"青青，人工成本和收购过程中产生的污染有考虑过吗？"

"什么污染？"

"比如车辆排放的尾气。"

"那最后怎么说？"

"也就这种人均 GDP 世界前十，又特别注重环保的小国玩得起，也愿意玩。"

"老公，我觉得用'玩'这个字不合适，多么有意义的尝试啊。"柳青青纠正道。

"嗯，老婆大人说得对。"

"喊——"后排有人甚是鄙视，"说来说去，秸秆问题总要解决的吧。老爸，说重点。"

车里安静了片刻后，"不能一概而论，要因地制宜地想法子，多途径解决。一些还田，一些做生物质①燃料，还可以做工艺品，或者是充当食用菌栽培的原料，实在没辙就烧了吧。"

"喂，当着孩子面可别胡说。"

"烧真的挺好的，秸秆灰是很好的肥料。另外，还有省工夫、除杂草，以及减少病虫害发生等好处呢。"

"老爸，既然烧有这么多好处，那还折腾个啥，一烧了之呗。"

"具体问题具体分析，烧也是有讲究的，不然不成放火了？"

"干脆些，把烧秸秆的注意事项一下子讲完，再磨叽到地方了。"柳青青催促道。

"嘿嘿，起码要注意三点。首先，漫山遍野焚烧要不得，要将秸秆收集摆放好，并在无风天烧。其次，烧过之后，要对土地进行翻耕，这样秸秆灰就成为了底肥。最后，山区优先。山区的环境自净能力②相对要强，而且秸秆转运确实不便。"

柳青青从刚刚削好皮的苹果上片下一块，塞进"司机师傅"嘴里。

"哎呀，这个苹果怎么这么甜啊。"

---

① 生物质：通过光合作用形成的有机体，包括动植物和微生物。
② 环境自净能力：自然环境通过大气和水流的扩散、氧化还原，以及微生物等的作用，将污染物转变为无害物的能力。

三

看着车旁和后备厢里一堆堆的东西,柳青青对老公说:"重的那些帮我拿到营地,然后给你俩半小时的自由活动时间。"

"嗯?作为家中任劳任怨的一分子,现在正是体现我价值的时候,活动什么?"

"都是些细碎的活儿,一个人就行了,你带三元在附近走走。"

"确定吗?"

"把'吗'字去掉,赶紧的,开始计时。你看着点表,只有半个小时哦,之后我就当甩手掌柜了。"

一大一小离开了营地,向旖旎如画的田野走去。美丽的风光,充满质朴气息的乡村田园,再加上鸭子、母鸡和牛等禽畜不时发出的嘎嘎、咕咕和哞哞等声响,一幅耐人寻味的立体画卷呈现于眼前。

"保护区附近还有这些?"

"为什么不能有,这样才显得生动啊。"

忽然,三元小眉头一皱,"什么这么臭?"

"畜禽粪便的味道吧。"说罢,指向远处。

"真难闻,堆在那里多煞风景啊。污染环境不说,还污染了本姑娘的眼睛。"

诸葛林笑了,"嗯,除了你说的,这还是一种资源浪费,是挺可惜的。"

带着三元来到一处树荫下,诸葛林接着说:"畜禽粪便和秸秆都属于有机垃圾,它们变废为宝的过程着实让人们感到欣喜。但是,有多少人知道其中的功臣是肉眼不可见的微生物呢?"

"讲讲吧。"

"出来玩还说这些?"诸葛林讶然道。

"古语有云：'学而时习之，不亦说乎。'"

"好，要表扬，你这是'敏而好学，不耻下问'。"

"不是下问，是上问，嘿嘿。"

诸葛林摸了摸女儿的头，"那就讲讲产甲烷菌吧。"

产甲烷菌实际上是一个统称，泛指能够将有机或无机化合物转化成为二氧化碳和甲烷的古细菌。产甲烷菌分布广泛，几乎每一个与氧气隔绝的环境中都有它们的身影，比如河底的沉积物、植物体内，以及动物的消化道等。产甲烷菌是严格厌氧（有氧条件下无法生长繁殖，甚至会死亡）的原核生物[1]，是一类具有重要功能和意义的环境微生物，同自然界碳素循环[2]关系紧密。

受限于研究手段，人们对产甲烷菌的认知史不足两百年。然而，在严格厌氧操作技术发明之后（又以美国微生物学家罗伯特·亨盖特于 1950 年发明的亨盖特厌氧滚管技术最具代表性），相关研究渐呈爆发之势，现在更是当之无愧的研究热点。巴氏甲烷八叠球菌（*Methanosarcina barkeri*）和甲酸甲烷杆菌（*Methanobacterium formicium*）是最早被研究人员分离到的产甲烷菌。之后，随着厌氧分离技术的改进，以及分析和鉴定手段的不断更新，越来越多的产甲烷菌被人们发现。先后已有超过 5 种的产甲烷菌完成了全基因组测序，人们对它们的细胞结构、代谢途径和适生环境等也有了更为深入的了解。

---

[1] 原核生物：一类细胞核无核膜包裹，只存在被称作核区的裸露 DNA 的原始单细胞生物。

[2] 碳素循环：有机和无机含碳化合物在生物和非生物作用下的一系列相互转化过程。

不同种类产甲烷菌的细胞壁结构和成分各异，有的属于革兰氏阳性菌，有的则属于革兰氏阴性菌。但它们共同的特点，除了严格厌氧以外，就是生长繁殖异常缓慢。它们的生长速度用"龟速"来形容一点儿也不为过，甚至还要再慢上许多。其他种类的微生物，少则十几分钟，多则几天便可以繁殖一代，而产甲烷菌则要十几天，或者是几十天才行，就这还是在人工培养条件下取得的"佳绩"呢。要是回到自然条件下，还需要更长的时间。所以，产甲烷菌的菌落①微小在微生物界是有名的。不仔细观察，真可能视而不见。产甲烷菌之所以生长得如此缓慢，同其"挑食"密不可分。产甲烷菌最爱吃的食物多为简单物质，比如氢气、二氧化碳、甲酸和乙酸等。然而，自然界中哪有足够的简单有机物供它们"好吃好喝"呢？要知道，自然环境中绝大多数有机物都是比较复杂的。因而，产甲烷菌只能寄希望于其他微生物先将复杂有机物分解为简单有机物，然后再"果腹"了。唉，这种先看别人大鱼大肉，待其酒足饭饱方能"拾人牙慧"的滋味也真是够憋屈的了。

产甲烷菌之所以能够把垃圾中的有机物转化成甲烷，是因为它们可以通过新陈代谢，将有机物中的碳同环境中的氢相结合。目前公布的甲烷微生物合成途径主要有三条，分别以乙酸（盐）、氢气和二氧化碳，以及甲基类化合物为底物②。其中，又以第一条合成途径所产甲烷最多，占比超过六成。正是有了产甲烷菌的作用，环境中的酸性物质才不会大量堆积。否则，其他种类的微生物将复杂有

---

① 菌落：由单个细胞或一堆同种细胞在固体培养基表面或内部形成的肉眼可见的细胞群落。

② 底物：参与反应的物质。

机物质分解后，环境中的酸含量会快速上升，到达一定程度后，咱们这颗蓝色星球都有可能被腐蚀掉。

再说明一点，产甲烷作用在人类和其他动物的肠道中也会发生。虽然人类消化不需要产甲烷作用，但对于牛和羊等而言产甲烷菌是不可或缺的。

三元像是在课堂提问似的，举起了手，"老爸，有两个问题。"

"傻不傻，说吧。"

"什么是古细菌？"

"古细菌是一类特殊的细菌，大多数生活在极端环境中。"

"还有，刚才说到一个词，是烤箱那个'格兰仕'吗？"

诸葛林笑出了声，"革兰氏染色法是 1884 年由丹麦的革兰医生[①]所创立的，是众多鉴别细菌方法之中应用最为广泛的一种。不同种属的细菌会呈现红色或紫色两种染色结果。染色结果为红色的，称之为革兰氏阴性细菌，紫色的就是革兰氏阳性细菌了。这里的阴阳是分类指标，阴性译自 Negative，阳性译自 Positive。实际上，称之为革兰氏染色阴性或阳性反应细菌更为恰当。"

"哦，这么个革兰氏啊。"

"产甲烷菌是非常硬核的一类微生物，厌氧、无须阳光、喜欢的食物非传统有机营养物质、耐热、耐盐、耐碱，各类极端环境中都有它们的身影。三十多亿年前的地球可谓处于'地狱模式'，那时产甲烷菌便已存在了。由于它们的代谢活动与气候变化紧密相关，甚至有学者推测它们是 2.5 亿年前物种大灭绝的推动者之一。"

三元感慨道："犀利啊！"

"现在产甲烷菌又多了一个标签，火星生命。红色荒芜的星球，

---

① 汉斯·克里斯蒂安·约阿希姆·革兰，1853—1938。

氧气稀少、温差巨大，迄今尚未发现生命迹象，但有科学家认为生命力顽强的产甲烷菌可能存活其上。相信随着探测研究的不断深入，人们距离真相将越来越近。"

"哇哦，火星生命！老爸，你向往去火星吗？"

"当然，这是梦想！"

"那要是给你一个机会，但前提是只能你一个人去，而且不能再回地球，还去不？"

"不去！我可舍不得你俩。"

三元笑了，美好地幸福着。

感冒与流感

一

"爸，妈，贾明他们三个下午来咱家。"

"欢迎呀，来做兴趣小组作业是吧？"

"嗯，之前他们三家都去过了，这次轮到我们做东道主了，中午一点多记得去接。"

诸葛林笑道："小屁蛋，把我和你妈安排得明明白白。"

"之前，人家对我们可热情了。"

"心放在肚子里，不说我们也有数的。"

二

快两点时，锦园外突然热闹起来，不时还有狗叫声。

三元兴奋地跑了出去，好家伙，跟赛跑一样。和她猜想的差不多，甄士强把小狗带来了。

三元拍着手说："哈哈，我有小狗啦！我有宠物啦！"

梅成功在一旁对贾明酸道："瞧见没，诸葛满眼都是狗，对我们视而不见哪。"

贾明配合地做出悲痛状："唉，人不如狗啊！"

诸葛林走了过来，"两个人在这儿说相声呢？"转而对三元说：

"别堵在门口了，进屋去，不然真成重狗轻友了。"

三元接过笼子，一个人走在前面，眼睛一直安在小狗身上。

"三元，笼子给我，等会儿在院子里找个地方，给狗安个家。"

三元颇为不舍地将笼子递给了老爸，叮嘱道："可得找个好地方哦，回头我要检查的。"

"我办事，你放心。"

"孩子们都来了呀，欢迎，欢迎。水果茶几上有，别客气。"柳青青又对三元说："去把零食和饮料拿过来，怎么还要我提醒。"

三个小伙伴都笑了，甄士强说："阿姨，诸葛现在满脑子都是狗，没心思搭理我们。"

贾明用纸巾擦了一下鼻涕，"名字想好了吗？之前你说叫'小海盗'或是'小盗'，我觉得不合适。"

"为啥？"

"小狗的左眼有块黑，你就这样叫它，那不跟叫高个子'竹竿'一样了嘛。阿嚏——"

柳青青见状关心道："贾明，你感冒了？"

"不清楚，我妈说是流感。"

"哈哈，终于有大明白也不明白的事情啦。"

三元说完，梅、甄二人也乐上了。

"你妈是律师，这块不懂的。要是你爸说的，那就没跑了。"柳青青不知道从哪里找来了一个口罩，递给贾明，"先戴上，我去问问三元她爸。"

贾明边戴口罩边说："是要戴好口罩，别把你们给传染了。唉，关键时刻掉链子，真是的。"

"小狗就叫'臭臭'吧？"三元征求意见道。

三人一下子被逗乐了："臭臭，亏你想得出。"

三元向梅成功解释道："名字贱些好养，不是还有人叫'王小猫'和'李狗剩'嘛。"

贾明插话道:"反正是你的狗,想叫啥叫啥,别叫'贾明'就好。"

诸葛林走了进来,"还有谁叫'贾明'啊?"

四人你看看我,我看看你,笑而不语。

"等我一下,打印些东西给你们。"

片刻工夫,诸葛林回来了,给了每人一份资料。

"先看看,然后判断一下贾明究竟得的是什么。"

2013 年的一部韩国电影《流感》(又名《致命感冒》)让人们对流行性感冒(简称"流感")有了颠覆性的认识。不夸张地讲,若病原判断失误,加之应对不当,很有可能为人们带来灭顶之灾。当然,这部电影虚构成分不少,夸大了流感的破坏性,但警示作用是毋庸置疑的。

普通感冒俗称为"伤风"。人们通常觉得感冒是由环境剧烈变化所致,然而事实并非如此,感冒是由微生物引起的。微生物种类繁多,能够引起感冒的病原微生物不在少数。病毒和细菌都会引发感冒,但是多数感冒是由病毒引发的,这些病毒包括副流感病毒、冠状病毒,以及鼻病毒。别看只有三类,它们还有许多亚型存在,仅鼻病毒就有 100 多种亚型,这也在一定程度上解释了为何有的人一年到头不断感冒(实际上是不同致病微生物所致)。感冒一年四季都可能发生,其中副流感病毒感冒多在秋季发生,冠状病毒感冒多在冬季发生,而鼻病毒感冒则多在春夏发生。有时候人们看到感冒患者会敬而远之,生怕被传染。这是因为病毒多存在于呼吸道之中,咳嗽或者打喷嚏时的飞沫携带有病毒,会感染其他人。要知道,打喷嚏时，飞沫可是会以每秒一百多米的速度四处扩散的。普通感冒没有流感传染力那么强，同个人的抵抗力密切相关。因此，普通感冒一般是个案式的，成批出现的情况比较少。病毒通常具有潜伏期，普通感冒病毒的潜伏期多为一天，病势也较为缓慢。刚开始患者可能鼻子和喉咙有些发痒、干热，数小时后便会加重，出现声音嘶哑、咽喉疼痛、鼻塞、干咳和流清鼻涕等症状，严重的身体其他部位还会出现并发症，如腰酸背痛、疲倦、畏寒、食欲不振和头痛等。普通感冒一般伴有低烧（38℃左右），症状持续2—3天后便会缓解或是消失。

与普通感冒不同，流感由流感病毒引起，是一种急性呼吸道传染病。它的传染方式和途径与普通感冒相似，不同之处在于冬春常为流感暴发季节，50%的传染率也属常情。流感病毒容易发生变异，会不断产生新的病毒突变株，因而康复者仍有可能再度染病。流感的潜伏期从数小时到几天不等，但潜伏期大多为24小时左右。流感发病很突然，会打冷战，体温一般会升到39℃以上，继而出现流鼻涕、干咳、乏力、浑身酸疼，以及结膜炎等症状。另外，全身性症状较为严重，持续时间也较普通感冒长，3—5天才能好转，对身体健康的危害性大于普通感冒。

普通感冒和流感迄今没有特效药，人们所服用的药剂大多起缓解作用。感冒发生后，要注意多休息、多喝温开水，一周左右便可痊愈。如果条件容许，可用热水泡脚加速康复。另外，普通感冒不建议服用抗生素，否则得不偿失。而对于流感患者，应多卧床休息，吃一些易消化的食物，多喝水（以淡水为主）。如发高热并且脱水严重，应及时就诊输液，以防病情恶化。

实际上，无论是普通感冒还是流感，都应以预防为主。平时多给住处通风，锻炼身体。环境卫生质量和免疫力上去了，生病概率自然就下来了。另外，遇到降温或换季，要及时添加衣服，不能"只要风度，不要温度"。最后需要注意的是，少去人员密集的公共场所（特别是卫生状况堪忧场所），不要给致病微生物找茬的机会。

三

见四个人都抬起了头，诸葛林问："看完啦？那都说说吧。"

三人一致表示贾明得的是感冒。轮到贾明时，他说："叔叔，对照着看，我应该是感冒了，您家有板蓝根冲剂吗？"

"可以喝吗？"

"嗯，以前一感冒我妈就会给我冲板蓝根，甜滋滋的，算是药里比较好喝的。"

诸葛林笑着摇头，"感觉怎么像是在喝糖水呀，亏你爸还是个医生，药不能乱吃的。来，先听我给你讲讲服用板蓝根的误区，然后再做决定。"

"嗯，您说吧。"

"不少患者跟你一样，一有头疼脑热、喷嚏咳嗽，不分体质虚实，也不辨风寒风热，就直接冲起板蓝根来。更有甚者为了预防感冒，还长期用板蓝根泡茶喝。"

"呃——这种做法有点儿傻。"

"板蓝根服用通常存在三个误区。其一，认为板蓝根可以治疗所有的感冒。哪有这样的万灵药啊。板蓝根性寒、味苦，具有清热解毒、凉血消肿和利咽的功效，适用于风热和热毒壅盛所致的感冒、大头瘟等。临床症状表现为高热、面红、头疼、流黄鼻涕、咽红肿痛、烦躁口渴的患者才可以服用，体质虚寒者慎用。其二，认为板蓝根是可以长期服用的中成药[①]。对于中药制剂的使用必须遵从中医辨证施治原则，否则可能适得其反。研究表明，服用板蓝根无法预防感冒，长期服用可能出现胃疼、呕吐、腹泻等症状。"

贾明调整了一下口罩，"第三个误区是啥？"

"第三个误区就是认为儿童和青少年服用板蓝根无须顾忌。儿童和青少年还在发育期，在形体和生理等方面与成人不同。儿童脏腑娇嫩，脾胃虚弱，服药后易重伤脾阳[②]，破坏机体平衡。另外，鉴于学龄前儿童过敏体质较多，家长给孩子服用板蓝根时需要慎之又慎。"

三元问贾明："我爸说完了，你还喝吗？"

"还是回家问问我爸再说吧。"

"时间不早了，你们去弄兴趣小组的作业吧。"柳青青提醒道。

进了书房，梅成功问三元："诸葛，上次的作业老师批好了吗？"

"嗯，正要跟你们说呢。傅老师说咱们班第二次的作业整体都做得非常认真，质量也要比第一次的好，批出了三个 A$^+$ 呢。"

三元这么一说，其他三人顿时紧张起来。

"那咱们组成绩如何？"甄士强问道。

"嘿嘿，咱们这么努力，成功又这么上心，当然是 A$^+$ 喽。"

"耶！"

"老公，怎么地动山摇的？"

"谁知道这四个小屁孩儿怎么了，分享开心事呢吧。"

---

① 中成药：以中药材为原料，在中医药理论指导下，为了预防和治疗疾病，按照规定的处方和制剂工艺将其加工成一定剂型的中药制品，是经国家药品监督管理部门批准的商品化的一类中药制剂。

② 脾阳：生理学名词，指脾的运化功能和在运化活动过程中起温煦作用的阳气，是人体阳气在脾脏功能方面的反映。

贾明又问:"石可瑜那组呢?"

"她们也两个 A$^+$ 了,我们要继续努力呀。"

三人齐齐点头,甄士强主动请缨,"这次作业我主笔,怎么样?"

"好,最后一次的响鼓留给诸葛敲。"

贾明表态道:"成功说得对,士强这次主笔,诸葛充当最后一次的重锤。"

"去你的,你才是锤子呢,还是把感冒的锤子。"

哈哈哈,书房中充满了欢声笑语。

四

晚饭时分,四人走出了书房。

"正要叫你们呢,去把手洗一下,不到十分钟就可以吃了。"柳青青叮嘱道。

眼见一桌子的好吃的,一个个都有点儿心头鹿撞,纷纷赶去卫生间洗手。回来时,诸葛林已坐在了主位,招呼孩子们坐下。

"三元,笼子安置好了,一会儿你去瞧瞧。等这两天有空了,我去趟狗市,买个大些的狗屋,这样小狗住得也舒服。"

"好哒。"

"名字想好了吗?"

"臭臭。"

贾明三人在一旁偷着乐。

"怎么起了这么个名字?行吧,反正是你的宠物,记得喂养全是你的活儿哦。"

"晓得嘞,不用你俩操心。"

"那就好。"

梅成功笑着说:"诸葛,你这起名字的水平快赶上我爸了。"

"怎么说？"

"姓梅名成功，还能怎么说。"

甄士强"扑哧"一下乐了，估计贾明口罩后面的嘴角也是极力上翘的。

梅成功叹息道："唉，不知道我学习不好和名字有没有关系。"

"成功，小小年纪还怪迷信的。谐音'没成功'，你就不好啦？照你这么说，你爸就不可能成为咱们镇的首富，更甭想着雇司机开'五连发'了。"

"嗯，您说得对，还是要自己多努力。"

"成功，最近不光我和士强觉得你有进步，傅老师也说你上进了呢，还说其他老师的反映也都挺好的。"

贾明插起了话，"不光是你俩，我也觉得成功有进步。就拿这次测验来说吧，我的排名从班级第二十七上升到了二十一，结果他十九，比我还高两名。人家说一分压千人，成功倒是没那么夸张，两分压两人。"说完，还伸出两根手指比画了一下。

"哈哈，贾明说话有水平的。"诸葛林笑道。

"要是换作往常，你都在我后面待着呢，现在搞得我可真是压力山大呀。"

"哈哈，大家听出来了没有，他是在自夸有进步呢。"梅成功揭秘道。

诸葛林拍手笑道："这么明显，谁听不出来。你们有进步就好，三元和士强也要加油，看好你们哟。"

随着女主人将酒酿圆子羹端上桌，晚餐开始了，气氛颇佳。

五

诸葛林送完三人回到锦园后，见三元还在院子里逗小狗，"还稀罕呢，可别是五分钟热度哦。"

三元撒起娇来，"不会啦，我会宝贝好臭臭的。明天你就去把狗屋买回来吧，再带根牵引绳。"

"好的，还要弄点驱虫药。土狗疫苗基本上都不打的，买点儿药驱驱虫就好了。最近有时间，养狗的资料自己查查看。既然开始养了，就用点儿心。"

柳青青走了过来，"老公，我觉得这回咱们真的不用操心了。瞧见没，笼子里垫的布，外边两个盆子里的吃的和水，都是三元给弄的。她竟然还知道给小狗喝放凉了的水呢。"

"哦，小屁蛋，你是怎么知道的？"

"网上都有，查查又不费劲儿。"

"好了，进屋吧，早点洗漱，明天还要上学呢。"

趁着往屋里走的工夫，三元问："梅叔叔的名字叫什么啊？"

"财发啊，怎么啦？"

"梅——财——发——"

三个人都笑了，身后无垠的月光洒落满院，静谧而又美好。

微生物玩转文物修复

一

妙木山野炊已经过去快两周了，其间三元一家又去小溪边露营了一个晚上，玩得很是尽兴，抓了不少小鱼小蟹。

柳青青感慨："时间过得可真快，一晃出来都一个月了。"

"美好时光总是快，还好，还有一个月。"诸葛林回应。

"嗯，这两天我再做做计划，这次一定要玩个尽兴，下次还不知道猴年马月呢。"

诸葛林估摸了一下，"明年备战升学考，上初中前的暑假应该有时间，之后的三年又要为中考做准备了。"

柳青青挨着老公坐了下来，撒娇道："老公，想想我就头疼呢。"

三元从旁插话道："不应该是我叫苦吗？"

"老爸，你在网上买了什么？上午收了一个快递，我帮你拆吧？"

"买了几本闲书，拆快递的乐趣还是我自己来享受吧。"

喝杯水的工夫，诸葛林拿来了两本书。

"《盗墓笔记》，《鬼吹灯》。"柳青青念道。

"老爸，光听名字就觉得有意思。"

诸葛林嘿嘿一笑，"惦记不是一两天了。"

某人酸酸地来了一句："唉，有了新欢就忘记旧爱喽。"

诸葛林连忙搂住妻子："青青永在我心中。"

除了"滚你个蛋"，还有一个大大的白眼，可把三元乐坏了。

"真难得，除了微生物你竟然还对别的感兴趣。"

诸葛林不敢搓火，满面堆笑道："那是，那是，兴趣广着呢。"

"盗墓和文物这些总跟微生物没关系了吧。"

"呃——别说，还真有。"

"哦，风马牛不相及的事物还能联系到一起？"三元来了兴致。

"让你老爹给咱俩讲讲，别自己捧着书一边乐去了。"

"嘿嘿，自觉自愿，态度绝对端正。"

于是，诸葛林又摆起了龙门阵。

文物作为人类生活的历史积淀，弥足珍贵，有着十分重要的艺术、史学、科学、军事和文化价值。其中，石质文物又以存留难度大和致损因素多而显得尤为贵重。石质文物种类繁多，诸如工具、建筑、塑像、雕刻等都在其列。通常，石质文物多长期暴露于室外，风吹雨打（又以酸雨为最）、人为触损、微生物作用，以及盐晶等因素都会对其造成损害，妥善保护石质文物已是各国和各地区的共识。

目前，石质文物的修复保护多以化学涂层法为主。然而，从以往的应用实践来看，问题不少。以丙烯酸树脂和环氧树脂为代表的有机涂料，使用寿命有限，维护频率相对较高，成本不菲，并且会因疏水性不同致使文物表面盐离子转运不畅，进而析出盐晶，造成破坏。与有机涂料相对，以锌（铝）硬脂酸盐和磷酸盐，以及石灰水为代表的无机涂料也存在短板。它们形成的"外壳"同文物原有材质不相容，溶解后甚至会在石缝中形成沉淀盐晶，进而引发文物原表面破裂。

微生物在带给人类一个个惊喜和福祉的同时，其开发与利用的步伐从未停滞过。它们已经无缝式地融入了人们生活的方方面面，就连文物修复中也有其身影。实际上，利用可沉淀碳酸盐的微生物进行石质文物修复早已不是什么新鲜事儿了。20世纪70年代，法国科学家便通过"细菌喷涂法"对受酸雨腐蚀的古建筑外墙进行了修复。经过15天的连续喷涂，修复墙面上"生长出"一层新的"岩石"，即便多年后勘察依然坚固如初。新长出的"岩石"实为微生物促成的碳酸钙沉淀，因其硬度较天然碳酸钙大，故在抗腐蚀和抗损坏方面呈现明显优势。此后，有关利用微生物进行石质文物修复的案例屡见报道。比如，皮耶罗·蒂亚诺（Piero Tiano）等人曾于20世纪末利用枯草芽孢杆菌加固石质文物，收获良好效果；2006年前后，吉奥莉（K. Lal Gauri）等人通过脱硫脱硫弧菌（*Desulfovibrio desulfuricans*）对大理石表面进行除垢脱污（黑色硫酸盐污垢），效果优异；浙江工业大学李沛豪和同济大学屈文俊以巴氏生孢八叠球菌（*Sporosarcina pasteurii*）为供试微生物，证明其可用于修复混凝土裂缝等。以微生物进行石质文物修复，微生物会在文物表面形成一层碳酸钙矿化膜。这层保护膜不仅与文物表面贴合紧密、材质相近，而且还因复合了若干有机物质而在韧度和强度等方面有着更为优异的表现。

上述修复案例多数是利用了功能微生物能够增加碳酸氢根和碳酸根浓度的能力，进而强化了沉淀反应。那么，有哪些因素会对微生物的修复作用产生影响呢？其一，温度。微生物各项生理活动都是在一定温度范围内进行的，并有最适温度一说，选择适宜的季节或营造适宜的环境温度能够促使小家伙们欢快地工作。其二，酸碱度（pH）。酸碱度会影响微生物产碳酸氢根和碳酸根的能力，实际修复中工作人员往往要通过缓冲液的调配来为微生物创造适宜的酸碱环境。其三，微生物的种类。可用于文物修复的微生物种类繁多，各具特点。因而，要具体问题具体分析，选择特点和功能最为适宜的一种或几种进行修复。其四，菌体密度。微生物一些生理活动的进行同其密度关联紧密，只有菌体密度符合相关阈值[①]要求，修复工作才能够有条不紊地进行。

微生物在无声无息进行修复工作的同时，能够最大限度地还原文物真容，兼具无须特种设备、劳动力使用相对节约、环境友好度高、无二次污染，以及成本相对低廉等优点，获得了越来越多的青睐。另外，微生物修复"动作轻柔"，实施者受意外伤害概率小，而这又同人与自然、人与文化、人与社会和谐共进的基调相吻合，加强相关研究和应用可谓是顺势之为。

"还挺厉害的嘛。"丢下这么一句后，柳青青就去准备晚饭了。
三元用手指戳戳老爸，"你麻烦大了。"
"唉，一会儿再哄哄，我这是招谁惹谁了。"

二

某人晚饭吃得十分辛苦，从头到尾嘴就没停过。快结束时，柳青青说："你呀，拍了一晚上的马屁。算了，大人有大量，不同你

---

① 阈值：又叫临界值，是指一个效应（或状态）能够发生的最低值或最高值。

计较了。"

诸葛林如蒙大赦，感激道："青青就是好，人长得漂亮，饭菜做得可口，脾气还特别好……（此处省略一百个字）"

这些话中，真说不清有几句是发自内心的。

碗盘端到厨房后，柳青青进入"洗刷刷模式"。

"老爸，我麻了。"

"吃到花椒了？"

"不是，肉麻的。"

"去——"

"拍马屁挺有一手的嘛。"

某人骄傲地回答："那是，记住'千穿万穿，马屁不穿。道理再好，不如人缘'。"

三元佯装躲闪，"别给我教这个，你这是毒害祖国的花朵。"转念一想，又说："老妈也真够敏感的。"

"可不是嘛。"

三

兴许是柳青青自我反省过了，洗完碗对待诸葛林的态度又恢复了。不，还要殷勤些。诸葛林见怪不怪，反倒是三元有点摸不着头脑了。

"都收拾好啦？"

"嗯。"

"老婆大人请坐，辛苦了。"

柳青青微微一笑，"记得之前你说过在看可持续发展方面的书，看得怎么样了？"

诸葛林心想："事出异常必有妖，青青怎么突然对这方面感兴趣了呢？"

"想什么呢，人家关心你。"

"哦哦，有些头绪了。"

"那我和三元当听众，你说说吧。"

"老妈，我可……"

话没说完就被"犀利"的目光顶了回去，连忙改口："我可爱听啦。"

诸葛林嘟囔道："小屁蛋，我信你个鬼。"

柳青青不耐烦道："讲不讲？"

诸葛林满脸赔笑，"那我就汇报一下吧。可持续发展作为一种理论，一般人光看名字就能猜出一二，直接说精髓吧。三元，去拿个苹果来。"

三元将苹果递给老爸，"真是个苹果精。"

"精髓是三条原则，首先也是最重要的一条是可持续原则，强调社会发展不能超过大自然的承载能力。"

"老爸，能举例说明一下吗？"

"嗯，拿电脑举例子吧。电脑除了夏季容易发热，还有什么时候容易发热？"

柳青青回答："打游戏的时候电脑会热。"

诸葛林点点头，"电脑发不发热、烫不烫手和里面的散热器有很大的关系。如果散热能力小于发热能力，那温度就会升高。在极端情况下，当发热能力远超散热能力时，甚至会出现元器件烧毁的情况。"

三元表示难以置信，"有那么夸张吗？"

"回头你上网查查'电脑超频'① 就知道了。对于那些超频玩家

---

① 超频：是把电子元器件的时脉速度提升至高于厂方所设定的速度运行，从而提升性能的方法，但此举有可能导致元器件稳定性和寿命下降。

而言，机毁芯亡绝不陌生。"

"哦，长见识啦。"

柳青青开口道："明白了，社会发展产生的'热量'不能超过大自然的'散热量'，至少不能超出太多，对不对？"

"冰雪聪明。"有人适时又是一记马屁。

三元笑着说："明白了，说第二条原则吧。"

"第二条原则事关公平性，分作代内公平和代际公平两部分。"咬了一口苹果，继续道，"代内公平指的是代内的所有人，不分国籍、种族、性别，经济发展水平和文化等的差异，对于利用自然资源和享受环境福祉具有平等的权利。"

"这一点好，这样才公平。"

"老婆还挺有平等意识的嘛。"接着又说，"相对代内公平，代际公平是要求不同代际之间公平地使用自然资源。"

"老爸，这个有点儿抽象。"

"这回拿汽车举例子吧。都知道石油有用完的一天，石油没了，汽油和柴油自然也没了。我们现在可以开汽车，但是汽油用完后的人们怎么办？"

"开电动车呗。"

"呃——青青，重点不在于使用哪种形式的能源或燃料。"

"哈哈，老妈的理解能力有问题。"

"嘿——小屁蛋你再说一遍。"

三元立刻夸张地用手捂住了嘴巴。

"答案是显然的，汽油用完后，想开汽车的人就丧失了权利和乐趣。这不公平，对吧？"

"嗯，是的。"

"细究起来，还有更耐人寻味的东西呢。"

"别卖关子了，说。"柳青青进入状态了。

"从个体来看，人类是对自己的后代负责任的。但是，从整体来看，又是不负责任的。"

"这回连我也有些蒙了，解释解释。"

"这个挺好理解的，比如家长都希望自己的孩子有出息，今后能过上比自己更好的生活，为子女可谓是操碎了心。小的时候一点点精心养育，生怕冻着碰着。上幼儿园了，一些家庭就陆续开始给孩子报班，弹古筝、练跳舞、写毛笔字等，希望孩子不要输在起跑线上，能够有一技之长。"

三元说："但是孩子们应该就想着玩吧，玩是天性。"

柳青青叹息道："唉，孩子有没有输在起跑线上我不知道，父母累死在起跑线上我确实真真切切地体会到了。"

"你们呀，都跑题了。"某人用手拍着脑门无奈道。

"嘿嘿，老公你继续。"

"上小学了担心初中，上初中了又担心高中，之后是大学，大学毕业又是个关头。"

轮到三元叹气了，"老爸，听你这么一说，我整个人都不好了。"

"这是父母的爱呀。"

"你爸没说完，这才哪儿到哪儿呀。不管读不读研究生，也不管是硕士还是博士，迟早要工作吧？工作、婚姻、健康，操不完的心哪。"

"嗯，够负责的了吧。但是，从整体上来看却是不负责的。以前我出差去过一个地方，和我对接工作的是当地一户有钱人家。他们自己办厂，污染了环境，为了身体健康，花高价钱喝桶装水，孩子也送去外地读书。但是，当地其他人呢？"

"她爸，这个例子举得不好，我觉得还是属于个人对后代负责的范畴。"

"呃——是吗？那换一个，三元的爷爷常说他小时候可以在河里游泳，水多么多么清。现在清澈的河还有几条？有些地方连河都没有了。"

三元点点头，"这个例子好，我明白了。"

"哎呀，有些事儿真的经不起琢磨，细想起来问题是不少。"柳青青感慨道。

诸葛林把吃剩的苹果核丢进垃圾桶，"好啦，现在来说最后一条原则，共同性原则。这个原则好理解，是指资源和环境既不是个人的，也不是专属某些国家或地区的，而是全人类的，我们共同生活在地球村。"

"嗯，有道理。像全球变暖这样的问题，非得要全世界联合起来才有可能应对。"柳青青附和道。

"老爸，还有什么要传授的吗？"

"传什么授，又不是上课。"转而一想，"去把纸笔拿来。"

诸葛林在纸上写下了"人定胜天"，然后开始了"卖弄"。

"你俩品品这四个字，看看能够想到什么？"

题目出好了，他一副高人扮相地到院子里溜达去了。

商议了一会儿，三元朝院子喊道："老爸，回屋来。"

"想好了？那就说说吧。"

"人定胜天是指人心安定，心往一处想，劲儿往一处使，就能够战胜自然。"三元给出了二人的理解。

"大众化的理解。"紧接着问，"真能胜天吗？让海水倒流，阻止火山喷发和地震发生，可能吗？"

母女二人一时语塞。

"不错，人类的能力是有了长足进步，也不乏沧海变桑田这样的创举。但是，战胜大自然谈何容易。"

"那你的理解是？"柳青青问道。

诸葛林又在纸上写下了"人定　胜天"，"我的理解就是不论人类掌握了怎样强大的科技力量，都要对自然心存敬畏，遵循规律办事，不可妄自尊大，这样的'定'才能换来更好的发展和美好的明天。"

母女二人鼓起了掌，"老公，说得好！"

三元俏皮地夸赞道："听爹一席话，胜读十年书哪。"

此时此刻的诸葛林那叫一个美，眉飞又色舞的。

看了看时间，"时间不早了，你俩再琢磨琢磨，我先上楼洗漱了。"

诸葛林上楼后，三元问妈妈："老妈，还要琢磨些啥？"

"刚才都说得差不多了，没啥好琢磨的。"

三元笑眯眯地用手点点，"老妈，发现你也挺有招的，瞧把我爸哄得开心的。"

"哼，不光要抓住他的胃。"某人得意道。

哈哈哈，母女二人开心地笑了起来。

思想动员

一

早读刚一结束，贾明就对三元说："后天要开思想动员会，你知道不？"

"不能说是思想动员会吧，期中和期末考试之前老师们不是都会强调一下学习态度和学习纪律吗？"

"哪儿跟哪儿呀，是思想动员会，全年级的，校长亲自作报告。"

"哦，你从哪里听来的？"

"嘿嘿，两个字'保密'。"

"小样，还以为你把爱打听的毛病改掉了呢。"

贾明憨憨地笑道："呵呵，正在努力，正在努力。"

"拜托，多用些力。"

两节课后，傅老师宣布周五下午唐校长会对五年级全体学生进行思想动员，要求同学们穿戴整齐并注意会场纪律。

二

两天后的下午，清凉小学五年级的一百六十一名同学和五位班主任会聚一堂，台上正中央端坐着校长唐向阳。唐向阳五十来岁，中等身材，看上去十分地硬朗。和蔼可亲的脸上，一双眼睛炯炯有神。今天，他穿着白衬衣，朴素大方。教导主任几句开场白之后，唐校长开始了动员，报告一作就是一个半钟头。散会后，各回教室，班主任们又忙碌了起来。

傅雷对同学们说："唐校长的讲话同学们刚才都听到了，不知道你们怎么想，我是很有感触的。以往这样的思想动员会都是放在最后一年的，这次五年级就进行动员，不同寻常啊。学校希望每位同学都能够重视起来，小升初成绩的好坏不仅关系你们的前途，也对咱们学校的声誉有着很大的影响。一年多的时间，一切皆有可能。同学们应该脚踏实地，积极查漏补缺，争取在小升初考试中考出理想成绩。第一次做班主任，我真心希望每一位同学都能考好，顺利升学。"

同学们听得很认真，不少同学暗暗鼓劲，其中就有贾明和梅成功。

"唐校长主要讲了三点，再给同学们重申一下，也希望回去后你们能够将这些内容告诉父母，请他们在做好后勤保障的同时，积极配合校方。我相信只要大家统一了思想，劲儿往一处使，一定会收获成功的。"

顿时，教室里响起了热烈的掌声。

"针对课业负担加重和不少同学思想上背有包袱的实际情况，唐校长明确指出：'感觉累是因为你们在走上坡路。'大家想一想爬山，下山容易，上山难。虽然难，虽然辛苦，但是上面别有洞天。你们能够想象到站在山巅与日月星辰对话的那种豪迈吗？'会当凌绝顶，一览众山小'和'海到无边天作岸，山登绝顶我为峰'的美好谁不向往？收获的时刻，你们一定会觉得之前所有的辛劳都物超所值。同学们，再爬一年多的坡，有没有问题？"

此刻的教室里响起的只有三个字——没问题！

"你们怕不怕苦，怕不怕累？"

"不怕！"

"很好！我也表个态，接下来我会一直走在最前面，带领着你们，带领着咱们二班。"

教室里又是一阵热烈的掌声。

"接下来说第二点，心态。唐校长强调：'学习、生活和工作都不是短跑，是长跑。不要以一时的输赢进行评判，关键是要拿出精气神和干劲，持之以恒地坚持下去。'"

傅雷喝了一口水，语重心长道："我是过来人，对这句话深有体会。就像龟兔赛跑一样，不少'兔子'最后真的输给了'乌龟'。当然，也有'兔子'比'乌龟'还要拼，结果自然就升级到了别的赛道。"

贾明小声地对三元说："这种就是比你优秀还比你努力型的。"

三元表示认同，提醒贾明接着听讲。

"同学们试着对号入座，看看自己属于哪一种情况。明确地告诉大家，发奋的兔子和乌龟都会有好结果，懒惰的兔子一定会后悔，至于懒惰的乌龟嘛，就只有落在后面吃土和羡慕的份了。我希望咱们班没有懒惰的乌龟，大家觉得怎么样？"

三十二名同学齐齐表示不愿意做懒惰的乌龟。

这时，走廊里传来了别的班级鼓掌的声音。

傅雷适时问道："你们听到了什么？"

柴长清回答："四班在鼓掌。"

"好像还有三班。"林紫萱补充道。

"我听见的不是掌声，而是向咱们班宣战的号角声。你们有信心战而胜之吗？"

"有！"整齐划一的回答，一些同学由于激动还起了鸡皮疙瘩。

傅雷很是满意，"小升初考试结束后，你们一定会感谢自己的努力的，会觉得自己奋发的样子是那样地帅。相信我，一定会的。"

转过身，傅雷在黑板上了写下了"人生规划"四个字，"规划是什么，哪位同学能说说？"

石可瑜举手示意后回答："规划就是计划。"

"嗯，准确地说应该是各种计划。"示意石可瑜坐下后，傅雷接着说，"有些同学可能会认为，心里有个目标，然后朝着那个目标努力不就好了。但是，走着走着就忘记了初心的情况也是时有发生的。所以好的规划不仅是目标，还是参照物，并且包含有确保目标达成的各种措施。"

见同学们纷纷点头，傅雷又说："规划包括短期规划、中长期规划，以及长远规划。拿你们来说，现在就是应该围绕小升初进行短期规划。当然，有余力的同学可以想得再远些。小升初考试是靶子，想打几环，怎么提高射击技术，如何进一步分解，以及需要哪些条件作为保障等，这些全部加起来就是你们的小升初规划。俗话说得好：'磨刀不误砍柴工'。今天回去后你们就思考下这个问题，最好家长也参与其中。"

傅雷讲了差不多一节课的时间，又答疑解惑了一会儿，便离开了教室。同学们有的开始了小声议论，也不乏三元这样的思考者，一个个都很认真。下课铃响过，梅成功走了过来，提醒三元和贾明："明早八点半，司机会去接你们，别忘了哈。"

"大哥，周六就不能让我多睡一会儿啊。"贾明抱怨道。

梅成功笑道："原来你也有不明白的时候，是想当懒惰的乌龟吗？"

贾明无奈地摇了摇头，"奋发的兔子，从明天做起。"

三元玩笑道："你呀，充其量是只奋发的乌龟。"

哈哈哈，三个人都笑了。

三

梅财发透过窗户看见司机接着三元三人回来了，朝厨房喊道："孩子们马上进屋了，你俩动作快点。"

"都弄好啦，就差端出来了。"梅成功回了一声。

"财发，感觉你比儿子还上心哪。"

"上次有应酬，没来得及。这次要是再不热情点，以后还怎么当人家叔叔，那几个老小子也要怪我哩。"

三人进了屋，一一向夫妇二人问好。

梅成功问："谁没吃过早饭？"

贾明看了一眼餐桌，嘟囔道："不让我睡懒觉，自己却还没吃早饭。"

涂蔷连忙替儿子解释："成功早就吃过了，怕你们有人没吃，特意让我准备了一些，香肠还是他亲手煎的呢。"

贾明"嘿嘿"一笑，"都吃过了，我们赶紧进入正题吧。"

"好你个小贾明，我儿子亲手做的你都不尝尝，我这个当爹的都从来没有享受过这种待遇呢。"

梅成功有些不好意思了，"爸，想吃就吃啊。"

"哈哈，沾光喽。先别急，都坐下来吃点，香肠配上薯条和酸奶，挺棒的，咳咳——"

话没说完就咳了起来，这可急着了涂蔷。

"财发，都咳了好几天了，要不去医院看看吧？"

"前两天问过连成，他让我先把烟酒停一停。"

"还说别的了吗？"

"嗯——对了，还说我应酬多，作息不规律，身体有点虚，抽时间要锻炼锻炼。"

梅成功插话道："爸，以后周末我陪你跑步，叫上老妈一起。"

"好！全家一起。"

梅财发备感欣慰，"哈哈，感觉咳嗽已经好了一大半啦。"

"财发，除了锻炼，营养也要加强。冰箱里还有虫草，回头我弄只老母鸡来，给你炖锅汤。"

"妈，什么草？"

"冬虫夏草，没听过吗？挺神奇的，也挺金贵的。"

"咳咳，老话不是说'五谷杂粮壮身体，青菜萝卜保平安'嘛，以后这种钱不要花了，跟交'智商税'一样。"

"嘿，这不是关心你嘛，还说我傻，好心当成驴肝肺。"

"哈哈，你是吕洞宾，我错了还不行嘛。"梅财发赔罪道。

三元憋着不笑出声，贾、甄二人也是如此。

涂蔷嗔怪道："都是你，让孩子们看笑话了。"

众人吃东西的工夫，梅成功回到书房，直到吃得差不多了才夹着平板电脑回来。

梅财发批评道："你小子不像话，自己跑上去捣鼓电脑，把同学留在这里。他们是你的朋友，还是我和你妈的朋友啊？"

梅成功一边打开电脑，一边埋怨道："得，我就是第二个吕洞宾。"

"还错怪你小子了？"

"上去查资料了，关于冬虫夏草的，你先看看吧。"

梅财发接过电脑，浏览起来。

　　每年四月，青藏高原的冰雪尚未完全融化，来自西藏、云南、青海和四川等地的数十万农牧民便会顶着寒风涌入海拔2800—5500米的高山草甸之中，地毯式地搜寻一种被称作"软黄金"的名贵药材。

　　冬虫夏草，虫草的一种。它是由冬虫夏草菌

（*Ophiocordyceps sinensis*，麦角菌科真菌）感染蝙蝠蛾幼虫后形成的一种真菌子座[①]与虫尸的复合体。冬虫，是指冬虫夏草菌进入幼虫后，吸收虫体中的营养物质并借机繁殖，最终将其体内组织分解殆尽，形成僵硬的虫体。虫体越冬后会产生菌核（一种特殊的菌丝体），菌核外有虫皮包裹。夏草，是说僵化的冬虫在夏季升温之际，体内的真菌子座会突破虫尸头部，露出地面，呈小草模样。每年夏天，草甸上的冰雪融化之后，便会有成千上万的蝙蝠蛾将卵产到植物的花朵和叶片上。这些卵孵化后，会变成小虫钻进潮湿且疏松的土壤中，吸收植物根茎的营养快速生长。而当冬虫夏草菌的孢子遇到蝙蝠蛾幼虫后，便会萌发、钻入虫体，吸收营养，最终形成冬虫夏草。

有人将冬虫夏草誉为天下第一草，更有甚者将其与传统滋补名品人参和鹿茸并列为"中药三宝"。由于野生冬虫夏草产量低、采收困难，而人工培育又不易为市场所接受，其买卖行情异常火爆，价格日渐高涨。又因市场宣扬冬虫夏草可显著提升人体免疫力，"包治百病"，老少妇孺皆宜，再加上一些商家囤货炒作，其摇身一变步入奢侈保健品之列，现已超出人参和鹿茸的价格，售价300—400元/克并不稀奇，堪比黄金。

关于"软黄金"的功效，素有争议。清朝汪昂所著《本草备要》认为其性甘味平，具有益肾化痰止血之效。现代医学研究也表明，冬虫夏草内含有多种生物活性物质，如麦角甾醇、虫草多肽、虫草素、虫草酸和虫草多糖

---

① 子座：某些高等真菌菌丝体形成的一种组织体，是菌丝分化形成的垫状结构，或是菌丝体与寄主组织或基物结合而成的垫状结构。

等，具有增强免疫力、抗菌、抗氧化、防衰老、降血糖，以及抗肿瘤等妙用。然而，也有专家认为，冬虫夏草所含有的活性成分不过是在植物中也存在的寻常组分，无特殊功效。此外，还含有砷等元素，无益身心健康。

需要警觉的是，多年来对虫草掠夺式地挖掘，使得本就脆弱的高山草甸环境更显不堪，植被破坏和环境污染愈发严重。据估算，获取一根冬虫夏草所翻查的草甸面积约为 30 平方米。即便按照人均每天采获 20 根的低水平推算，一个采挖季过后破坏的草甸面积也是一个巨大数字。在我国，采挖冬虫夏草所致草甸破坏面积已不下百万平方米。对其采收行为进行强力管控大有必要，而这势必将是一场旷日持久之战。

看罢，某人心中暗想："同样的错误犯了两次，这小子上楼还真是出于对我的关心。"转过身，对妻子说："你看看，专家都说冬虫夏草的功效有争议。另外，这东西现在还不能商业化栽培，在一定程度上讲买卖就是破坏生态环境。"

"是嘛，那我也要看看。"

"什么是健康的人生？我觉得它的公式应该是'良好的心态＋适度的锻炼＋均衡的饮食＋充足的睡眠'。"

"哟哟，瞧把你给能的。一下子从病夫变成养生达人了，我还真有点不适应了呢。"涂蕾揶揄道。

"这些道道我早就总结出来了，只不过现在才让你知道而已。"

"就是，道理一套一套的，咳嗽也是一声接一声的。"

梅成功觉得难为情，打断道："爸，妈，诸葛他们还在呢。"

梅财发问道："这次的作业谁负责？"

"叔叔，是我。"甄士强回答。

"哦，你和三元多督促督促成功和贾明，平时也是。回头考好了，我带你们吃大餐。"

四个好朋友相互看看，面露喜色。

梅成功问三元："下周就开运动会了，你准备得怎么样了？没问题吧。"

"还好，具体比过了才知道。"

梅财发点评道："好孩子，谦虚低调。"

"吃好咱们就上楼吧。"

梅财发笑着点指儿子，"小子不好意思了。"

"哪儿跟哪儿啊，平板电脑我拿上去了，干正事儿。你俩闲工夫多，请继续。"

夫妻二人对视一眼，异口同声道："你养的好儿子。"

真的输了吗？

一

甄士强正准备分工，梅成功开问了："我说同桌，你是不是忘记什么了？"

"有吗？"先是看了看三人，然后摸起了后脑勺，"什么呀？"

梅成功看了眼贾明，"提醒一下。"

贾明脑子转得多快啊，"我俩的小狗呢？"

甄士强顿觉不好意思，抱歉道："咳，这事儿，你们不提我也要说。"

贾明："没见你主动坦白呀。"

"嘿嘿，本来今早准备带过来的，结果我爸拦着不让，说是要给它们驱虫。"

"驱虫，驱什么虫？"

"就是肚子里的寄生虫啊，不驱虫小狗长不好的。"三元替答道。

"对对，驱虫分内驱和外驱，诸葛说的是内驱。回头体外的虫，你们自己想办法赶吧。"

"好嘞。"

贾明好奇地问："诸葛，臭臭的驱虫你做过了吗？有虫吗？"

"嗯，拉出来几条白虫子，过阵子内外一起还要再驱一次呢。"

甄士强说："还挺在行的嘛，叔叔教你的吧？"

"哪有，自己网上学的，现在臭臭的一切都由本姑娘照料。"

"心服口服外加佩服。"贾明俏皮道。

"下次再去我家就可以拿了，你俩先把名字想好喽。"

梅、贾相视一笑。

"好了，抓紧时间弄作业吧。上次在诸葛家开了个头，今天按照之前的分工继续。"

梅成功接过话头，"说来也巧，这次的主题是'保健品中的微生物'，结果刚才就碰到冬虫夏草了，哈哈。"

"无巧不成书嘛，不过之前确实没考虑到冬虫夏草。"贾明说。

"微生物的种类和用途实在太多了，别说是我们几个刚接触这门功课的小学生，就连我爸这样学习和研究微生物二十多年的人都不敢说自己懂得很多呢。"

甄士强建议："那冬虫夏草要补充进来，这部分由成功负责。"

"得令！"

二

四人弄了一个多小时，三元去卫生间，正好碰见了上楼的涂蔷。

涂蔷向三元招手道："三元，阿姨请你吃糖。"紧接着从口袋里掏出两块高粱饴。

三元接过糖，"谢谢阿姨，您都随身带着的？"

"吃糖让人开心嘛。"自己也来了一颗，接着说，"上次说的那个'神仙美容针'想想还是不打了，心里没底。"

"哦，不用打，阿姨美得很。"

涂蔷很是开心，又问："是嘛，那我和青青谁更漂亮？"

"一样美丽，一样动人。"

"鬼灵精，你这张小嘴儿啊，不吃糖都是甜的，把我的糖还来。"

三元嘿嘿一笑，正要离开，涂蔷打气道："运动会好好表现哦，多拿几块金牌回来。"

　　……

　　见三元回来了，贾明小声嘟囔着："女的就是麻烦，上个厕所要这么久。"

　　甄、梅二人立刻同他保持距离，这令贾明意识到了问题。

　　眼见三元双手叉腰，弱弱地说："用脑过度，胡言乱语，多多包涵哪。"

　　梅成功点评道："诚意不足，不过看在你是'开心果'的分上，或许诸葛大人不会和你一般见识。"

　　三元嘴巴也是厉害，"哼，非大人不记小人过也，而是好鞋不踩臭狗屎。"

　　哈哈哈，连贾明都乐了。

　　甄士强接着说："趁着这个空当问你们一个问题，为什么下周四开运动会？"

　　三元不确定地回答："天气好？"

　　见甄士强头摇了摇，梅成功分析道："这周刚开完思想动员会，这样的安排会不会是让学生和家长有时间一起做规划？"

　　贾明和三元眼睛一亮，顿觉有理。

　　甄士强说："我和成功的想法一样，我们可要利用好这段时间啊。"

　　梅成功看着贾明，"嗯，剩下一年多的时间我们两只'乌龟'要发奋了，对吧？"

　　贾明用力地点点头，还用手比了一个"V"字。

　　三元笑着说："没有常胜将军，四个人都要做'发奋的乌龟'。"

　　"哈哈，好的，那我们继续做微生物作业。成功你那边有什么要说的吗？"

"有，刚才查资料的时候又发现了一种虫草，你们看看。"

于是，四个脑袋凑到了一块。

北冬虫夏草，简称北虫草，又叫蛹虫草，主要生长在云南、辽宁、吉林、内蒙古等地，其寄生真菌和冬虫夏草菌分属同一个属（虫草属）的不同种。

北冬虫夏草由虫体和子座两部分构成，虫体长约4—6厘米，呈金黄色或橘黄色，子座在虫体头部，约4—7厘米，呈褐色长棒状。它与冬虫夏草化学成分极为相近，都含有虫草素、虫草酸、虫草多糖、蛋白质，以及多种维生素和微量元素。营养价值也近乎一致，都具有抗癌、抗氧化、增强免疫力，以及抗衰老等功效。

北冬虫夏草的常见食用方法有三种。

（1）冲泡饮用

直接以开水冲泡，或同茶叶一起冲泡，最后将其吃下。

（2）泡制药酒

每500毫升纯粮高度白酒中加入10根左右的虫草，密封、阴凉处存放，一周后可饮用。

（3）食疗

人们可以结合自身状况灵活选用食疗方法，例如：

① 将100克鸡肉、6根虫草和8克山楂切片，炖约2小时，经常食用有助控制血压。

② 100克鹌鹑或瘦猪肉，8克当归，8克首乌，6根虫草煲汤，食用可改善睡眠质量。

由于冬虫夏草尚未实现商业化培育，再加上商家对其功效的肆意夸大，二者在市场端表现存在较大差异。然而，随着民众科学素质的不断提高和环保意识的快速增

强，北冬虫夏草将在地位趋同的同时，取代冬虫夏草成为
大众化的营养滋补品。

贾明评论道："还真是，长见识啦。"

"嗯，我觉得后面的三点也特别地好。别人看了咱们组的作业，
不仅能够增长见闻，还可以参照着动手哩。"甄士强说出了自己的
看法。

"你们不觉得最后一段有画龙点睛之妙吗？呼吁消费者理性消
费，间接起到了保护生态环境的作用。"

听了三人的评论，梅成功变成了红脸关公，不好意思地说：
"就是把网上的资料理了理，有你们说得那么好吗？"

贾明玩笑道："理一理就这么像样了，你就是你，不一样的烟
火啊。"

伴随着某人的"按摩"，贾明发出了两声惨叫。

楼下，梅财发笑着对妻子说："哈哈，连成我们几个小的时候
也这样，一晃快三十年喽。"

"你们和孩子们这样的交情可是宝贵的财富啊。"

"嗯，金不换！"

三

一周后的周五下午，沸腾了一天半的运动场重归平静。主席台
上，唐正阳端坐中央。裁判长将一纸比赛成绩交到他的手中，他打
量片刻，站起身来，走到话筒旁，朗声道："我校第三十七届秋季
运动会在全体工作人员和裁判员的辛勤工作，以及全体运动员的奋
力拼搏下，圆满完成了各项比赛任务，充分诠释了我校'勤奋，团
结，友爱，拼搏'的校训。"

台下响起热烈的掌声，老师和同学们的脸上洋溢着喜悦和兴奋。

"本届运动会是对我校师生的一次检阅，大家在比赛中展现出了较高的体育道德风范。这两天运动场上无处不洋溢着欢声笑语，但在这背后蕴含着教工们的不懈努力，他们精心布置，热情动员并认真组织同学们，为开好运动会花费了大量的心血。本次运动会更蕴含着全体运动员的顽强意志，你们赛出了风格，赛出了水平，为班级和学校增添了光彩。在此，向你们表示祝贺！"

又是一阵如潮的掌声之后，唐校长拿起成绩单，"下面公布本次运动会各年级成绩……"

唐校长从低年级开始，依次公布了一到四年级各班的分数。每每一个年级最后一个班级的名字念出后，便会爆发出热烈的掌声。六七分钟后，轮到了五年级。

"五年（3）班，32分；五年（4）班，41分；五年（1），52分；五年（5）班……"

唐校长还没念完，二班的同学开始躁动，还有人鼓掌。傅雷见状连忙让同学们保持安静，还不忘看看校长的表情。

唐正阳清了清嗓子，重新念道："五年（5）班，116分；五年（2）班，121分！"

二班的同学沸腾了，蹦的、跳的、拍手的、叫好的，直到校长开始公布六年级各班成绩时才渐渐静了下来。

闭幕式结束后，傅雷先是找到了手捧"第一名"大奖杯的柴长清，夸赞道："火车快不快，全靠车头带。咱们班这次表现出色，你这个体委要记首功啊。"

小伙子不好意思了，憨憨地说道："同学们给力，同学们给力。"

紧接着傅雷看见了正在和夏雯雯说话的三元，走过去祝贺道："哎呀，我的课代表还是个文武全才。柴长清记首功的话，你就妥妥的第二功臣。"

三元脸蛋微微发热，夏雯雯附和道："这次咱们班表现最抢眼的就要数她了，跑起来那叫一个快哪。"

热闹的地方怎么少得了贾明。他凑了过来，笑道："诸葛这速度，参加男子组比赛也能拿名次，比我这个'须眉'还要强。"

跟着贾明一起过来的梅成功打趣道："得了吧，你充其量就是个'巾帼'，还是话贼多的'巾帼'。"

哈哈哈，师生笑成了一团。

四

四点多钟三元快到锦园时，臭臭跑了出来迎接她。

三元心想："都说狗的鼻子灵，依我看耳朵更灵。"

臭臭刚满月没多久，跑起来还不利索，显得有些笨拙。不过，这反而增加了它的可爱。胖嘟嘟，萌萌的，这样的小狗谁不爱呢。见到三元就围着蹦跳，叫声虽小，但是极富"杀伤力"，简直是萌死人不偿命。

三元看着左右不停摇着尾巴的臭臭，心里那叫一个高兴，一下子把它抱了起来。进屋后，往桌上一看，全都是自己爱吃的。

一边逗弄臭臭，一边明知故问道："老妈，怎么这么多好吃的？"

诸葛林关了电视，站起身来，柳青青也从厨房里走了出来，二人面带喜色。

"犒劳你呗，快把奖牌拿出来瞧瞧。"转脸又对老公说："朋友圈我发过你再发哦，听见没？"

"好，搞得像是你比赛似的。当年也就是没有手机，不然三元她爷爷每逢运动会都有的发。"

柳青青不屑地哼了一声。

三元把臭臭放下，任它玩耍，然后从书包里掏出了三块奖牌，两金一银。

"咦，有一块儿不是金的……"

没等话说完厨房里传来了电炖锅的嘀嘀声，"先弄饭，一会儿再说。"

三元有点难为情，二人一狗，气氛有些尴尬。

诸葛林招呼女儿坐下，先朝厨房看了一眼，然后小声说："你妈肠子直，说话有时不注意。这么说，四百米跑了第二?"

"嗯，输了，没比过万思思。"

见三元情绪有些低落，诸葛林开解道："吃饭还有一会儿，讲讲比赛经过。"

三元抬起头，回忆道："我俩的道次紧挨着，我四道，她五道。发令枪响过后，我就按照平时自己训练时的感觉往前跑。三百米左右感觉有些吃力，但没有想太多。最后一个弯道快出来的时候，她开始加速，我紧跟着，很快就都超过了原先最前面的同学。最后阶段，腿有点不听使唤了，胳膊还行，咬着牙往前冲呗。虽然我拼尽了全力，但是和万思思两三步的差距就像是固定住了，直到终点都没有变，就这样输了。"

诸葛林拿了杯水给女儿，"难过不?"

三元先是捧着水杯不作声，约莫一两分钟后回答："不怎么难过，反倒有些轻松，奇怪不?"

哈哈，诸葛林笑了。听见笑声，臭臭也叫唤了两下。

"笑啥，是觉得我不上进吗?"

诸葛林摆摆手，"傻丫头，替你高兴哪。"

"高兴?!"三元糊涂了。

"嗯，不难过说明你没有太多的遗憾，不遗憾是因为你拼搏过了。这就如同两个剑客过招，纵然要分高下，但是高手对决的那种快意才是最有味道的。"

"金牌不是更好吗？"

诸葛林宠溺地揉了揉三元的脑袋，"得银牌你不也自在嘛。刚进屋那会儿，瞧你表情，我还以为是大获全胜了呢。不管曾经多么风光的运动员，迟早都有走下神坛的一天，这既是竞技体育的残酷，也是自然的法则。与其计较胜负，不如享受过程。"

"嗯，记住了。"三元微笑道。

"之前难为情不是比赛名次的缘故，而是你妈说话太直。"某人偷瞄了一眼厨房，"从下决心参加四百米，到为了好成绩而训练，再到赛场上的拼搏，你的收获要远比一块金牌大得多，而这也是我倍感高兴的原因。"

"记得之前你有一句话说得特别好。"

"金句多了，哪一句？"

"遗憾比失败更可怕。"

"哦，有遗憾吗？"

"有，要是三块都是金牌就完美了。"

"哈哈，那我明天就去糖果屋买块巧克力金牌。"

父女二人笑出了声，吓了臭臭一跳。

"万思思赢得应该不轻松，一定也拼尽了全力。尽管金牌归了她，但你的收获不比她小。你觉得呢？"

"说不上，不过以后要是遇到类似的情况，不管是学习还是生活中的，我都有信心面对。"

"很好！这样的经历多了，就会越来越自信，越来越好的。人哪，就是这样不断地磨炼出来的。"

"嗯！"三元重重地点了一下头。

"别嫌老爸啰唆，再提醒你一下，今后遇到要评判自己能力的时候，既不要用过去时，也不要用现在进行时，而是要用将来时。"

"哦？解释一下。"

"拿养臭臭来说，如果用过去时衡量，你肯定养不成，大美丽的教训摆着呢。如果用现在进行时，那也是没底气的。你再回想一下当初自己是怎么下的决心，是不是觉得不懂可以学、可以问，慢慢就能够上手了？"

"咦，还真是。"

"那就记住喽。"

"嗯！"

"一起唱首歌吧？"

"你可真逗。"

诸葛林提议道："《真心英雄》会不会唱？"

"好老的歌啊——找一下歌词，我跟着你唱。"

"真棒！活学活用。"

三分钟后，屋内响起了父女二人的歌声。

"在我心中，曾经有一个梦。要用歌声让你忘了所有的痛……不经历风雨，怎么见彩虹。没有人能随随便便成功……♪♪♪"

柳青青端出最后一道菜——酸菜鱼，"嘿，你们爷俩有意思呀，还唱起来了。"

诸葛林表情略显浮夸地说："开心就要唱出来嘛。"

"唱得又不好听，歇着吧，吃饭了。"

诸葛林一边收手机，一边回应："想当年我可是研究生院的十佳歌手，有证书为凭哦。"

"那你接着唱吧。三元去洗个手，刚抱过小狗了。"

"什么时候做什么事，我也去洗手，看看你的厨艺最近有没有长进。"

"没长进，不用看，也别吃。"

三元一本正经地问："斗嘴算是饭前热身吗？"

三人都笑了，幸福的气息四处洋溢。

这个牙膏不顶事

一

吃过晚饭，收拾停当，一家人围坐着看电视。看到一则广告时，柳青青忽然想起了白天买的牙膏。从包里拿出来后，递给了诸葛林。

"老公，看下这个牙膏，说是专治幽门螺旋杆菌的。"

三元凑了过来，盯着牙膏盒。见女儿这么感兴趣，诸葛林索性将盒子给了她。

有人埋怨道："这人，叫你帮着看看，怎么给孩子了。"

"你有幽门螺旋杆菌？"

"没有啊，不是我。一个闺密体检后发现感染了幽门螺旋杆菌，让我帮着想办法。正好前边的药店今天搞促销，还说效果怎么怎么好，我就买了一盒。"

"哦，那自己留着用吧，别送人了。还有，今后再和这个闺密吃饭，记得分餐。"

"啥意思？"

诸葛林去了书房，五六分钟后拿着几页资料出来了。

"这是我最近写的关于幽门螺旋杆菌的科普文章，看一下吧。"

"我也要看。"三元凑了过去。

隐藏在胃里的杀手——幽门螺旋杆菌

在过去很长的一段时间里，全世界的医学专家都认为在强酸性的胃环境中不可能有微生物存活。然而，有一种细菌以其独特的生理结构和生物学特性成功地颠覆了世人的认知。这种细菌便是本文的主角——幽门螺旋杆菌，一种螺旋形、巧妙寄生在胃黏膜上皮组织中的细菌。它对氧气的需求不是很强，属微需氧型革兰氏阴性细菌。

临床数据显示，幽门螺旋杆菌多分布于胃黏膜组织，有近八成的胃溃疡和九成半的十二指肠溃疡由它引发。幽门螺旋杆菌可通过口腔进入人体，抵达胃黏膜后便开始定殖、转染。依时间长短可引发不同疾病，如慢性、浅表性胃炎①（数周至数月）、淋巴增生性胃淋巴瘤、十二指肠溃疡、慢性萎缩性胃炎和胃溃疡等（数年至数十年）。据估算，这一螺旋状微小生物是世界上分布最为广泛的感染性细菌。地域、国度和种族等因素对其感染无显著影响，但男性的感染率通常要高于女性，发展中国家要高于发达国家。另外，该细菌具有强传染性，同一家庭患者感染菌种多为同一类型。此外，多数感染者在儿时便被感染，而一旦感染发生很难自然痊愈。需要强调的是，幽门螺旋杆菌感染是完全可以治愈的，而治疗的目标便是清除体内的病菌。这种微生物生存适应能力极强，若不对症下药，易反复，难根除。"三联疗法"和"四联疗法"是当前医学界较为流行的医治方案，具体涉及质子泵抑制剂和两种抗生素["四联疗法"还需铋（bì）剂]。其中，抗生素多为克拉霉素、庆大霉素和羟氨苄青霉素等常见药物。如何选

---

① 浅表性胃炎：消化系统常见病，属于慢性胃炎的一种。

用则要依据细菌培养试验结果而定（选取敏感性抗生素），治疗周期通常为1—2周。

常言道"病从口入"，保持口腔清洁对于幽门螺旋杆菌感染者（常伴有口臭）康复而言至关重要。这种微生物在水体中可长期存活，如在河水中可存活三年，自来水中可存活一周。不喝未煮开的水和忌生食等健康饮食习惯的养成有利于预防和治愈这一顽疾。此外，其他一些方面也要给予足够的重视，如定期对餐具器皿进行消毒，及时更换旧餐具，消毒采用高温杀菌，以及聚餐用公筷等。

科学家第一次和这种微生物打交道是在1875年。当时德国的解剖学家在胃黏膜上发现了螺旋状细菌，并尝试着分离培养，但未获成功。此后，陆续有研究人员观察到相似的结果，但均未能探明究竟。于是，这种谜一样的微生物是否真实存在成为了一个议题。进入20世纪后，显微技术[①]取得长足进步，又有不少人声称看到过这种细菌。然而，就在它要为世人所认知之际，美国人帕尔默（Eddy D. Palmer）1954年的试验结果阻碍了这一进程，而这一推迟就是二十多年。当时，他对一千多位胃病患者的胃黏膜进行了检查，未能获得证实这种微生物存在的证据。

时间的脚步来到1979年，澳大利亚人罗宾·沃伦（Robin Warren，病理学家）和巴里·马歇尔（Barry Marshall，内科医生）通过合作，在对二十位胃病患者检查之后，终于确认了幽门螺旋杆菌的存在。随后，他们又投入大量精力，试图获取其纯培养物[②]。然而，事与愿违，他

---

① 显微技术：利用光学系统或电子光学系统设备，观察肉眼无法分辨的微小物体形态结构特征的技术。

② 纯培养物：由一种微生物组成的细胞群体，通常由一个单细胞生长繁殖所得。

们没有成功。其实，他们离成功仅仅一步之遥。因为，他们设定的培养时间过于短暂（两天左右），而幽门螺旋杆菌相较一般细菌需要更长的培养时间。所幸，二人并未放弃，不断尝试，再尝试。终于在1982年，两位"执迷不悟者"获得了幸运女神的眷顾。一次，他们将接有细菌培养液的培养皿①放入培养箱后，便回家过节了。节日期间，欢乐的气氛令他们暂时忘却了与实验有关的一切，这其中当然包括那几个培养皿。但当节后（五日后）他们重返实验室时，却意外地发现培养皿上长出了细菌。就这样，幽门螺旋杆菌首次离体培养了出来。随后，他们继续深入研究并将研究结果和推测公之于众。他们希望学术界和医学界能够对这种细菌多加关注，因为它很可能与胃溃疡乃至胃癌相关，只有将其消灭，胃炎和胃溃疡才有望得以医治。令人惋惜的是，他们的主张被无情地压制了。当时，围绕胃病治疗已有一条"成熟"且庞大的产业链，沃伦和马歇尔的理念对其构成的威胁是巨大的，资本家们不能容忍真相对其"甜头"产生影响。这股抵制之风甚至吹进了学术界，他们二人曾先后两次将相关研究论文投稿国际知名学术刊物《柳叶刀》，但收获的却是连续拒稿。甚至，在微生物学界对其研究认可后，医学界仍然维持原判。长期的打压，令二人极度抑郁。1984年的某一天，马歇尔含恨喝下了一杯幽门螺旋杆菌培养液。随后，呕吐、腹痛不止，并在之后的检查中证实了胃炎的发生和大量幽门螺旋杆菌的存在。1986年，马歇尔移民去了美国。在那里，他仍未

---

① 培养皿：一种用于微生物或细胞培养的实验室器皿，由一个平面圆盘状的底和一个盖组成，一般用玻璃或塑料制成。

放弃他们的主张。渐渐地，人们开始直面这一细菌，并于1989年正式将其命名为幽门螺旋杆菌。世界医学界也开始拨乱反正，承认胃炎和多数胃溃疡是由这种细菌所致，并推荐以抗生素进行治疗……

正是由于沃伦和马歇尔的研究，正是由于他们的勇气，更是由于他们的坚持，千千万万的胃病患者才终获福音。他们是伟大的，2005年诺贝尔医学奖就是对他们杰出工作和励志人生的最佳肯定与褒奖。

二

"信息量不小，有几个地方你帮着理一理。"

"老婆大人请讲。"

"一共三个，别嫌多哦。里面说幽门螺旋杆菌感染很普遍，有多普遍？"

"发展中国家的感染率一般在40%—70%，发达国家要低，但是也在15%以上。"

"哦，那是挺高的。咱们国家的数据，你知道不？"

"百分之五六十吧，家里只要有一个人感染了，其他人就会遭殃。"

"那都过半了呀，是要注意。还好咱俩最近一次的体检报告这项都是阴性的。"

"嗯，外边的饭要少吃，卫生状况堪忧的饭店更是不能去，得不偿失。"

"老妈做的饭香，在家吃好。"

柳青青很是开心，"第二个问题，里面提到了两种疗法，三联疗法是不是要差上一些？"

"这个问题还真问对人了，我最有发言权。我之前感染过幽门螺旋杆菌，本想着平时注意些看看能否自愈，结果过了一年还是阳性的。后来因为要出国，担心感染加重，就去看了医生。医生给我开了三种药，回去后一查才知道他用的是三联疗法。你也知道我有的时候比较教条，看到网上说三联疗法的治愈率虽然在 85% 以上，但是没有四联疗法高，心里就泛起了嘀咕，生怕自己属于另外的 15%。"

"你呀，就这点不好。"妻子点评道。

"吃药那两个礼拜，以及之后的一年多都很规矩。回国后，单位再次组织体检。阴性，哈哈，可算是和幽门螺旋杆菌说拜拜了。"

三元笑道："你这心担得有些长呀。"

"嘿嘿，我觉得三联疗法就挺好的。当然，四联疗法更保险。"

"一共花了多少钱？"柳青青尽显持家过日子本色。

"两百多，不多。要是药店能配，一百多就够了。"

"那当时你有没有'要知道这么便宜，早就上药了'的想法？"

诸葛林老脸一红，解嘲道："知我者，青青也。"

"去去，还有一个问题，为什么买的这盒牙膏要自己留着？"

"你想，幽门螺旋杆菌的老窝是在胃里。牙膏能起多大作用，吃牙膏吗？"

三元乐了。

"你才吃牙膏呢，清洁口腔不是可以预防吗？"柳青青仍在坚持。

"其他牙膏也有这样的功效啊。再说了，相比于嘴里残留的微生物，吃下去的应该更多，对吧？还有，你的闺密不是已经确诊了嘛。"

"好吧，你有理。"紧接着做了一个鬼脸。

诸葛林对女儿说："瞧见没，你妈也调皮的。"

哈哈哈……

"老妈问完了，轮到我了，幽门螺旋杆菌根除后会再次感染吗？"

"一个个越来越会提问了，答案是'会'。这个和其他感染不同，身体不会产生免疫记忆^①。根除后餐饮问题仍需重视，否则感染风险同前。"

"如果家里不止一个人感染了，怎么办？"

"咳，这个我来回答。当然是有几个算几个一起治喽，对吧？"柳青青抢答道。

"嗯，是这样子的，否则就'此恨绵绵无绝期'喽。"

喝了口水，诸葛林接着说："问题都解答了，相信你俩对幽门螺旋杆菌感染的认识也加深了。我对文中的两位科学家很是敬佩，面对那么大的压力和困难，仍然坚持自己的主张、科学求是，真是我辈之楷模啊。"

"可不，刚才读到以身试药那部分时，我也佩服得不行，深受感动呢。"

"嗯，我还联想到了屠奶奶，她也是伟大的科学家。"

"是的，正是因为有了他们，社会才会进步，人民生活水平才会逐年提高，栋梁啊。"

这时，诸葛林的手机响了。一看屏幕，是三元爷爷打来的。于是，父子二人聊了起来。

三

"终于打完了，你和爷爷足足讲了半个小时。"

"干吗，又没什么事，陪他说说话嘛。"

---

① 免疫记忆：在获得性免疫方面，一度对某抗原发生反应，则在再次受到同种抗原刺激时，产生强烈的反应。

"咱爸说啥了？"

"没啥，先是说奶粉快喝完了，让我再给他买些。然后，就是让我们加强体育锻炼之类的。"

看表情，诸葛林有些无奈。

三元笑道："哈哈，把你们当小孩了。"

柳青青感慨道："我们也是爸妈的孩子呀。"

"这叫幸福，长大了你就明白了。"

"不用长大，我现在就懂。"

"对了，想起个事，有给你们说一说的必要。"

"说呗，别一惊一乍的。"

"治好幽门螺旋杆菌感染之后，我回老家过年。有一天收拾屋子，正好看见老爷子的体检报告。"

柳青青关心道："怎么样？"

"还能怎么样，老年人常见的那些问题呗，另外还有幽门螺旋杆菌感染。"

三元批评道："爷爷不乖、嘴馋，经常在外边吃饭，更是一些路边摊的常客。"

柳青青正色道："别没大没小的。"

"自己一个人懒得做，这样省事儿，我会提醒他去放心店买着吃的。"

柳青青建议："一起住多好啊。"

诸葛林叹了一口气，"唉，老年人有老年人的想法吧。"

"哦，那你接着说。"

"为了动员他去医院，我先拿自己举例子，说治这个不疼也不麻烦，钱也花不了几个，又说别看平时没啥，真要是严重起来了就会很麻烦。"

"哈哈哈，连哄带唬啊。"

三元笑了，"跟哄小孩子一样。"

"老小孩嘛。别说，还真说动了。谁承想医生了解情况之后，并不主张吃药治疗。"

"居然还有这种事？！"母女二人诧异道。

"是呀，当时我也蒙了，让医生说说清楚。结果，人家说老爷子虽然感染了，但是身体没有什么异样，平时多注意就好了。"

"这种说法，换作是我接受不了。"

"青青，当时我也接受不了。还好那会儿看病的人少，医生又多说了两句。他说：'一些数据显示，采用三联或是四联疗法进行治疗，胃部幽门螺旋杆菌的问题是解决了，但是肠道的问题来了。要视患者的具体情况而定，不能一概而论。'"

好奇宝宝大睁着眼睛，"肠道出什么问题？"

"问了，人家表示不方便透露。不过一琢磨，我就想出了个大概。"

柳青青催促道："快说，别卖关子。"

"不管是三联疗法还是四联疗法，原理都是利用抗生素杀菌。抗生素在胃里杀菌后，会去哪里？"

"肠子。"

"肠道是什么地方？体内微生物的聚集地啊，百万亿级，对吧？"

"是的，天文数字。"

"残留的抗生素进入肠道后，里面的微生物会有好果子吃吗？肠道微生物遭殃了，人必定受牵连，出问题也就不奇怪了。"

柳青青恍然大悟，"是这么回事。"

"年轻人和像我们这样的中年人身体状况较好，老年人不一样，用药必须谨慎。"

柳青青接过话，"明白是明白了，就是觉得有些复杂和麻烦。"

没等老爸开口，三元说："为了避免复杂和麻烦的情况发生，从今晚开始我们都要讲究起来，捍卫全家的健康。"

"回头记得提醒你爷爷。"

闻听此言，三元起身小跑上楼，边跑边说："提醒爷爷的活儿还是你俩来吧，明早还要去贾明家做作业，先洗漱喽。"

"哈哈哈"，电视机前笑声响起。

微生物也社交

一

过去的一夜，三元睡得十分香甜。闹钟第二遍响起时，才将她唤醒。一瞧，九点多钟了。

屋外传来柳青青的声音："醒了没，怎么这么能睡啊，闹铃响过好几声了。"

三元坐起身来，边换衣服边应道："穿衣服了。"

"在家吃早饭不？"

"不啦，说好去贾明家吃的。"

九点半，贾连成来接三元。在院子里和诸葛林夫妇寒暄了七八分钟后，带着三元去接另两个了。

贾连成一边开车，一边对三元说："昨天你们拿了第一，高兴坏了吧。"

"嗯，叔叔你是没看见，当听到五班是第二名的时候，我们班就开始躁动了。"

"你们呀，那五班的同学们和老师不要郁闷了。"

"哈哈，请他们也品尝一下屈居第二的滋味。"

……

接上甄、梅二人后，车里更加热闹了，一大三小沉浸在喜悦之中。

二

十点刚过，贾连成开车回到了家，迎接他们的是等待多时的贾明。一群人有说有笑地进了屋，换好拖鞋，围着餐桌坐了下来。

"童蕾，几个孩子你照看着，医院有事儿，我去上班了。"

"好的，什么时候回来？"

"说不上，中饭不用等我了。"

"嗯，开车注意安全。"

贾连成出门后，甄士强问贾明："你爸周末都不休息的？"

"他的时间自己做不了主的，好些次半夜睡得正香，电话一响就赶去急诊了。"口气跟个大人似的。

"那够辛苦的。"

梅成功搭着贾明的肩膀，"大家的安居乐业是和叔叔这样的白衣天使们分不开的。"

童蕾端着早餐走了过来，热情道："手抓饼、煎蛋、咸菜，还有稀饭。种类不算多，管饱管够。都别客气，动手吧。"

甄士强说："阿姨，很好啦。"

三元打趣道："我们是来做作业的。"

大家都笑了，童蕾挨着儿子坐下，"小明昨天说你们班运动会拿了第一名，真的？"

一旁的贾明不高兴了，"妈，当着同学面别叫我'小明'。还有，你怎么连自己儿子的话都不相信呢。"

童蕾边盛稀饭边说："那你可要好好反省反省。"

"有时候说话是夸张了些，但是从我嘴里说出的都是确凿消息。你们几个别跟没事儿人一样，我说得对吧。"

"阿姨，贾明说得没错。他可是我们班，不，是我们年级有名的消息灵通人士。"梅成功证明道。

贾明觉得这话有问题，连忙纠正道："大哥，现在说的是亲妈不相信儿子的事，你扯远啦。"

童蕾斜了贾明一眼，"瞧瞧，精力都花在什么地方了。"

"阿姨，我们班这次确实是年级第一，傅老师和我们可高兴啦。"

"太好啦！中午咱们出去吃，庆祝一下。"

贾明补充道："我们班拔得头筹的最大功臣也在这儿，中午可要多点些好吃的。"

"哦，三元是你吗？"

三元腼腆地回答："就是参加的项目多了些，功臣真不敢当。"

"别谦虚了，两金一银，咱们班数你拿的分最多。"

"贾明说得对，咱们班能赢5分，就是靠你多报的一项。虽然没比过万思思，但是7分是实打实的，刚好压住五班。"甄士强兴奋道。

"不能这么说，第一是靠大家的努力拼搏出来的，我只是尽了自己的一份力。"

"儿子，瞧见没有，你啥时候能像三元这样有本事又谦虚，我估计做梦都能笑醒喽。"

"哈哈哈"……

"阿姨，我们吃好了。"

"哦，那你们去弄作业吧，碗盘我来收拾。"

于是，四人进入了贾明的房间。

"这次的作业之前弄过两回，还剩点儿'尾巴'，弄弄应该快的。诸葛，你看看今天要不要把最后一次的作业起个头，反正迟早要做的。"甄士强建议道。

"嗯，要的。收官之战，不可大意。这样吧，你们三个继续弄'保健品中的微生物'，我先考虑一下。"

贾明问："需要电脑吗？"

"要的，你们三个用台式机，成功的平板电脑给我。"

就这样，四个人忙碌起来。但是没过多久，问题出现了。

"有点儿吵，你们影响到我了。"三元埋怨道。

那仨安静下来，相互看看。

贾明建议："一些地方我们要讨论的，要不你去外面餐桌上弄吧。"

"那好，以一节课的时间为限。时间到了，再看看各自的进展。"

三

童蕾刚收拾好桌子，就见三元捧着电脑出来了，"怎么啦？"

"我们分组了。"

"哟，怎么就你一个，欺负女生？阿姨帮你出头。"撸起袖子就要进屋说理。

"哎——别，不是您想的那样，我要一个人考虑下最后一次作业的主题。"

"哦，这么回事呀。那行，你自个想吧，想吃啥自己拿，就跟在家一样，千万别客气。"

三元乖巧地点点头。

又过了二十多分钟，三元起身去了卫生间。童蕾无事，见电脑前无人，便好奇地浏览起来。

> 这是一个全民社交的年代，见面添加一下微信，相互间的联系立马建立。我给你跟帖，你为我点赞，彼此既能够感受到对方的存在，还有互动的种种乐趣。而在微生物界，过去大家都很同情这些不能说话也没有表情包的小可怜们，诺贝尔奖得主弗朗索瓦·雅各布（Francois Jacob）

甚至在他 1970 年出版的书里这样描述心中的细菌世界："一个无趣的、没有性别之分、没有激素、没有神经系统的世界，只有不断繁殖着的个体。"

三十多年前，海洋深处的一种小动物忽然成为了科学家们研究的新宠。它叫夏威夷短尾乌贼，只有一根手指那么大，但是它有一项神奇的本领——身体会发光。科学家们研究之后发现，其实并不是这种小乌贼自己会发光，而是住在乌贼体内的细菌在发光。费氏弧菌是和夏威夷短尾乌贼共生①的一种细菌，它们住在乌贼腹部的发光器中，借助乌贼的营养生长，回馈以这种发光技能，帮助小乌贼在月朗星稀的夜晚保持和周围环境相同的亮度，藏匿自己，躲避捕食者。更为有趣的是，这些细菌并不是一直在发光，只有当发光器中的细菌达到一定的浓度时才开始发光。

它们是如何知道周围已经有足够数量的同伴的呢？原来每个细菌都可以向周围环境释放少量信号分子，随着细菌数量的增加，环境中信号分子的浓度也逐渐升高，当浓度达到一定阈值（又称临界值）时，细菌体内特定的受体蛋白②便会与之结合，开启或抑制相应基因的表达，进而让体系中的所有细菌步调一致地完成同一件事。比如，上述的集体发光就是一例。哈哈，细菌不仅能够交流，还会发起众筹啊。这种能力的发现让人们再次对这些小不点们刮目相看，原先以为只有高等动物才能实现的群体行为，细菌竟然可以做到在准备不足的时候按兵不动，时机一旦成

---

① 共生：是指两种或两种以上生物之间所形成的紧密互利关系。
② 受体蛋白：位于细胞表面或细胞内的蛋白质，与细胞膜上或细胞内的多种信号传导系统相关联，通过特异性地识别（结合）配体调节细胞对细胞／组织微环境的反应。

熟便振臂一呼，八方响应。

1993 年的感恩节，美国康奈尔大学微生物学教授怀南斯（Stephen C. Winans）家中亲朋好友欢聚一堂。他那时正在以根癌农杆菌为实验材料，研究细菌的信号交流能力。他那做律师的小舅子在努力理解了姐夫的科研工作之后，觉得细菌的这种"以群体数量决定某一特定功能"的工作方式很像人类社会在一些重大事件决策时要求超过法定人数（Quorum）的规则。自此，细菌的这项能力便拥有了正式的名字——群体感应（Quorum sensing）。

慢慢地，人们发现很多现象都和群体感应相关，比如细菌在牙菌膜积聚造成牙周病、生物发光、孢子生成、病原细菌感染过程中分泌毒素，以及根瘤菌固氮结瘤等。群体感应大大提升了微生物在环境中的生存概率，帮助细菌有组织、有战术地繁衍生息。以铜绿假单胞菌为例，它是医院中最不受欢迎的病原菌之一，常引发感染。群体感应系统不仅可以调控铜绿假单胞菌的毒力因子①分泌，还可以帮助铜绿假单胞菌打造一个具有 3D 结构的"细菌城堡"。当它们聚集在这个名曰生物膜的"城堡"之内时，其抵抗抗生素和杀菌剂的能力会较单独行动时提升成百上千倍！正因如此，一旦它们幸存，便会造成更为严重的感染。

微生物的复杂程度远远超出了人们的想象，它们既然可以借助群体感应进行交流，那么它们一定拥有交流所需的"语言"，而所谓的语言，其实就是它们所分泌的信号分子。目前，已知至少存在结构完全不同的三大"语种"，而同一"语种"之下根据碳链长度等结构差异又可细分出

---

① 毒力因子：构成细菌毒力的物质。

多种"方言"。另外，除了三大"语种"，还存在若干小"语种"。有些细菌更是"巧舌如簧"，精通多种"语言"。微生物们借此相互竞争，比如金黄色葡萄球菌能够讲四种"方言"，讲某一特定"方言"的那派要是数量占优，便会压制其他派系，阻止它们表达毒力因子。哈哈，是不是有一种以多欺少的感觉啊？

过去人们主要利用抗生素来对付病原菌，现在既然已经掌握了部分微生物的"语言"，那么利用群体感应实施反击的时机便告成熟。科研人员通过干扰（破坏）细菌感受信号分子的方法，将微生物变成失去听觉和不能说话的"聋子"和"哑巴"，进而破坏群体感应网络。目前，已有公司开展相关研发活动。或许，不久的将来人们不必再为抗生素滥用而苦恼，通过平静、不杀戮、仅干扰的方式保障自身健康、促进农业生产，这样将是多么地和谐呀。

七八分钟后，三元回来了，见状问道："阿姨，您是在看资料吗？"

"嗯，这篇题为'微生物社交法则——群体感应'的文章很有意思。你要是不吭声，我都不知道你回来了。"

"哈哈，这么专注呀。"

"题目起得好，内容有趣，行文也很流畅，是一篇很好的科普文章呢。"

"可不，我一下子就被吸引住了。"

"之所以会对这篇文章感兴趣，多多少少和我的职业有些关联。"

"您的职业？"

"忘记啦，我和里面的'小舅子'一样，是律师啊。"

"哦，对对！所以看着有感觉，是吧？"

"可不。"

"那要是以'小不点们如何交流？'作为兴趣小组的作业题目，您觉得怎么样？"

童蕾提议道："'细菌也通信'，如何？这样更具体，条理也更容易把握。"

"好，就这么愉快地决定了。"

四

三元看了一下屏幕的右下角，自言自语道："时间差不多了，该去会合了。"

这时，房门开了，贾明三人鱼贯而出。

贾明玩笑道："你们这里可是块风水宝地呀，这么多的好吃的。"说罢拿起一个桃子啃了一口，还不忘给后面的两人各递了一个。

"你们弄得怎么样了？"

甄士强回答："两个字，搞定。你呢？"

"有眉目了，'细菌也通信'这个题目咋样？"

"哇哦，够抓眼球的。"贾明的两个大拇哥都给了三元。

三元笑了笑，纠正道："不敢当，这个题目可是你母上大人想出来的。"

"啥，没有搞错吧，我妈也懂微生物？"

童蕾佯装生气，"谁规定律师不能了解微生物的，小心我告他。"

"嘿嘿，母上大人多多包涵。"贾明顽皮道。

"士强，你和成功将这无理小厮拖出去狠狠地打上一顿。"

贾明装作害怕的样子，"别呀，我可是亲的。"

哈哈哈，引来笑声一片。

"既然题目定了，那后面我们就以这篇文章为基础进行修改吧？"

梅成功建议道："一会儿咱们分下工，回去后各自查找资料，最后交由诸葛汇总。"

甄士强说："程序是这么个程序，但应该还有不少细节需要注意的。我觉得像课间、放学路上的这些时间我们应该好好利用起来。人多人少没关系，一人计短，二人计长，相互间议一议总比一个人琢磨强。"

三元闻听频频点头，"都是好建议！我再考虑一下分工，然后就给你们派任务啦。"

三个人讨论得不亦乐乎，童蕾看在眼里，教训起贾明来："人家在讨论，你干吗窝在那里捣鼓电脑。"

三人这时才发现落下了贾明，纷纷朝他看去。

谁知贾明不慌不忙地说："老妈，就这么不看好你儿子啊。再这样，我要跟我爸告状了。"

童蕾笑了，"还好意思告状，看你爸不说你的。"

"表扬都表扬不过来呢，给你们看看我查到了什么。"

贾明把平板递给妈妈，三元三人也围了过去。

细菌通信的监听者

情报是战争的胜负手，但要是告诉你在微生物界这一规则同样有效，是否出乎意料？

群体感应可以理解为细菌通信，但有谁具备监听这些小不点们"对话"的能力呢？2018年年底，美国普林斯顿大学的科学家们发现，噬菌体技高一筹，能够"监听"细菌交流。

噬菌体作为一种专门侵袭细菌的病毒，在杀死宿主①细

---

① 宿主：也称寄主，是指为寄生生物包括寄生虫和病毒等提供生存环境的生物。

菌的同时完成自身繁衍。由于噬菌体只能借助细菌繁殖，如果所有细菌都被杀死了，那么其末日也就到了。因而，噬菌体进化出了"监听"细菌群体感应信号的能力。当"听"到细菌发送"我们现在数量很多"的信号时，它们就会由潜伏状态转变为进攻状态，并在杀死一定数量细菌的同时，确保仍有残余细菌可供寄宿。

如此微小的生物之间竟然还存在如此复杂的斗争策略，微生物远比人们想象的还要复杂！

估摸着四人看得差不多了，贾明说："好的文章要扣人心弦，兴趣小组的作业也是。刚才你们说细菌通信时，我脑子里一下子就蹦出了谍战片。当时我都觉得自己脑洞有些大，或许天才就是如此吧……（此处省略五十个字）结果，却被娘亲怪罪。天才命苦啊，你们说是不是？"

三人乐了，童蕾也不好意思起来，抱歉道："哎哟，真是错怪你了。儿啊，你让娘刮目相看了。"

"嘿嘿，新看上了一款篮球鞋。"

"小意思，只要你上进，一双鞋子不算啥。"

"咂，世上只有妈妈好 ♪♪"

"难不难为情，同学们还在呢。"

梅成功说："阿姨，我们早就见怪不怪了。"

看看时间，童蕾觉得该出发了，就对四人说："我收拾一下，十分钟后出发。"

利用这短暂的工夫，三元进行了分工，"贾明你和士强一组，就以你刚才找的这篇资料进行拓展。成功咱俩一组，把细菌通信的基础打牢。"

梅成功说："好！以后放学我们都开个小会，把各自的进展和想法说一说，时间可长可短，如何？"

三人表示同意，个个干劲十足。看样子，最后一次的兴趣小组作业是要出大招了。

童蕾换好衣服，一招手，一大四小就欢欢喜喜地出门了。

到了外边，贾明大喊一声"好吃的啊，我们来啦"，惹得众人摇头不止。

快乐就是这么简单，这么纯粹，带着些许的稚气。

不信谣，不传谣

一

睡过午觉，三元下楼，发现爸妈正在聊天。有那么一瞬间，三元的眼睛被老爸反射的光线闪到了。

三元笑道："没午休啊，又理头了？"

"我们也就比你早下来二十分钟左右，闪亮吧。"

"你俩聊什么呢？还没下楼就听见嘀嘀咕咕声了。"

柳青青盘腿坐着，身子前探，从果篮里拿了一小串葡萄，边吃边说："和你爸忆当年呢。"

三元来了兴趣，喝了口水，凑了过去，"你们继续，我旁听。"

"一边玩儿去，我们当年的事你也感兴趣？"

"必须滴，说吧。"

诸葛林指了指果篮，三元立刻挑了个大苹果递了过去。

"算你有眼力见，刚和你妈聊'非典'那会儿的事呢。"

"什么玩意儿？"

柳青青笑了，"'非典'不是玩意儿，是坏东西。老公，先给她些资料看看。不然，弄不清楚的。"

诸葛林慵懒地对女儿说："电脑旁边有一摞子文稿，其中一篇的题目是'SARS留给我们的不仅是痛'，找出来读一读。"

三元应了一声，然后屁颠屁颠地跑了过去。文章都是一份份订好的，没翻两下就找到了。

2003 年注定是刻骨铭心的一年，因为当时绝大多数人都经历了那场席卷全球的 SARS（Severe Acute Respiratory Syndrome，严重急性呼吸系统综合征）疫情，也就是人们俗称的"非典"。当年本人还在读研究生，外出一段时间返校后即被隔离（住学校招待所单间），过着每天不用上课，还有人送饭、送杂志的悠哉日子。当时还暗自庆幸遇到了好事情，后来方知自己没有被灾难降临。这场疫病横扫了整个东南亚，世界多个国家和地区受到波及。在我国，2002 年广东顺德率先暴发，很快疫潮便从南至北蔓延开来。根据世界卫生组织 2003 年 8 月中旬发布的公告，全球 SARS 病例共计 8422 例，32 个国家和地区有疫情。我国官方通报数据显示，大陆地区共计 5327 例，349 人丧生；香港地区 1755 例，300 人丧生；台湾地区 665 例，180 人丧生。疫情蔓延之迅猛、控制之难、损失之惨重远超人们预料。

多年后的今天，当年被感染的幸存者仍旧未能摆脱"非典"的魔影缠绕，这是因为他们当中的许多人当时是通过大量服用药物方幸存下来。同时患有肺纤维化、慢性胰腺炎、股骨头坏死、糖尿病和肺结核等十余种疾病的病患不在少数，整天都要面对着瓶瓶罐罐，与药物为伍。感慨啊，悲痛啊，无力啊！不禁要问，如此可怕的劫难究竟是由什么引发的？

2003 年 4 月中旬的一天，世界卫生组织给出了答案。该组织宣布一种新型冠状病毒（Coronavirus，CoV）是引起 SARS 的病原物。实际上，冠状病毒是一类具有包膜[①]的单链 RNA（Ribonucleic acid，核糖核酸）病毒，直径 100 纳米左右。根据 2012 年国际病毒学分类委员会的议定结果，该病毒可分作四大类，分别是 α、β、γ 和 δ 类冠状病毒。其中，β 类又下设 A、B、C、D 四个谱系。感染人类的冠状病毒目前至少已证实有六种，它们是人冠状病毒 OC43（HCoV-OC43）、人冠状病毒 NL63（HCoV-NL63）、人冠状病毒 229E（HCoV-229E）、香港 I 型人冠状病毒（HCoV-HKU1）、中东呼吸综合征冠状病毒（MERS-CoV）和严重急性呼吸道综合征冠状病毒（SARS-CoV）。其中，MERS-CoV 和 SARS-CoV 呈高致病性，对人类威胁最大。

回首往事，SARS 之所以能够给人们留下如此深刻（甚至是难以磨灭）的印象，一方面是天灾，而另一方面也有人祸的成分。说是天灾，是因为病原自然发生，无声无息，起初甚至连怎么回事都不清楚，并无前例可循。说是人祸，则是指个别地区和部门在疫病初始之际存在轻视和隐瞒之举，应对乏术。再加上病因迟迟不明，社会上风传种种，甚至有人一度认为喝醋和服食板蓝根能够有效治疗并大肆宣扬，致使疫情的黄金研究和控制期白白蹉跎，恐慌加剧，危害损失升级。所幸，这场疫情终于在 2003 年下半年得以控制。然而，一切都告一段落、万事大吉了吗？没有！至今仍有多个谜团尚未解开，比如，"非典"是由单一病原感染所致，还是多病原所致？这种（些）病原源自何处？它（们）的自然宿主是谁，是果子狸吗？血清学[②]研

---

① 包膜：是指病毒外壳包被的由蛋白质、多糖和脂类构成的类脂双层膜。
② 血清学：研究血清及其反应的科学。

究显示蝙蝠是 SARS-CoV 的原始宿主，但它的传播需要类似果子狸这样的中间宿主做"二传手"吗？

　　疫情的应对和防疫体系的构建绝非一日之功，更不能全部指望别国友情援建，最可靠的还是自己。经历了SARS 和禽流感这样的大疫之后，虽然损失令人扼腕，但我们从中也汲取到了宝贵的经验，突发性传染病应对体系正在逐步完善，应对能力日益增强。人民群众应该淡定从容，遇到类似事件时不传谣、不信谣，完全信任和依靠国家。相关医护工作者、科研人员和专家学者们更要勇于担当，对得起国家、对得起群众、对得起职业、对得起自己，直面各种挑战，不畏艰难险阻，以科学、从容、自信之姿积极予以应对。衷心希望 SARS 这样可怕的大疫情不要再发生，过往的种种经历能够激励人们前行，而且是更为坚定、更为自信和更为团结地前行！

读罢，三元将文稿放回原处，"老爸，是你写的吧？"

"你怎么知道的？"

"嘿嘿，不告诉你。"

"是不是觉得这么好的文章，只有老爸才能写得出啊？"

柳青青被恶心到了，戏谑道："你是恶心他妈给恶心开门——恶心到家了，谦虚点儿。"

"老婆大人说得对。"

"那篇文章我也看过，正好有几个问题想要问你。"

"哦，难得你对微生物感兴趣。说吧，知无不言。"

"不是对微生物感兴趣，是关心生命健康。有好几个问题呢，别不耐烦哦。"

"再多都耐烦，三元正好也听听。"

见给了无限开火权，柳青青开始提问："SARS病毒是从哪里来的，总不会平白无故地出现吧？"

"犀利！2003年5月，香港大学和深圳疾病预防控制中心公布了一个极其重要的发现——从果子狸样品中分离到的冠状病毒与SARS病毒同源性高达99.8%。于是，一时间果子狸成为了SARS源头的热议宿主。此后，也有研究人员从狐狸、貂、猫、田鼠和蝙蝠的体内相继分离出了同源性极高的病毒株。然而，时至今日，人们仍未掌握SARS病毒起源的直接证据。"

"那目前哪种动物的嫌疑最大？"

"蝙蝠。"

"第二个问题，疫苗可靠吗？"

诸葛林思考了片刻，回答："2006年，科研人员完成了SARS疫苗的上游研制工作，但此时已无患者，疫苗研究止步于临床试验阶段，无人敢对效果打包票。"

三元惋惜道："可惜了。"

"是呀，从这件事情上就不难理解为什么科学研究也要争分夺秒了。"

柳青青外行道："那之前的努力不是白费了？"

"不能这么说，毕竟积累了经验。今后要是再遇到类似的情况，就不会从零开始了。"

咬了一口苹果，诸葛林继续道："相比之下，疫苗是性价比很高甚至称得上是最为有效的预防手段。条件允许的情况下，应接尽接的正确性毋庸置疑。"

"第三个问题来了，为何有人会成为'毒王'？"

"哈哈，SARS流行期间，个别患者成为强传染源，甚至可以感染上百人，被媒体称作'毒王'。这些超级传播者如何形成，同普通患者和健康人有何差异，至今尚不清楚。"

三元见缝插针，问了一个关心的问题："老爸，小孩子和大人们相比，SARS 对谁的危害更大呢？"

"呃——儿童会轻些。SARS 流行期间，儿童的发病率和死亡率要明显低于成年人的。不过对于这一现象，各国科学家并没有给出科学的解释。"

"哦，那还好。"

"老公，熏醋这样的预防措施起了怎样的作用呢？"

"SARS 肆虐初期，服用板蓝根和熏醋等方法的确发挥过一些作用。但药理作用和心理作用哪个更强，无从考证。"

"会不会也同人们重视了有关？像注意卫生习惯这些。"

"有道理。说一千道一万，免疫力才是最靠得住的。"

"嗯，就是。"柳青青转而叮嘱三元："听见没，体育锻炼重要着呢。"

"我体育还不够好啊？"

诸葛林说："不光是现在要锻炼，高中、大学，甚至等你七老八十了也要坚持锻炼。"

"我知道，爷爷说过'锻炼是一辈子的事'。"

诸葛林点点头，又问母女二人："知道人的特点是什么不？"

两人你看看我，我看看你，都答不出来。

"嘿嘿，我琢磨出两点——健和贱。第一个'健'是指健忘，无论多么高兴或难过的事情，时间一长，都会忘记。第二个'贱'是指要活得粗糙些。"

三元疑惑道："怎么个粗糙些？"

"就是不要太讲究的意思。比如，有的人一个劲儿地吃'好东西'，平日里养尊处优，这样就不行。"

"哦，和萝卜青菜保平安一个意思啊。"

"对，粗糙些再加上适度的锻炼，这样才对路。"

柳青青明白了，"第一个说的是有忘性的特点，第二个说的是需要适应的特点，对不？"

　　"嗯，是的。"

　　"就是有点绕。"

　　"还有问题吗？"

　　"有，SARS 是否还会卷土重来？"

　　"哈哈，SARS 会不会卷土重来我不知道，但是类似的流行病一定还会发生！"

　　"别吓我，不想再遭罪了。"

　　"我也不想呀，但是真的有可能，而且可能性还不小呢。有专家认为 SARS 已经是存在于实验室之中的'收藏品'了，但是也有专家认为自然界肯定还存在 SARS 病毒的天然宿主，现在没有暴发仅仅是因为接触宿主的概率小了而已。"

　　"还有人收藏病毒？"三元不解地问。

　　"呵呵，加引号的。一些科研机构会继续在实验室里研究 SARS 病毒。当然，目的是为了更深入地了解，未雨绸缪。"

　　"哦，那是我理解岔了。老妈，你还有问题吗？"

　　"暂时没有了。"

　　"嘿嘿，轮到我来问你俩了。当时你们害怕吗？"

　　"挺害怕的，整个学校都封闭了，每个宿舍都发消毒液这样的物品。饭也不能在食堂吃，要自己打回宿舍。一个班就两张通行证，男女各一张。"

　　诸葛林笑了，"你们班还好，男女比例差不多。我们班女生十一个，男生却有二十多个，出一趟学校真是太不容易了。"

　　"通行证可以几个人用？"

　　"还几个呢，一张只能一个人用。出去的人没回来，其他人只能在校园里待着。现在想想，'带货'这个词可能就是那会儿流行起来的。"诸葛林说着说着乐了。

"老公，听你这么一说，想想也挺有意思的。当时你有没有看到学校大门和围墙处的情景？"

"你指的是？"

"谈恋爱的呗。"

"哈哈哈。"

老爸这么一笑，三元的好奇心更强了，"什么那么好笑？"

"当时门里门外，以及围墙里围墙外，每隔几米就有一对恋人透过栏杆相互握着手、聊着天、看着对方。想象一下，有意思不？"

"呵呵，那是挺有意思的。还好你俩在一个学校，这样就不用一个里一个外的了。"

"什么呀，读研究生那会儿我可是一心只读圣贤书的。"诸葛林自证清白道。

有人十分不屑地来了一句："书呆子。"

"当时你们还挺乐观的嘛。"

诸葛林叹了一口气，"我们在学校里，相对安全。外边有的居民区，特别是疫情严重的那种就完全不同了。有的楼外边拉了警戒线，许进不许出，除非……"

诸葛林没有继续往下说，怕吓着女儿。

柳青青见状连忙转移话题，"好了，起来活动活动吧，一会儿又要弄晚饭喽。"

三元站起身来，"好的，晚饭后继续。"

二

晚饭吃得比较简单，三盘凉菜一碗汤。凉菜有蒜泥黄瓜、木耳洋葱和凉拌豆角，汤是诸葛林最喜欢的番茄鸡蛋汤。主食吃的是凉面，从街上买回来的，加有花生碎。

放下筷子，柳青青说："日子一天天地过，又是一餐。"

诸葛林附和道："舒坦，这样的日子还可以享受三周。"

"时间过得可真快啊，又要开学了。"三元叹道，转念一想："根本就没放假。"

"老公，下午听你一说，感觉人们对'非典'的了解还不够啊。"

"是的，很有深入研究的必要。"

"你们一说我又有些害怕了。"

"怕啥？怕得'非典'？"

三元轻轻地点了点头，面露忧色。

柳青青笑了，"胆子还挺小的，平时不是说自己是女汉子嘛。"

诸葛林开解道："不要害怕，历史上还有比'非典'更可怕的。结果怎么样？还不是继续繁衍。"

"是吗？"

"当然了，就像天花和黑死病，哪个不比'非典'厉害？"

"天花？黑死病？"三元对这两个词产生了兴趣。

诸葛林继续道："天花不多说，自然界中已经没有了，全世界只有若干实验室还保藏着，供研究之用。"

三元心想："天花也是科学家们的'收藏品'哪。"

"'黑死病'一词最早出现在 16 世纪的欧洲，据说是由瑞典和丹麦的专家提出的，而这一称谓大行其道则是在德国人海克尔（Justus F. K. Hecker）发表题为 The black death 的论著之后。关于它的由来，目前主要有两种看法：其一，因为最初症状是在腹股沟或腋下出现淋巴肿块，随后胳膊和大腿等部位会长出青黑色的疱疹，并且致死率极高，故得名黑死病。第二种源于对'Pestis atra'（恐怖的疾病）或'Atra mors'（黑色、骇人之意）的谬译，暗示给人们造成巨大麻烦的可怕阴霾。受限于医学水平，当时的人们无法正确认识黑死病，关于它的致病原因也多为猜测，难以令人信服。直到 1898 年，才由法国人保罗·路易·西蒙（Paul Louis Simond，细菌学家）明确黑死病源自啮齿类动物（特别是老鼠），黑死病同鼠疫之间也由此画上了等号。"

"'黑死病'听上去挺吓人的，厉害吗？"三元继续发问。

"去掉'吗'字，'非典'和它一比简直是小巫见大巫。"

柳青青认真地听着，她的好奇心一点都不比孩子弱。

"14 世纪中叶，全世界死于黑死病的人数大概有 7450 万，其中三分之一是在欧洲（约 2500 万人）。要知道，7450 万这个数字可是同当时欧洲各国的人口之和相当的。"

三元惊呼："天啊！太可怕了。"

诸葛林耸了耸肩，无奈道："这一时期后来被西方学者称为'中世纪最黑暗的年代'。"

柳青青感叹道："2022 年咱们吴越省的人口也才六千多万，这么一比，真的感觉不好了。"

诸葛林又道，"这么大的灾难人们都挺过来了，所以呀，不要过度担忧。"

三元渐渐从震惊和担忧中恢复过来，"老爸，发现你挺会开解人的。"

"呵呵，才发现呀。走，咱仨出去溜溜，消消食儿，饭桌回来再收拾。"

柳青青闻听，立刻起身收拾，"搭把手，先端到厨房去，搁这儿不像样。"

"好嘞，家有贤妻，必须听指挥。"

"去你的。"

三

散步途中，三人有说有笑，聊着聊着话题又转到了"非典"上。

"老公，'非典'时期的那些谣言你还记得不？"

"哈哈，当然了，挺搞笑的。"

"说两个给我听听嘛。"三元央求道。

诸葛林问老婆："你来还是我来？"

"当时有人认为吸烟可以预防'非典'，还有人认为吃碘盐能够防治'非典'。"柳青青当仁不让。

"这都哪儿跟哪儿呀，这些人怎么想的？"三元吃惊道。

诸葛林一本正经地说："生物多样性嘛，各式各样的人都有。"

扑哧——母女二人被逗乐了。

诸葛林笑道："哈哈——吸烟的人症状似乎是要相对轻些，但是官方并没有下定论。而且，有些人原本是不抽烟的，不知道从哪里听了一耳朵，就买烟预防起'非典'来了。"

"哎哟，我一个小学生都知道吸烟有害健康。"

"可不是嘛。再说碘盐，当时有人误以为'非典'是由于缺碘所致。于是，就在家里囤碘盐，做菜时还要多放。"

柳青青调侃道："估计这些人的语文是厨师教出来的，'典'和'碘'都弄不清楚。"

诸葛林一本正经地说："不许侮辱厨师。"

哈哈哈，三人都笑了。

"与其囤盐，不如买口罩更实际。还有人认为碘盐能够防治禽流感，更能补肾壮阳，是家中的必备之宝。"

柳青青一副眩晕的模样，同情道："可怜的人，我也是醉了。"

三元赞同道："是挺愚昧的，也挺可怜的。"

柳青青叮嘱女儿："今后遇到疫情，谣言绝不能信，更不能传，听到没有？"

三元点点头，"流言止于智者嘛，我又不蠢。"

诸葛林笑道："蠢人并不觉得自己蠢啊。所以，说一千道一万，必须用知识武装头脑，这样才能够摆脱愚昧。"

"就是，你爸说得对。"

三元发表意见，"其实我觉得和信谣言的人相比，传谣言的人更可气。前者就是自己蠢，后者会影响其他人的。"

诸葛林点评道："是这么个理，但可恨之人也有可怜之处啊。"

"不值得同情！"柳青青转而又对女儿说："你老爹坚持做科普的原因，现在知道了吧。"

"嗯，老爸，我挺你哟。"

"那敢情好！这既是我的初心，也是我的使命，必须坚持！"

"老公，我也挺你！"

四

散步回来，洗好碗筷，柳青青一边擦手，一边说："你俩干啥呢？怎么也没个响动的。"

走出厨房一看，三元在看动画片，诸葛林却低着个头。

"这么大了还看佩奇。"

三元盯着电视，"有意思，也可爱的。"

"老公，老外有意思啊，几头猪还能搞出个动画片。"

诸葛林"嗯"了一声，仍在想事情。

"哎——你怎么把电视关啦？"三元突然叫了起来。

柳青青放下遥控板，"就知道看动画片，也不关心一下你老爹。"

"老爸让我看的，还说别打扰他。"三元叫屈道。

"行了，关都关了，别吵了。咱俩关心一下他，估计又领着五毛钱的工资，操总理的心了。"

"胡说，一个人静静挺好的。"

知夫莫如妻，"你就别一个人瞎琢磨了，说出来分享分享。电视上都说了'好东西分享，快乐翻倍；坏东西分享，忧愁减半'。"

三元也起劲儿道："就是就是，可别憋坏了。"

诸葛林笑了，很是欣慰。有这样的妻儿，幸福哪。

"刷手机看到个视频，郁闷了。"

三元笑道："看你五大三粗的，怎么长了一颗玻璃心啊。"

"就是，刷手机还能郁闷了，真能耐。"

"视频拍摄者家里刚生了一窝小狗，让网友帮着起名字。打开评论区一看，你们猜起啥的最多？"

母女二人想不出来。

"'专家'和'砖家'最多。"

三元刚笑了一声，就觉得胳膊被拽了一下。

柳青青宽慰道："网友都挺调皮的，说什么的都有。"

"问题不是一个两个，好些人都这么说。"

柳青青有了点儿火气，"那咋办，你去咬他们？"

诸葛林抬起头来，"知道我最讨厌的是什么不？"

"不知道，不是我和三元就好。"

"第一是无良媒体，第二是无良专家。"

"哦？"柳青青开始"话疗"。

"现在的一些个媒体，就知道追求流量，价值取向什么的一点儿都不注意。"

柳青青也深表厌恶地说："就是，什么都敢说，什么都敢播。"

"就拿前些年的'扶不扶事件'来说吧，一开始说骑车的小姑娘蹭倒了老太太，于是网友一致谴责小姑娘。"

"嗯，还有进行人肉搜索①的，想想真不道德。"

"就是，小姑娘还是个学生，心理脆弱着呢。紧接着事情出现了反转，说是有证据表明小姑娘根本没有蹭到老人，老人是自己摔倒的。结果，网友调过头又开始喷老太太。本以为到这里应该完结了，结果后面又爆了两回料……"

看着唾沫星子四溅的老公，柳青青安慰道："别提了，都是些负能量的东西。"

"你们说这个事件有受益的吗？"诸葛林抛出了问题。

三元回答："没有。小姑娘和老太太都被网暴了，社会诚信和互帮互助的好风气也被削弱了，影响真的不好。"

"不，媒体赢了，而且还赚得盆满钵满呢，真不道德！"

"青青，从长远来看，利用这样的手段博眼球，这样的媒体也长久不了。"

"有道理。"

"再来说专家，我说的可不是石字旁的哦。"

母女二人笑了，柳青青把水杯递了过去。

诸葛林喝了一口，继续道："啥都不懂的那种，最多瞎咧咧两句，稍有明辨力的人都能识破，构不成太大的危害。反倒是个别专家，一瓶子不满，半瓶子晃荡。明明不是他的专业，或者仅仅是一知半解，就敢公开嘚吧嘚。"

"就是，我也纳闷怎么有的专家什么都懂。"

诸葛林痛斥道："不良媒体是为了流量，不良专家是为了发文

---

① 人肉搜索：有广义和狭义之分，广义的是指利用现代信息技术，变传统的网络信息搜索为人找人、人问人的关系型网络社区活动，泛指一切由信息"征集者"提问，信息"应征者"答疑的信息搜索与提供方式；狭义的是指将网络搜索引擎与人工搜索相结合，通过在网上发出"人肉搜索令"，利用网络开放平台充分动员广大网民力量，集中网民注意力，在网络上搜索某一个人或某一件事的信息资料，确定被搜索对象的真实身份并将其暴露于互联网世界之中的一种手段。

章、搞'帽子'、弄项目、博名声，都不是好鸟。"

"危害是不小，'扶不扶'一经传开，人们做好事都有顾虑了。"

"这还算是在家里丢人的，有些都丢到国外去了。"

三元起哄道："水平够高的啊。"

"就拿'非典'来说，个别谣言和不正确的观点就是无良专家一知半解的'杰作'。据说国外有人把这些当作证据收集了起来，还准备向我们讨说法呢。"

柳青青长叹了一口气，"脑子是个好东西，但不是每个人都有啊。"

"再举一个例子，疫情严重的时候，我在网上看到一则新闻，说是某地要找'零号病人'。"

"老爸，什么是'零号病人'？"

"'零号病人'指的是第一个得传染病，并开始传播的患者。在流行病调查中，也可被叫作'初始病例'或'标识病例'，正是他造成了大规模的传染病暴发。"

"哦，这么回事儿呀。"

"与之相对，还有'一号病人'之说。'一号病人'指的是某一区域内第一个染病后出现疾病症状，并且传播疾病的病患。"

"也就是说'零号病人'可能没有症状，对吧？"

"是的。所以呀，你们觉得这则新闻有意思不？"

"老公，这不就是大海捞针嘛。"

"青青，你说得不对，这比大海捞针还要难。"

……

"都说出来了，舒服了吧。"

"嗯，舒服多了。有点儿长，是吧。"

"老爸，你也知道长啊，足足讲了一节课再多十分钟！"

诸葛林有些不好意思了，"那个——没收住。"

"没事儿，闲着也是闲着。再说了，万一把你憋出个好坏，人家会心疼的。"

要不是女儿在场，诸葛林就亲上了。

"你最近在写书是吧？"

"嗯，刚动笔，想以小说的形式科普微生物学知识。"

"这个主意好，书名想好了吗？"

"暂定为《三元的微世界》。"

"咦，怎么会有我的名字，'三元'是我吗？"

"无可奉告，目前能说的就这么多。这是一本写给我自己的书，也是写给你的书，还是一本写给想要了解微生物学知识的人们的书。"

闻听此言，柳青青酸溜溜地来了一句："得，没我什么事儿。"

"哈哈，看过了就知道和你有没有关系了。"诸葛林眼中闪烁着光芒。

"好，出力不讨好的事情亏你还干得这么起劲儿。你们这些做科普的，都是靠鸡汤和鸡血续命的吧。"柳青青打趣道。

"莫愁前路无知己，天下谁人不识'菌'可是我的初心和使命哪。"

"出版费有着落了吗？"

一听到"出版费"三个字，诸葛林蔫了。

"呵呵，像个小孩子似的。别蔫头耷脑的，等年底发了奖金，我赞助！"金融高管豪气尽显。

"吧，吧，吧吧吧！"

……

幸福的家庭中，夫妻之间无须多讲道理，只讲包容和理解，只讲为对方付出和成就。向往吗？祝福吧，真的美好。

两位技术员

一

一大清早见甄士强他们四人进了门，李娟热情地迎了上去，"四个小鬼头，你们今天怎么这么高兴啊？"

三个人亲热地叫着"阿姨"，满脸堆笑。

梅成功说："阿姨，今天可以把小狗带回去了吧？"

"当然，笼子都给你和贾明准备好了，他爸亲手做的。"

贾明看了眼三元，"羡慕不，我们有伯伯做的笼子。"

"瞧把你给美的，又不是给你住的，哈哈。"

甄士强问："小狗的名字你们想好了吗？"

两人相视一笑，梅成功说："早就想好了，我的叫'旗开'，他的叫'得胜'，小名分别是'开开'和'胜胜'。"

"怎么样，多好的彩头啊。"贾明自夸道。

李娟笑着点头，"两条加起来就是'旗开得胜'，好兆头。"

梅成功继续说："在家和我妈都说过了，顺便给她打打预防针。"

众人不解地问："什么预防针？"

"新闻上说有的女家长会在小升初时穿旗袍在考场门口为自己的孩子加油，寓意旗开得胜，我怕我妈到时候效仿……"

话还没说完，大家就绷不住了，笑出声来。

"你们这些孩子呀，真是会联想。别站着了，进屋去吧。"

四人找地方坐下后，三元说："告诉你们，第三次兴趣小组作业的成绩昨天出来了。"

贾明最心急，"怎么样？"

甄士强顿觉紧张，毕竟这次作业是他负责的。

"傅老师对咱们班的作业状况越来越满意了，说质量一次比一次好。"

"看样各组都较上劲儿了，快说重点。"梅成功道。

"一共批出了三组 A⁺，我们是其中之一。"

贾明冲甄士强兴奋地喊道："Give me five！"。

两人击掌相庆，一旁梅成功的脸上也洋溢着笑容。

"瞧把你们给美的。"

贾明回道："喊——就不信你不高兴。"

"暂停庆祝，没说完，还有更值得高兴的呢。"

三元这么一说，三人重新关注回她。

"咱们现在是唯一的全 A⁺ 小组了。"

这下子，四个人都乐翻了。

甄志勇从外边进来，看到这一幕，笑道："什么高兴事，瞧把你们给乐的，能说给我听听不？"

甄士强向老爸作了汇报，甄志勇喜上眉梢，叮嘱妻子中饭要弄得丰盛些。

李娟提醒道："孩儿他爹，时间不早了，昨天通知今天区里来技术员，你抓紧过去吧。"

"嗯，记着呢，刚把两条狗崽子放上车。"

贾、梅二人听着，心里别提多高兴了。

"那快去快回，中饭一起吃。"

"好嘞，出门了。"

四人上了楼，梅成功问三元："压力大吗？咱们现在可是为了全 A$^+$ 荣誉而战了。"

"压力肯定有，但压力也是动力，姐的心理素质好着呢。"

"行，这次要还是 A$^+$ 你就是我亲姐。"

"不稀罕，瞧你这不情不愿的。"

甄士强说："不光是诸葛一个人的事，大家一起努力才会有好的结果。资料都拿出来，抓紧时间。"

于是，四个人忙碌了起来。

二

眼看长针过了"12"，李娟上楼来找儿子。

"你爹都去了小半天了，怎么还不见回来，你去看看。"

"阿姨，我们也去。"

"行，正好出去换换脑子，回来就好吃饭了。"

在甄士强的带领下，四人出了门。这边的空气格外清新，呼吸起来是那样地畅爽。这样的奢侈，身在都市的人们唯有羡慕和向往的份了。

很快，甄士强在地头找到了正和五六个人一起听讲的老爸。

甄志勇小声地提醒四人："机会难得，认真听李老师讲。"

技术员李伟讲道："如果你们拔起过大豆或紫云英这些豆科植物的话，会发现它们的根部常有一些小的颗粒，像是一个个的瘤子，这些瘤子就是根瘤。为什么豆科植物会产生这样奇异的组织呢？这个问题要从植物生长所需要的营养物质讲起。在生物的生长发育过程中，碳、氢、氧、氮、硫、磷等元素是不可缺少的。然而，生物自身却无法制造，需要从环境中摄取。动物可以通过吃植物获得这些元素，但植物该吃什么，又该怎么吃呢？"

李伟显然有着丰富的基层工作经验，讲解起来深入浅出，效果很好。

"拿氮元素来说，植物非常地'挑食'，只爱吃铵盐或者硝酸盐。但是，环境中的氮是以多种形式存在的，并非现成的铵盐或硝酸盐，需要有'厨师'进行'烹制加工'。现代农业生产离不开化肥，氮肥的重要性不言而喻。尽管土壤中的许多微生物可以将氮肥转化成铵盐和硝酸盐供作物'吃食'，但化肥施用本身就是一个风险不断累积的过程。因为，目前化肥的利用率仅仅在30%左右，其余的全部进入环境，引发土壤板结酸化，以及水体富营养化①等问题。此外，化肥的生产过程属于高能耗和高污染型，70%的能源来自燃煤……"

贾明走到田埂边放有拔出大豆的地方，边看边用手摸根上面的小疙瘩。

李伟注意到了，"你摸的就是大豆的根瘤，别害怕，对人无害的。"

技术员这么一说，三元三人也走了过去，摸起根瘤来。

甄志勇尴尬地说："叫你们认真听讲，结果成了耳旁风。"

"没关系，孩子们感兴趣是好事，可以增加对农业的认识和感情。"

四人观瞧后，李伟接着说："那么，有没有环境友好型的氮库可供植物利用呢？其实，我们四周就存在着一个超级大氮库——大气（78%为氮气）。氮库有了，下面就看如何'烹制'了。人类是可以予以加工的，但必须在高温（300℃）、高压（三百个大气压），并且消耗大量能源和特殊催化剂的条件下方能完成，既笨拙又低效。自然界不乏具有特殊'才艺'的生物，这方面最为闪耀的明星便是一类能把大气中的氮转变为有机氮的微生物——根瘤菌。"

---

① 水体富营养化：水体中氮和磷等营养盐含量过多而引起的水质污染现象。

这会儿的日头比较大，李伟喝了口水，"在1886年第五十九届德国科学家与医生学术研讨会上，德国人赫尔曼·赫尔利格尔（Hermann Hellriegel）讲述了这样一个事实：大豆在缺氮的土壤中也能够良好地生长，其中的秘密就在根部的那些瘤子之中。大豆根瘤中的根瘤菌可以通过固氮作用，将空气中的氮转变为作物可利用的形式。实际上，我国早就开始了这方面的实践。古人尽管未探明根瘤固氮的原理，但确实注意到了根瘤对农业生产的帮助。为了更好地发挥根瘤的作用，他们会在大豆收获时将根和根瘤一起保藏，待来年播种时再将它们粉碎并与种子进行混播，以促进大豆结瘤。此外，从汉代开始沿用至今的轮作①，其中就有将大豆和小麦等作物接力耕种来保持土壤肥力的做法。"

　　梅成功感慨道："古人真是聪明哪。"

　　三元大胆地提问："根瘤菌是怎么固氮的呢？"

　　李伟微笑道："这个问题好，根瘤菌的'固氮神通'是怎样实现的呢？根瘤菌原本在土壤中自由生活，当植物缺氮时，便会从根部分泌类黄酮等化学物质来吸引根瘤菌。而根瘤菌也是有原则的，它们有对应的宿主植物，不会认错'主子'。待相应的根瘤菌招募聚集后，便一起吸附到植物根部的根毛上，引发根毛卷曲。之后，根瘤菌从根毛尖端进入根内，并最终集体迁移到根部皮层，刺激这里的细胞增殖、膨大，形成一颗颗的根瘤。根瘤虽小，但却是植物为了根瘤菌固氮而精心打造的专用场所（氧气含量很低）。当根瘤菌安营扎寨后，安心地'变身'为梨形或棍棒形等特殊形状，成为'类菌体'，接着互帮互助就开始了。豆科植物会把自身的营养留一部分供根瘤菌吸收，而根瘤菌则依靠独门利器固氮酶加工氮气，为

---

① 轮作：在同一块田地上有序地在季节间和年度间轮换种植不同作物或复种组合的种植方式。

植物服务。豆科植物采收后，根部开始腐烂，根瘤也随之破裂。于是，根瘤菌就又回到了土壤之中，静待来年与宿主植物的再次合作。"

三元感慨道："真是奇妙啊！"

"每个根瘤都是小小的氮肥厂，要是论起效率来，它们可比世界上任何一家氮肥厂都要高哩。它们能够提供作物所需氮素的八成以上，还可以为之后的农作物提供养分，维持土壤肥力，取之不尽用之不竭。已故中国科学院院士、中国农业大学陈文新教授曾经算过这样一笔账——我国豆科农作物栽培面积约为1900万公顷^①，如果在这些土地上减少一半氮肥的用量（即每公顷减少150千克尿素），每年将减少尿素用量286万吨，可节约开支近43亿元（按每吨1500元计）！"

众人纷纷开始议论……

临近结束时，李伟不无惋惜地说："由于种种原因，根瘤菌在农业上的应用并未获得足够的重视，希望今后能够好好地加以利用，助力农业可持续发展。"转而特意对三元四人说："你们可要好好学习，将来用科学知识托起乡村振兴，也托起美好生活啊。"

四人用力地点头，暗下决心。

三

吃过中饭，甄志勇对妻子说："下午花卉大棚那边还有活动，你去吧。"

"你不去了？"

"嗯，下午有别的事。"

甄士强问："我们能一起去吗？"

---

① 一公顷相当于一万平方米。

"可以呀，你们感兴趣？"

"他们几个兴趣大着哩，上午你是没看见，除了提问，还上手呢。"

贾明不好意思了，"伯伯，我就是好奇，而且根瘤一颗颗的，怪好玩的。"

"别说，你们几个蛮认真的，李老师对你们的印象都很好。"

三元说："平时学习的都是书本上的知识，这么好的机会不能错过，纸上得来终觉浅嘛。"

甄志勇赞道，"对，实践出真知，你们也一道去。"

约莫过了二十分钟，李娟带着四人往花卉大棚方向走去。到地方后一看，人不是很多，十来个左右。李娟和熟人打着招呼，四个小的则东张张西望望，好奇得很。一会儿工夫，走过来两个人。其中一个三元他们认识，正事技术员李伟。另外一个岁数大些，头发已经花白，戴着个黑框眼镜，个子不高，略显富态。经李伟介绍，大家认识了他的师傅，区里有名的花卉种植专家常曦。几句开场白之后，常曦针对大棚里的花卉品种进行了种植技术讲解。不愧是区里的能人，讲解不仅细致，还十分地生动。有一两个比较抽象的概念，他稍加举例和示范，众人便弄清楚了。李伟也没闲着，不停地在小本子上记录着。

常曦讲完后，又进行了答疑，前后加起来差不多有一个钟头。末了，他从随身的背包里拿出了一沓子彩纸，上面印有花卉相关的知识，不同颜色的内容不一样。李娟他们人手一张，共三种颜色。

和两位技术员道别之后，他们便往回走，路上还不忘相互看看彩纸上的内容。

李娟提醒："小心看路，回去再看。"

贾明拿着一张绿色的说："我这张介绍的是肉肉植物，你们的呢？"

三元回答："我的是冬季花卉养护的注意事项。"

李娟问："成功，你那张上面写的什么？"

梅成功举起唯一的粉纸，"这个有意思的，叫'没有病毒哪来绚丽多彩的郁金香'。"

"哦，关于郁金香的。我们这里没人种，但是这花好看，我知道的。"

贾明凑到一旁，"换着看呗。"

梅成功还没表态，三元打趣道："好好走你的路，别把自己种到沟里去了。"惹得众人哈哈大笑。

回来后，母子二人给小客人们倒水、拿水果，贾明则缠着梅成功，嚷嚷着交换。

李娟也坐了下来，对着四人中个子最高者说："成功，把你手里的给大家念念，一起长长见识。"

梅成功欣然答应，起身开念。

没有病毒哪来绚丽多彩的郁金香

提起荷兰，人们很自然地会想到郁金香。其实，荷兰并不是郁金香的原产地。郁金香的原产地在中亚、西亚、地中海沿岸，以及印度的一些山区之中。荷兰 16 世纪末才开始引进、栽种郁金香。从植物分类学角度来看，郁金香属于百合科郁金香属，是长有鳞茎①的草本植物②。据说，第二次世界大战期间，一年冬天荷兰闹饥荒，很多难民是靠吃郁金香的鳞茎才得以维系性命。自此，荷兰人对郁金香钟爱有加，更是将其奉为国花。除荷兰之外，郁金香还是土耳其和匈牙利等国的国花。

---

① 鳞茎：地下变态茎的一种，呈盘状，其上着生肥厚多肉的鳞叶，内部贮藏有丰富的营养物质和水分。

② 草本植物：茎内木质部不发达、木质化细胞少、支持力弱的植物。

郁金香花原本呈纯色，并且不乏美妙动听之名，如烈焰般鲜红的"斯巴达克"、雪白纯净的"普瑞斯玛"、黑夜般深沉的"夜皇后"、淡黄色的"金牛津"、粉色的"声望"，以及水红色的"王朝"等。后来，在郁金香的培育过程中出现了一些有杂色花纹的品种。杂色花的特点是每一花瓣呈现出的斑纹不一；颜色多为紫、红、白、黄四色中的两色搭配；形状多样，有的为星形，有的为条形，还有的呈火焰或羽毛状。杂色郁金香较单色郁金香更令人神醉，荷兰人也因此对杂色花朵更为珍视，甚至在17世纪一度出现了疯狂种植带有杂色花纹郁金香的风潮。其中，不乏价值连城的珍稀品种。"永远的奥古斯都"就是其中最为名贵的一种，很多人认为只有"永远的奥古斯都"才配得上"世界最美花朵"的赞誉。据记载，1637年一株"永远的奥古斯都"售价近7000荷兰盾，要知道当时荷兰人的年均收入才150荷兰盾左右。有了这样的一笔钱，即便是阿姆斯特丹的河景豪宅也可以随意挑选。如果拿荷兰人钟爱的奶酪进行换算，那么其价值同二十多吨重的奶酪相当。由此可见，荷兰人对郁金香的喜爱到了怎样的一种狂热地步。

杂色郁金香的花格外艳丽，但是花纹的出现却难以掌控。甚至即便是由杂色郁金香鳞茎长出的子代，也不一定会出现杂色花纹。哪怕出现了花纹，图案同其母代也不一致。有关杂色郁金香的记载可以追溯到16世纪，1593年，奥地利人卡罗鲁斯·克卢希尤斯（Carolus Clusius，维也纳皇家草药植物园负责人，知名植物学家）在掌管荷兰雷登大学植物园期间将其引种进来，并详细记录了各种花纹和颜色。尽管，他注意到杂色郁金香会因鳞茎脆弱而品种消亡，但杂色花纹性状无法稳定遗传的原因却始终没有找到。一直到 20 世纪的 30 年代，才由凯莱（Dorothy M. Cayley）和麦凯（M. B. Mckay）（二人都是植物病理学家）证实那美得令人窒息的杂色花纹竟是拜郁金香杂色病病毒感染所赐（该病毒属于马铃薯 Y 病毒属，能够通过蚜虫传播）。由此，一些荷兰种花人开始尝试用嫁接①的方法使健康郁金香鳞茎染病，进而培育出变异花色品种，以此来实现他们的发家致富梦。

植物病毒个体微小，在普通显微镜下根本无法看到，只有通过电子显微镜才能够一窥真容。植物病毒具有迁移性，它们能够随同有机物质运输传染植株的其他部位。而感染植株的花青素合成会受到不同程度的干扰，花青素分布也因此呈现不均匀状，出现一些对比鲜明的彩色条纹亦不足为奇。另外，还有一项殊荣同郁金香有关，那就是第一个被人类记载的植物病毒病发现自郁金香。

爱花人士对郁金香的钟爱可谓是"病态"的，而其成就者便是以往名声不佳的病毒。没有病毒便没有绚丽多彩的郁金香，小小的它们也会成花之美。

四

晚上八点多，三元哼着歌进了锦园，看见老爸正在逗臭臭，"好玩不？"

"哎呀，好玩，这么小还会生气呢。"

---

① 嫁接：植物的人工繁殖方法之一，即把一株植物的枝或芽，嫁接到另一株植物的茎或根上，使接在一起的两个部分长成为一个完整的植株。

"啥？臭臭为什么生气？"

"说小主人不陪它玩。"

"嘿嘿，今天不是去做作业了嘛。"

紧接着，三元把白天的事情讲了个大概。

诸葛林对臭臭说："自己玩去，我要和你的小主人说话啦。"

臭臭打起了哈欠，模样甚是可爱。

"根瘤菌，郁金香，嗯——出个问题考考你。有没有想过，既然生物固氮这么棒，为什么只有少数植物具备这种能力呢？"

别说，这个问题三元真没考虑过。当然，年龄摆在那里，没有想到实属正常。

见女儿答不出来，诸葛林开始解答："生物固氮被誉为'进化生物学中观察到的最有趣的现象之一'，主流观点认为共生固氮这一能力是经过多次进化才获得的。中国科学院昆明植物研究所李德铢研究员认为最早与根瘤菌共生的植物起源于距今大约6500万年的古新世早期。耐人寻味的是，这种能力在漫长的岁月中至少丢失过八次。有学者认为，共生固氮过程中植物需要消耗大量的能量，虽然有助于更好地生长，但是代价高昂，属于'奢侈行径'；只要土壤中有足够的氮，它们便会终止同根瘤菌的合作；时间长了，这种能力也就丧失了。"

"哦，这样的呀，那你怎么看呢？"

"鬼灵精，这不成自问自答了嘛。"

"嘿嘿，知道你博学，说吧。"

诸葛林佯装生气，"脑子不动要生锈的。据我所知，生物经常会在进化过程中丢弃一些'不实用'或者'负担不起'的基因[①]。然而，进化与繁复程度关联不大，更多的是侧重精进，以此来适应环

---

① 基因：产生一条多肽链或功能 RNA 所需的全部核苷酸序列。

境，增加存活概率，繁衍生息。"

"为什么只有少数植物具备这种能力呢？"

"哈哈，机缘巧合吧，这就是生物多样性的具体表现啊。"

"哦——原来你也不知道啊，哈哈。"

"这么开心，你俩聊什么呢？"

"没啥，随便聊聊。"

"不早了，洗漱去吧，明天还要上班上学呢。"

诸葛林应了一声，对女儿说："把臭臭弄回去，然后明天上学要带的东西自己检查一下。"

三元带着臭臭刚要出屋，又听见，"郁金香有个趣闻，有时间提醒我给你讲哦。"

"好哒。"

灯火渐熄，夜幕深垂，整个清凉镇静了下来，唯有美丽的月儿在空中漫步。

亦敌亦友

一

周三上午第一节课，傅雷站在讲台上，精神饱满地对同学们说："时间过得真快哪，再一个多月就要期末考试了。"

不少人心头一紧。学生怕考试，天经地义。

"呵呵，今天的课不讲新内容，咱们一起来回顾下前三次的兴趣作业。当初设计这样一个环节是为了增加同学们对这门课的兴趣，拓宽知识面。当然，也希望能够提高你们的团队合作意识和信息提炼能力。说实话，你们的作业，不，应该称之为作品，超出了我的预料。那句话怎么说的来着，给些阳光，你们就灿烂啊。"

傅雷走下讲台，"从结果来看，目前全部 A⁺ 的小组有一个，两次 A⁺ 的小组有四个，没有一个小组得过 C 以下的成绩。说明什么？不是我批得松，而是质量确实好。你们投入了，动脑了，有这样的结果并不奇怪，天道酬勤嘛。当然，不要自满，继续努力，我看好你们哟。"

笑声过后，傅雷说："通过三次的作业，你们应该对微生物的种类之多，用途之广，能力之强，以及与人们生活联系之紧密有了新的认识。曾经有学者这样评价：'在近代科学中，对人类福利最大的一门科学，要算是微生物学了。'你们觉得怎么样？"

同学们齐齐称是，唐晓波举手发言："我非常赞同这位科学家的说法，微生物不仅在自然界中发挥着不可替代的作用，对我们人类而言也是至关重要的。"

示意唐晓波坐下后，傅雷继续道："是的，今后微生物还将发挥巨大的作用。在理论研究方面，它们将帮助人们揭示生命起源和进化等奥秘。在实际应用方面，生态环境治理、新能源开发，以及粮食保障等都少不了小不点们的活跃身影。"

傅雷正好走到柴长清桌旁，"你们组不是拿水稻和微生物作对比了嘛，分享一下。"

柴长清起身回答："我们组第二次作业的主题是'微生物种质资源①开发与利用'，其中讲到微生物作为研究材料的优势。水稻挺常见的，但是大家并不了解。就拿熟制②来说，水稻从一年一熟到一年三熟有着不小的差别，从事育种工作的科研人员自然是偏爱后者。我们查阅资料后发现，海南是备受青睐的水稻育种之地。在那里，由于自然条件优越，水稻一年可以收获三次。相比一年一熟的地区，在海南开展育种研究相当于一年干了三年的活，研究周期大大缩短。不过，微生物要更加厉害，有的菌种几十分钟甚至十几分钟就可以繁殖一代，作为研究材料再好不过了。"

傅雷点评道："讲得好！微生物自身的特点使得它们成为了生物学研究中的'明星'。微生物学发展态势迅猛，在生命科学和环境科学等的发展中发挥了巨大作用，做出了巨大贡献。"

……

"再问一个问题，微生物对我们人类而言是敌是友啊？"

同学们异口同声地回答："亦敌亦友。"

---

① 种质资源：又称品种资源、遗传资源或基因资源，作为生物资源的组成部分，十分重要。

② 熟制：农业种植制度中包含的内容，指某一地区或生产单位一年内多作的程度和类型。

"对于有害的微生物，你们害怕吗？"

见观点不一，傅雷强调："不要害怕，这既是生物多样性的体现，也是社会进步的见证。天花这样的'狠角色'，不都是被人们收拾了嘛。当然，妄自尊大也要不得，应该常怀敬畏之心、感恩之情。"

教室里响起了热烈的掌声，同学们听进了心里。

快要下课的时候，傅雷欣慰道："一些变化可能你们自己都没有意识到，像贾明和梅成功几位同学的进步就比较明显，别的老师也这么说。希望同学们继续努力，持续进步。"

三元小声地对贾明说："被夸了，得意不？"

贾明嘴角上扬，眯缝着眼，"认真听讲，下课再说。"

二

吃过晚饭，一家子又开启了聊天模式，三元提醒老爸讲有关郁金香的趣闻。

"青青，听说过'炒花'吗？"

"做菜？"

"不是炒菜的炒，是炒作的炒。"

"哦，那挺新鲜的，听说过炒股、炒房、炒币、炒鞋，炒花还是头一回呢。"

"哈哈，那就给你俩说一段'郁金香狂潮'吧。先声明，事件的真实性有待考证哦。"

柳青青玩笑道："胆子放大，说好了有赏。再说了，不会空穴来风的。"

"1593 年，一位植物学家把一颗神奇花朵的鳞茎从现今的土耳其带到了荷兰。接下来的十年，名为郁金香的花朵风靡了整个国家。之后，植物病毒的作祟让事件开始发酵。感染了病毒的鳞茎，因稀有和花色艳丽而价格飙升。人们开始预测花色的流行趋势，更有商人大肆囤积，待价而沽。随后，郁金香鳞茎渐渐具有了金融属性，成为了货币一般的硬通货。第一批发家致富者成功勾起了他人的贪欲，世界各地大批投机客奔赴荷兰，更有人不惜用全部家当换取小小的鳞茎，而最为稀有的郁金香鳞茎甚至炒作到了几千荷兰盾一颗。"

三元打断道："是'永远的奥古斯都'吗？"

"对的。"

"我对荷兰盾没概念，要是现在换成美元，能有多少？"

"呃——十几万是有的。"

"天哪！欲使其灭亡，必先令其疯狂。"柳青青感叹。

"泡沫大约持续了三年，直到一位水手在富商举办的宴会上把一颗价值不菲的鳞茎当作配菜洋葱吃到了肚里，人们开始了反思。"

柳青青打趣道："是大力水手吗？"

"哈哈，有可能。"

三元顽皮道："他们一定在反思'洋葱一样的东西，这么贵合理吗'？"

"嗯，应该是的。少数人的怀疑迅速扩散，并造成了大恐慌，政府也无力控制。最后，郁金香鳞茎真的跌出了'洋葱价'，荷兰的经济也深受其害，陷入了大萧条。"

三元摇晃着脑袋，"哦，这么个'郁金香狂潮'啊，有意思。"

柳青青略带情绪地说："贪心要不得，'事出异常必有妖'对对的。"

似乎联想到了什么，诸葛林说："有外国人说大都市里的楼宇像是文件柜，里面一间间的房子像是抽屉。"

"别说，还挺形象的。"

"有时候我沿着咱们临水小区旁边的锦溪散步，看着万家灯火，心里就会想：'为了一个抽屉，搭上十几年甚至几十年的努力，值得吗？'"

柳青青批评道："你呀，活该头发少，没事儿净瞎琢磨。"

"国家'房住不炒'的定位很是精准啊，必须坚定不移地贯彻执行。"

我们并不孤单

一

"醒醒，醒醒。"

三元艰难地从被窝里伸出了一根手指头。

"什么意思？看看我是谁。"一个声音焦急道。

三元费力地睁开了那似有千斤的眼皮子，惊讶道："小 A 怎么是你？"

又看了一眼窗帘，没有阳光透过缝隙照射进来。

"天没亮怎么就把我给弄醒了。"

"急，有十万火急的事情跟你说。"

三元开了床头灯，一看知识，乐了，"礼服的款式还是老样子，小脸上满是黑道道，今天的你有些狼狈呀。"

知识叹了口气，心想："希望一会儿你还能这么开心。"

"我是来告诉你今天是最后一天了。"

三元糊涂了，"最后一天，什么啊？"

知识情绪低落，小声说道："由于现世的环境质量下降，两个世界间的通道快要崩溃了。"

"啊？！有办法修好吗？"

"已经尽了最大的努力，但是……之前忙忙碌碌就是和族人们一起在修复。"

两个人都不说话了，房间里安静得令人难过。

知识打破了平静，"还好，今天还有一整天。有什么事想做，有什么话想对别人说的，抓紧哦。"说完，知识低下了头，宝石般的眼睛盯着手指尖尖。

三元沮丧地问："以后还有机会再来微世界，再看见你吗？"

知识勉强地笑了笑，"有的，只要两个世界的环境质量趋于一致，通道就可以重新建立。"

"那要等现世的环境质量改善了哦。"

虽然知道难度不小，但是于心不忍，知识还是说了"是的"。

知识继续开解道："别难过，地球人的环保意识早已觉醒，要对保护和改善生态环境有信心。"

三元抬起了头，"地球不需要保护，需要保护的是我们自己。"

"好吧，你说得对……"知识不知再该说些什么。

泪水顺着三元的脸颊流了下来，苦涩的味道。

知识不知从哪里弄来了一块手帕，边擦边说："非要把人家弄哭，讨厌。"

约莫过了五六分钟，三元说："小 A，我舍不得你，你会想我吗？我肯定会想你的。"

知识点了点头，"一样的，其实对你的印象比对那三个家伙的要好上不少。"

三元有了笑模样，"故意安慰我的吧？"

"精灵一族从不说假话，哪怕是善意的。"

"好吧，谢谢你。很荣幸能够认识你，也感恩你把我带来了微世界，这里真的很美好！"

"嗯，就是，难过也是一天，开心也是一天，还是开开心心的好。"

"小 A，相信我们还会再见面的！"

"嗯！"知识重重地点了一下头。

"那么，有什么要对我说的吗？"

"很高兴与你结识这种套话我就不说了，虽然的确如此。分别之际，希望你今后能够健康成长，开心常相伴，长大之后成为一个对社会有用的人。"

三元开心道："祝福收到，爱你哟。"

知识张了张嘴，又闭上了，没再说什么。

三元提议道："来，拥抱一下。"

两人热情地抱在了一起，脑子里浮现着这段时间相处的片段，那样地美好，那样地有味道。

不知不觉中，房间里只剩三元一个人了，自言自语道："那就抓紧时间吧。"

二

下了楼，正巧同往餐桌上端早饭的妈妈打了个照面。柳青青打量了一眼，关心道："眼睛怎么是红的，哭过啦？"

三元编了一个理由，"嗯，做了一个噩梦。"

"做噩梦还能哭，你个小屁蛋啊。"说完，又忙活去了。

吃过早饭，拿起书包，说了句"老妈，记得今天买两瓶臭豆腐乳回来"就上学去了。

走在熟悉的上学路上，百感交集。她想记住沿街的店家，花草树木，往来的行人，一切的一切。

一会儿工夫到了校门口，三元看了一眼校训，并没有直接进去，而是转身到了一处早餐摊，"奶奶，给我做一份鸡蛋灌饼。"

……

"哈哈，味道比想象的还要好，难怪贾明那家伙经常光顾呢。"

说来也巧，贾明出现了。先是大模大样地说："王奶奶，老样子。"转而拿三元开起了玩笑，"哟嗬，真少见，诸葛姑娘竟然食起人间烟火啦。"

"去你的，想着尝尝味道，关心一下某人。"

贾明把小胖手放在胸口，夸张道："哎哟，我的小心脏怎么跳得这么猛啊。"

"小明，你的做好了，拿好哦。"

接过灌饼，就是一大口，还笑着问三元："味道不赖，是吧？"

三元点点头，两人一起进了学校。

今天没上微生物课，三元觉得有些可惜，毕竟现世中是没有这门课的。一整天，三元都有些心不在焉的，发作业本的时候还把两个小组的弄混了。人之常情吧。放学时，三元主动找到了梅成功和甄士强，提议去玩飞盘。两人的嘴巴好一会儿才合上。一玩就是一个钟头，十分地尽兴，操场上满是欢声笑语。

临别时，三元挥手，"友情长青，再见！"

三人仍乐呵呵的，但都有种说不出的莫名其妙。

三

回到锦园，三元听见父母二人在争论。不是吵架，氛围蛮欢快的。没有理会，直奔臭臭的小窝。还没走到近前，臭臭就在里面撒起了欢，不停地摇着尾巴。

三元小声对臭臭说："算你有良心，让我再好好看看你。"

臭臭叫了两声，声音仍显稚嫩。

三元从事先装了凉开水的桶中倒出一些，将臭臭的水碗装了个大半，"最后一次帮你加水啦，以后要乖哦。"

一人一狗，相互对视着。一个似有千言，一个懵懵懂懂。

"这孩子，回来也不打个招呼，狗倒是念得紧。"柳青青埋怨道。

见三元小脸红扑扑的，校服挂在胳膊上，诸葛林问："锻炼了？"

"没，和贾明他们玩飞盘。"

这个答案夫妻二人都没有想到。

三人边往屋里走，三元边问："妈，臭豆腐买了吗？"

"买了，那个小店里还剩三瓶，全买回来了，一瓶便宜了两毛钱。"

诸葛林打趣道："这种便宜都要占，真是雁过拔毛啊。"

柳青青拍了他一下，"怎么说话的？"

"呵呵，勤俭持家，会过日子。"

柳青青征求三元的意见，"等会儿来上一块？你个小猪也是有趣，好这口。"

"今晚不吃，先放厨房好了。对了，你俩刚才争什么呢？"

"我去把汤热一下，问你爸。"

诸葛林叫三元把茶几上的咖啡罐拿过来，"前阵子你妈的同事休年假，去了趟印度尼西亚。这不，回来给她带了些礼物，其中就有这瓶猫屎咖啡。"

三元以为自己听错了，但是看到罐子上"猫屎咖啡"四个字后，再也憋不住了，笑道："哎哟，还真是'猫屎'啊。"

"哈哈，可不。"

"有什么好争论的？"

"我说猫屎咖啡和屎的关系不大，而是和微生物更相关，她不信。"

"和屎有关还能喝吗？就冲这，老爸，我挺你。"

柳青青走出厨房，"什么都往微生物身上扯，我看你俩就是一大一小的两个细菌。不，是病毒。"

哈哈哈，三人一起笑了。

"灯不拨不亮，理不辩不明，听我给你解释。"

于是，趁着热汤的工夫，诸葛林晒起了干货。

猫屎咖啡，光从名字就可以想象其"黑暗"程度。难闻的便便是如何同香浓的咖啡联系到一起的呢？讲真，猫屎咖啡作为世界上最贵的咖啡之一，喝上一杯是需要花几张大票子的。然而，由于产量有限，即便舍得花钱，能否喝到正品还要随缘。

介绍猫屎咖啡之前，先要了解一下长在树上的咖啡鲜果是如何变成浓香馥郁的咖啡的。咖啡是茜草科咖啡属（*Coffea*）植物，是多年生的常绿灌木或小乔木，原产于非洲中北部，现已广泛种植于拉丁美洲、非洲和亚洲太平洋地区。咖啡的果实成熟后呈红色或紫色，比樱桃小，可食用，又被称作"咖啡樱桃"（coffee cherry），内含两粒种子。鲜果到咖啡豆（coffee bean）需要经过多道工序，包括：

（1）鲜果采摘、分拣

（2）脱皮

鲜果采收后必须尽快脱皮，否则红色的果实会变褐色，并导致最终产品发酸，品质下降。

（3）发酵

脱皮后的咖啡豆外有一层富含糖类等物质的果胶层，容易滋生微生物，需要通过发酵的方式加以去除。

（4）干燥

发酵后的果实经过清洗，需要再进行晾晒或烘干等处理。

（5）脱壳

去除咖啡豆外层的硬壳。

鲜果发酵作为咖啡生产过程中最为重要的环节，离不开微生物的作用。微生物通过代谢作用，将鲜果中的糖类等物质转化为咖啡的风味物质。可以说，发酵方式、场所和微生物种群的多样性造就了不同风味的咖啡。通常，咖啡鲜果发酵是在容器或发酵池中进行的，但凡事都有例外，动物肠道如何？没错，就是你们想象的那样，猫屎咖啡就是这么来的。

猫屎咖啡中的"猫"并不普通，原指印尼野生椰子狸（*Paradoxurus hermaphroditus*），又称花果狸，分布于印度尼西亚和孟加拉国等国的热带雨林和亚热带常绿阔叶林之中[①]。椰子狸属于灵猫科的椰子狸属，杂食性动物，食物包括鸟类、昆虫和植物的果实、种子等，尤其爱把咖啡树上香甜多汁的果实当作食物。椰子狸体形与小灵猫（*Viverricula indica*）相似，但更加地细长；背部生有黑色纵条纹，体侧有黑色的斑点；尾巴较长，体重 2—3 千克。咖啡鲜果被椰子狸吃下后，相当于进入了一个特殊的发酵环境。果皮和果胶质等在胃肠内的多种微生物和酶的共同作用下逐渐水解消化，而有着坚硬外壳的咖啡豆却会原封不动地排出体外。椰子狸粪便中的这些"宝贝豆豆"被人们收集后，经过清洗、烘干等步骤制成咖啡。据说，经过椰子狸肠道发酵的咖啡豆苦味少，风味独特，格外香醇，再加上数量少、产量低，价格自然也就不菲了。

随着猫屎咖啡的走红，在泰国和马尔代夫等地又悄然兴起了象屎咖啡，价格居然还要高过猫屎咖啡。然而，喜好这口的人们究竟是图其风味，还是猎奇心理抑或是虚荣

---

① 印度尼西亚人常说的麝香猫（Civet cat），实为椰子狸。

心在作祟呢？

"看我做什么？"柳青青没好气地说。

"问你哪，是图其风味，还是好奇呢？"诸葛林嬉皮笑脸道。

柳青青做了一个鬼脸，"哼，不告诉你。汤好了，开饭。"

诸葛林对三元说："瞧见没，说不过就转移话题。高，实在是高。"

三元又瞧了一眼手中的咖啡罐，摇了摇头，"无福消受哪。"

四

晚饭后，收拾停当。三人围坐在电视机前，没有看电视，一边嗑着瓜子，一边聊着天。其间，三元叮嘱爸妈要多关心臭臭，还讲了一些莳花弄草的心得，最后又说到了洗碗机。

"老爸，洗碗机啥时候买？老妈每天都很辛苦的。"

柳青青闻听笑容顿生，着实感动了一把，并朝丈夫看去。

"就这个周末吧，要是洗碗机买不回来，就别让我进屋了。"

哈哈哈……

眼看九点多了，诸葛林纳闷道："平时作业那么多，今天怎么没作业的？"

"谁说没有。"

"那还聊得这么起劲儿，快去写作业。"柳青青催促道。

拎着书包往上走，上到一半时三元扭头对二人说："你们是天底下最好的爸爸和妈妈，爱你们哟。"

"这孩子，没事儿说什么心里话，怪让人感动的。"柳青青感慨道。

"嗯，小屁蛋长大了。"

又一琢磨，柳青青狐疑道："三元今天的表现是不是有些怪？"

"别说，还真有点儿。"

"唉，估计又是课业负担重的原因。营养要继续加强，这些天和她说话也要先过过脑子。"

诸葛林点点头，"我还好，某人有时候是有些简单粗暴的。"

柳青青笑眯眯地靠了过去，伸手在腰间一拧，"杀猪声"顷刻响起。

第二天一早，"三元"上学后，柳青青对老公说："怪了，三瓶臭豆腐都不见了。"

某人心不虚地回答："不是我。"

"那她带那么多臭豆腐干什么？"

他们哪里知道，这会儿"三元"的书包里并没有臭豆腐，而且此"三元"已非彼三元了。

一处神秘之所在，知识看着眼前的三瓶臭豆腐，边淌口水边念道："小样，讲交情，够朋友。"

五

三元睡醒后，确认是回来了，穿着睡衣就去找爸妈，在楼梯口看见了正在楼下收拾东西的老爸，"忙活什么呢？"

抬头看了一眼，诸葛林回答："不是说过嘛，今天要打道回府喽。"

"这么巧。"三元心想，"你相信有外星人吗？"

诸葛林有些惊讶，"睡糊涂了吧，大清早问这样的问题，穿的还是睡衣。"

见三元还在等答案，诸葛林有些搞不清楚状况了，从一旁的资料袋中翻出两页纸，"昨天刚写好的，你看看，然后抓紧收拾哦。"

紫色细菌，第一个被发现的外星生物？

在一集名为 *Super Germs* 的美国国家地理节目中，来自澳大利亚的资深研究员凯瑟琳·格瑞为孩子们奉上了一堂精彩的地质生物课。她以鼻尖作为地球形成的起点（距今46亿年前），左手手指随后沿肩膀向右划去。当到达肩关节时，她说："这个时间点（30多亿年前）出现了最早的生命体，细菌。"之后，手指沿手臂继续向指尖划动。到达手腕时，她说："在臂长比例的漫长年代中，地球上一直都还是只有微生物存在。但是，到了现在这个节点，地球上出现了植物和鱼类。"手指到第一和第二指关节之间时，她微笑着向学生们介绍："现在是恐龙登场的时候了。"最后，她又举了一个妙到毫颠的例子，"人类在哪里呢？就在我们的指尖，如果给你们一把指甲锉，轻轻一锉，就没了。"

既然地球上最早的生命体是细菌，那么又是其中的哪一种呢？目前，科学家们认为在当时（30多亿年前）主要的生物应该是一类紫色细菌（Purple bacteria）。这类细菌有着特殊的光谱特性，在原始海洋中和陆地上均有分布。紫色细菌实际上是一类可以进行光合作用的厌氧性细菌[①]，细胞内含有类胡萝卜素，以及菌绿素a和b等色素，会显示红、紫、黄、褐等颜色。它们体内的光合作用大多发生在细胞膜上。当反应中心进行光合作用时，细胞膜便会内陷，呈管装、囊状，抑或是平叠层状。紫色细菌不产生氧气，这一点同其他含菌绿素细菌是一样的。紫色细菌形态各异，大小不一，最为典型的是可以利用硫代硫酸盐和硫

——————————
① 厌氧性细菌：指在无氧条件下生存的细菌。

化氢进行生长的紫色硫细菌。除了上述种类，还有一些略显另类的紫色细菌。其中，紫色无硫细菌便是它们的代表。它们在好氧阴暗的有机营养环境下也可以存活，利用的主要有机物质是脂肪酸和乳酸，同一般的异养细菌[1]相似。有趣的是，虽然以上这些细菌都属于紫色细菌，但是微生物学家发现它们并不是同源的，属于不同的种群，亲缘关系不一。

自己星球的事情有了眉目之后，人们利用这些信息能够做些什么不？答案是肯定的，并且早已经有科学家付诸行动。他们通过分析和模拟紫色细菌在地球上的分布状况，构建起了以大数据为支撑的光谱分析模型，并用于太阳系外的生命搜寻。简单来说，如果今后人们在观测太空时发现了某一星球具有相近的光谱特征，那就说明其上可能存在类似地球微生物的生命体。宇宙是那样地浩瀚，光是银河系中的类地行星[2]就不胜枚举，更不用说银河系也仅仅只是众多星系中的一员。搜寻难度和挑战是明摆着的，但是"第二地球"或迟或早终将被发现。在这一前提下，"上面的生命处于何种进化阶段？"便成为了引人入胜的科学问题。令人振奋的是，地处加那利群岛（非洲西北海域的岛屿群）的天体物理研究院的一组科学家已经通过多次的推演和系外生命搜寻，发现了一颗类地行星。这颗行星所在天体系统中也有着一颗类似太阳的恒星，而且它的位置恰好处于恒星周围的生命适宜存活区域。这颗行星是有

---

① 异养细菌：从有机化合物中获取营养的一类微生物，依能量来源又可分为化能异养型细菌和光能异养型细菌。

② 类地行星：主要由硅酸盐岩石构成的行星。它们同类木行星有着很大的区别，类木行星主要是由氢、氦和水等构成，不一定具有固态表面。

可能孕育生命的！鉴于所利用的光谱模型是基于紫色细菌分布模拟构建的，所以人们发现的第一个外星生物极有可能是紫色的微生物。

类似的"颜色生命发现论"还在科学界持续发酵着，不断有其他学科的研究人员加入其中。例如，早在2011年就有科学家通过模拟绿色植物反射光谱，构建起了相应的分析模型，并用于搜寻生命行星。依葫芦画瓢，他们就认为第一个被发现的外星生物应该是可以进行光合作用的绿色植物。

科学的进步总是始于一个个的假说和猜想，它们承载着人类的智慧和伟大，更是文明不断延伸的印迹和标识。放飞思想，收获的将是整个宇宙。

"老爸，这里没有说外星人呀。"

"这会儿没空，回头再说，快去洗漱。"诸葛林再次催促道。

……

十点多钟，全部收拾停当。三人站在院子里，打量着四周。

柳青青感性道："这就回去了，真有点舍不得。"

"嗯，走吧，有机会再来。"

三人正要往外走，不知从哪里跑来一条小狗。

三元激动了，俯身对着小狗说："臭臭，怎么是你？！"

"三元，这条狗你认识？哪里的？"

三元支支吾吾地回答："和它玩过。"

诸葛林开口道："野狗？看着不像啊。还有这名字谁起的？"

三元直起身子，不知从哪里来的勇气："我要把臭臭带回去。"

"回去哪里有地方养？！（此处省略一百个字）"柳青青不悦道。

三元啥也不说，就是看着二人。

"好吧，带回去。"生怕老婆责怪，某人赶紧又加上一句，"没人养怪可怜的。"

"哼，你俩咋知道没人养，哪有打理得这么好的野狗。"

三元坚持道："我就是它的主人！"

本想再说两句，看看三元，话到嘴边又咽了回去，"反正回去后别指望我。"

臭臭似是看懂了情势，欢快地左蹦右跳，不停地摇着尾巴。

三元心中暗想："小 A 有你的，够朋友。"

……

十一点刚过，6AA88 上了高速。

三元转过身，透过后窗向外看，清凉镇越来越远、越来越小，直到消失，"再见，会再见的！"

墨绿色的轿车如甲壳虫在细长的茎叶上爬行一般，驶向临水，驶向未来，驶向美好和幸福。

六

夜里，父女二人在阳台上乘凉。

"今天累了吧？"

"还好，这会儿有些想念清凉镇了。"

"呵呵，舍不得啊，我也是。没关系，有机会再去。"

三元点点头，"今晚的星星有些多哪。"

"是啊，宁静的夜空。知道吗？看星星就是在看过去。"

"是吗？"

"对于那些多少多少光年以外的星星们而言，我们看得见它们，不就是在看它们的过去嘛。"

"是哦，光的传播也需要时间。哈哈，好浪漫呀。"

"仰望星空，人生几何！"

想起早上的问题还没有得到答案，"老爸，真的有外星人吗？"

"有啊，至于是不是'人'就两说了，哈哈。"

"你怎么这么肯定？"

"曾经有人认为地球是宇宙的中心，也有认为应该是太阳的。但到头来都不是，就连庞大的银河系也仅仅是宇宙中茫茫的一点。一切皆有可能，有的文明说不定还比我们高级不少哩。"

"哈哈，在我们搜寻地球以外生命的同时，说不定也有外星人在做着相同的事情呢，想想就觉得有趣。"三元傻乐起来。

"是呀，这会儿说不定正有一双眼睛通过类似显微镜的装置在观察地球呢。"

"地球是个球菌，咱俩是球菌上的小不点儿。"

哈哈，父女二人笑了起来。

"老爸，书写得怎么样了？看你差不多每天都有写。"

"早着呢。"

"干吗写那么长啊？"

"微生物可写的东西多呗。"

"要是没人爱看，怎么办？"

诸葛林看向远方，"做好自己能做的，其他就交给时间吧。"

"好一个'尽人事，听天命'。长点儿好，还可以锻炼阅读能力呢，我挺你！"柳青青也出来透气了。

"我也是！"三元表态道。

"那可要更加努力了。"诸葛林开心道，"书是好东西，读书是好事情，没听人说'一命二运三风水，四积阴德五读书'……"

柳青青打断道："老迷信，别说这些。"

"嘿嘿，就是想强调一下读书的重要性，没有别的意思。"

三元又问："有目标吗？"

诸葛林想了一下，回答："向《苏菲的世界》看齐。"

"听说过，有关西方哲学史的长篇小说，启蒙读物类的，等有时间了我也找一本来看看。"

"哎哟，难得金融精英有如此闲情雅致，必须支持，一会儿我就下单。"

"去你的——"

"老爸，我要向你学习，学习你的坚毅。"

"嗯，一天天地写，是够可以的。"柳青青赞同道。

"呵呵，自己喜欢嘛。再说了，对于领悟了时空之力奥秘的我来说，也不算啥。"

"说你胖，还喘上了。还领悟奥秘呢，德行。"

某人嘴角上翘，得意道："听仔细喽，时空之力由时之力和空之力组成。时之力针对确定性，强调按部就班和持之以恒。空之力与之相对，针对不确定性，强调变化和调整。"

母女二人细品起来，不时还皱皱眉头。

"哦，一个强调坚毅、水滴石穿，另一个强调应变、心态调整。你行啊！"

"秀外慧中，得妻如此，夫复何求。"

柳青青被夸得不好意思了，"这样的大秘密都能琢磨出来，活该你是光头。"

"什么呀，老妈给我解释解释。"

"要自己领悟的，你慢慢想吧。"

见说笑得热闹，臭臭"汪汪"了两声。这下子可好，三人笑得更大声了。

……

夜空中繁星点点，临水静了下来，灯火渐稀，人们相继进入梦乡。或许，正有未知的世界向你我敞开。我们并不孤单！

作者寄语

读者朋友，

　　你好！

　　今天是 2024 年 1 月 1 日，回顾刚刚过去的一年，五味杂陈。要用一个词来形容的话，我想到的是"充实"，你呢？今年四十有三，回想一路走来，像去年这般忙碌的时候有，但是从未如此充实过。参加工作十六年，头一回暑假和寒假都在临安度过。本以为暑假之忙碌开了先河，谁知寒假更胜。

　　拿人生中的重要关头进行对比，高考是为了上大学，不然没出路。四年之后，又面临考研。那时倒是稍微有了一些想法，真切地想要提升自己，也不乏本科文聘无法找到令自己满意工作的缘故。实话实说，当时考公务员和事业编并不流行，进企业和考研是主流。这一时期，让家人过上好日子的念头越发壮大。忙碌归忙碌，过程中并没有多少喜悦。之前也出过几本书，有农业技术应用方面的，通识课教材，以及微生物科普书。但是，从未倾注过如此多的心血和期许。过程满是开心，美好啊！

　　1998 年 9 月上大学开始，算一算和微生物打交道已有二十多个年头了，感情深厚。就像之前写到过的，这本书是写给自己的，也是写给孩子的，希望被认可。"莫愁前路无知己，天下谁人不识'菌'"也确实是我的初心和使命，而且越发的清晰了。为了写好这本书，酝酿数载，2022 年 11 月拟出提纲后，12 月初开始动笔，期间不曾间断。当下，有人说理想属于奢侈品，特别是对于我这个年龄的人来说。哈哈，我是幸运的，感谢！完成自己的心愿，同时为他人开一扇窗、造一个梦，甘之如饴。

最后，想说："这是一本有温度的书，希望你喜欢。这是一本有爱的书，希望你愿意推荐。"

恭贺新禧！

胖魔王

癸卯冬月

图书在版编目（CIP）数据

我的朋友叫微生物／虞方伯著． -- 北京：作家

出版社，2024.10. -- ISBN 978 - 7 - 5212 - 2952 - 3

Ⅰ．Q939-49

中国国家版本馆 CIP 数据核字第 202440ZV58 号

我的朋友叫微生物

作　　者：虞方伯
责任编辑：田小爽
装帧设计：薛　怡
出版发行：作家出版社有限公司
社　　址：北京农展馆南里 10 号　　　邮　　编：100125
电话传真：86 - 10 - 65067186（发行中心）
　　　　　86 - 10 - 65004079（总编室）
E - mail: zuojia@zuojia. net. cn
http: // www. zuojiachubanshe. com
印　　刷：三河市紫恒印装有限公司
成品尺寸：145 × 210
字　　数：262 千
印　　张：11.625
版　　次：2024 年 10 月第 1 版
印　　次：2024 年 10 月第 1 次印刷
ISBN 978 - 7 - 5212 - 2952 - 3
定　　价：48.00 元